高等职业教育园林工程技术专业"十三五"规划教材

园林工程

主　编　崔　星　尚云博

副主编　桂美根

WUHAN UNIVERSITY PRESS

武汉大学出版社

图书在版编目(CIP)数据

园林工程/崔星,尚云博主编.—武汉:武汉大学出版社,2018.3
高等职业教育园林工程技术专业"十三五"规划教材
ISBN 978-7-307-19977-4

Ⅰ.园…　Ⅱ.①崔…　②尚…　Ⅲ.园林—工程施工—高等职业教育
—教材　Ⅳ.TU986.2

中国版本图书馆 CIP 数据核字(2017)第 329070 号

责任编辑:方竞男　　　责任校对:李嘉琪　　　装帧设计:张希玉

出版发行:武汉大学出版社　　(430072　武昌　珞珈山)
　　　　　(电子邮件:whu_publish@163.com　网址:www.stmpress.cn)
印刷:武汉市金港彩印有限公司
开本:787×1092　1/16　印张:16　字数:406 千字
版次:2018 年 3 月第 1 版　　2018 年 3 月第 1 次印刷
ISBN 978-7-307-19977-4　　定价:64.00 元

前　言

　　随着社会经济的日益发展，人们物质生活和文化生活水平的不断提高，人们对日常生活、生产等活动场所和室外环境的舒适度要求也越来越高。促进人与自然和谐发展，建立人与自然相融合的和谐社会已成为人们的共同目标和发展趋势，这一趋势也促进了园林工程建设事业的蓬勃发展。园林建设属于土建建设的一个分支，现代园林以其丰富的园林植物和完备的设施对美化城市、改善人们生活环境发挥着巨大的作用，为人们提供了健康的休息、娱乐场所，因此园林工程建设受到越来越多人的关注，园林工程建设的需求也在不断增加。

　　在这样一个社会背景下，编者根据我国园林工程建设发展的现状以及高职人才培养目标编写了本书。本书主要内容包括园林土方工程、水景工程、园路与场地工程、石景工程、种植工程与养护管理、园林给排水与供电工程等，基本上覆盖了园林工程施工方面的主要内容。

　　本书在编写过程中，力求从高职高专园林工程技术专业的培养目标出发，以通用、实用为原则，力求概念明确、文字简练、内容充实、结合实际，突出技能培训。本书的主要相关前期课程有"园林工程制图""园林植物""园林建筑设计""园林工程材料"等。通过对本书的学习，读者应能够掌握相应的施工技术概念，了解各工程的一般施工步骤和相应的施工要点，有关的施工质量要求和必要的安全措施，掌握一般分项项目中的工艺操作方法，为施工组织和管理工作打下基础。

　　本书由甘肃建筑职业技术学院崔星、尚云博担任主编，芜湖职业技术学院桂美根担任副主编。具体编写分工为：崔星编写第 1、3、4 章，尚云博编写第 2、5、7 章，桂美根编写第 6 章。

　　由于园林工程内容繁多，书中难免有不足之处，敬请广大读者批评、指正。

编　者

2017 年 11 月

特别提示

    教学实践表明,有效地利用数字化教学资源,对于学生学习能力以及问题意识的培养乃至怀疑精神的塑造具有重要意义。

    通过对数字化教学资源的选取与利用,学生的学习从以教师主讲的单向指导模式转变为建设性、发现性的学习,从被动学习转变为主动学习,由教师传播知识到学生自己重新创造知识。这无疑是锻炼和提高学生的信息素养的大好机会,也是检验其学习能力、学习收获的最佳方式和途径之一。

    本系列教材在相关编写人员的配合下,逐步配备基本数字教学资源,主要内容包括:

文本:课程重难点、思考题与习题参考答案、知识拓展等。

图片:课程教学外观图、原理图、设计图等。

视频:课程讲述对象展示视频、模拟动画,课程实验视频,工程实例视频等。

音频:课程讲述对象解说音频、录音材料等。

数字资源获取方法:

① 打开微信,点击"扫一扫"。

② 将扫描框对准书中所附的二维码。

③ 扫描完毕,即可查看文件。

更多数字教学资源共享、图书购买及读者互动敬请关注"开动传媒"微信公众号!

目　　录

数字资源目录

1　园林施工前期准备

1.1　方案图阅读

1.1.1　园林方案图的内容

园林方案图是应用投影方法，并按照《公园设计规范》(GB 51192—2016)的规定，详尽准确地表示出工程区域范围内总体设计。园林方案图是园林设计人员表达设计思想、设计意图的工具，也是施工组织、施工放线、编制预算等的依据。

1. 园林的设计过程及相应图纸

(1) 任务书阶段。

(2) 基地调查和分析阶段：区位关系图、现状分析图。

(3) 方案设计阶段：功能分区图、总平面图、各类专项规划图。

(4) 详细设计阶段(扩展初步设计)：方案设计中各类图纸的深化。

(5) 施工图阶段：施工总图、竖向设计图、植物种植图、园林小品专类图。

2. 规划阶段的主要图纸

(1) 区位关系(分析)图；

(2) 现状分析图；

(3) 功能分区图；

(4) 总平面图；

(5) 竖向规划图；

(6) 道路系统规划图；

(7) 绿化规划图；

(8) 管线规划图；

(9) 电气规划图；

(10) 园林建筑规划图。

1.1.2 园林方案图的阅读方法

1.区位关系(分析)图

(1)明确该工程与所在城市或区域的位置关系。

(2)明确该工程与相邻绿地、城区和同类性质绿地的关系,以及服务半径等。

区位关系(分析)图如图 1-1 所示。

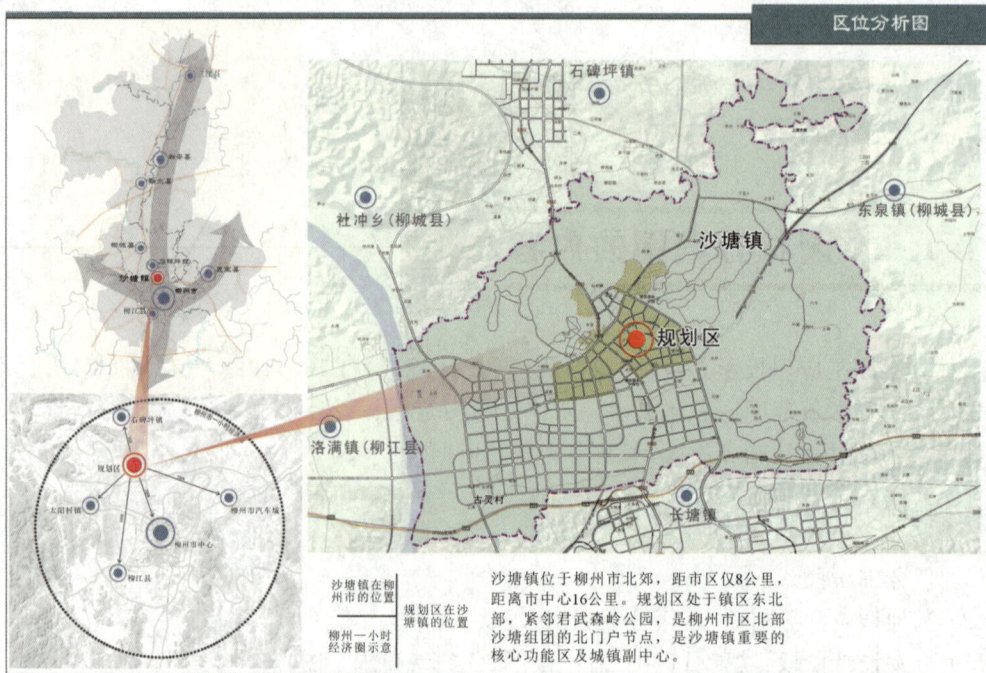

图 1-1　区位关系(分析)图

2.现状分析图

(1)查看地形地貌、地质、土壤、用地类型。

(2)查看植被、水文情况。

(3)查看人文(建筑、史迹等)现状。

(4)查看景观空间、视线情况,以及景观特色。

(5)查看对基地的主要影响因素,以及综合分析评价结果。

现状分析图如图 1-2 所示。

3.功能分区图

(1)查看功能区域的位置、大小及相互关系。

(2)查看功能区域的作用和特点。

功能分区图如图 1-3 所示。

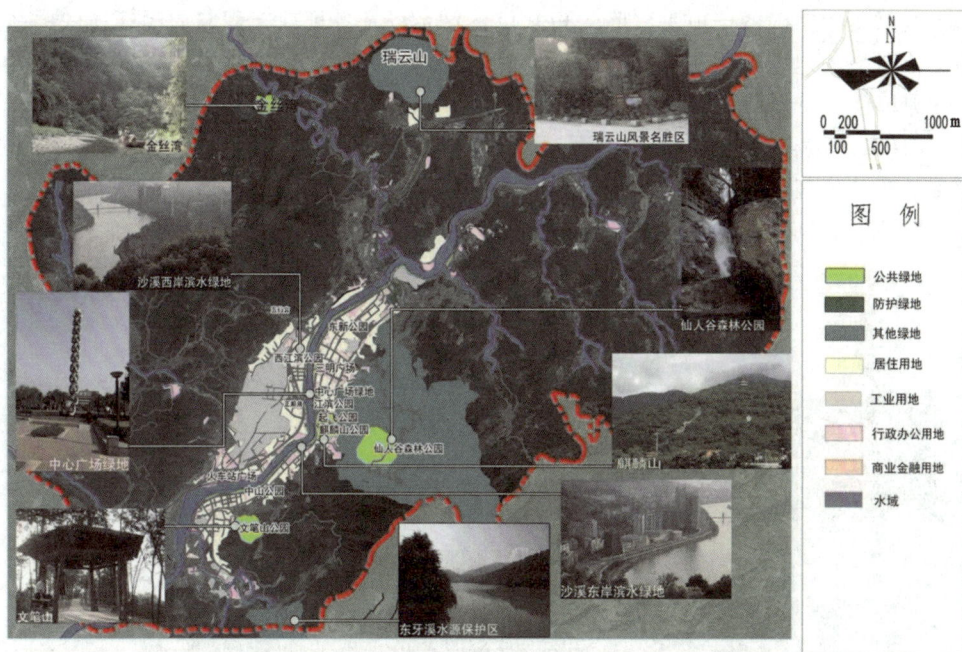

图 1-2　现状分析图

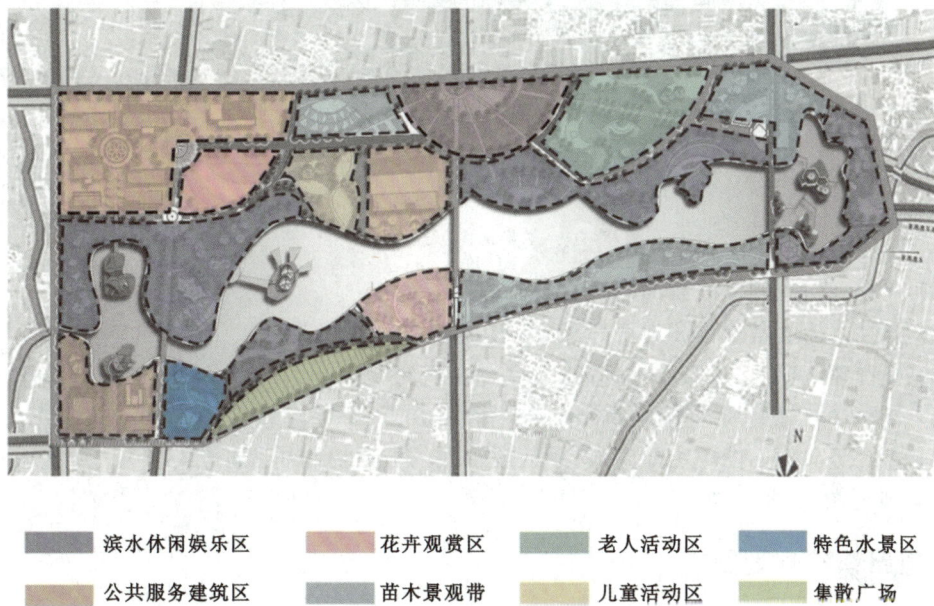

| 滨水休闲娱乐区 | 花卉观赏区 | 老人活动区 | 特色水景区 |
| 公共服务建筑区 | 苗木景观带 | 儿童活动区 | 集散广场 |

图 1-3　功能分区图

4. 总平面图

（1）查看图样的比例、图例及有关文字说明，了解规划设计意图和园林工程性质。

（2）了解用地范围、地形地貌和周围环境情况等。

（3）从总图中明确各子项工程间的相互位置关系以及各子项工程与周围环境的关系。

（4）从图中的地坪标高和等高线的标高，可知地势高低、雨水排出方向。总平面图中标数值，以 m 为单位，一般精确到小数点后两位。

（5）明确方位及朝向。

（6）了解该地区城市的市政规划（如建筑、道路、管线等）。

总平面图如图 1-4 所示。

图 1-4　总平面图

5. 竖向规划图

（1）查看竖向控制图的制高点、山峰的高程。

（2）查看水体的常水位和池底标高、排水方向、雨水聚散地。

（3）查看建筑标高、道路场地标高、坡度、坡向、变坡点。

（4）查看设计等高线、原有等高线。

（5）查看竖向剖面图中主要景点、景区或轴线的坡面控制高程。

竖向规划图如图 1-5 所示。

6. 道路系统规划图

（1）查看入口、主要广场、停车场、人车转换点（风景区）。

（2）查看主要道路系统的分级、布局、道路形式（横断面），以及消防通道的布设。

（3）查看主要道路、场地的铺装样式及材料等。

道路系统规划图如图 1-6 所示。

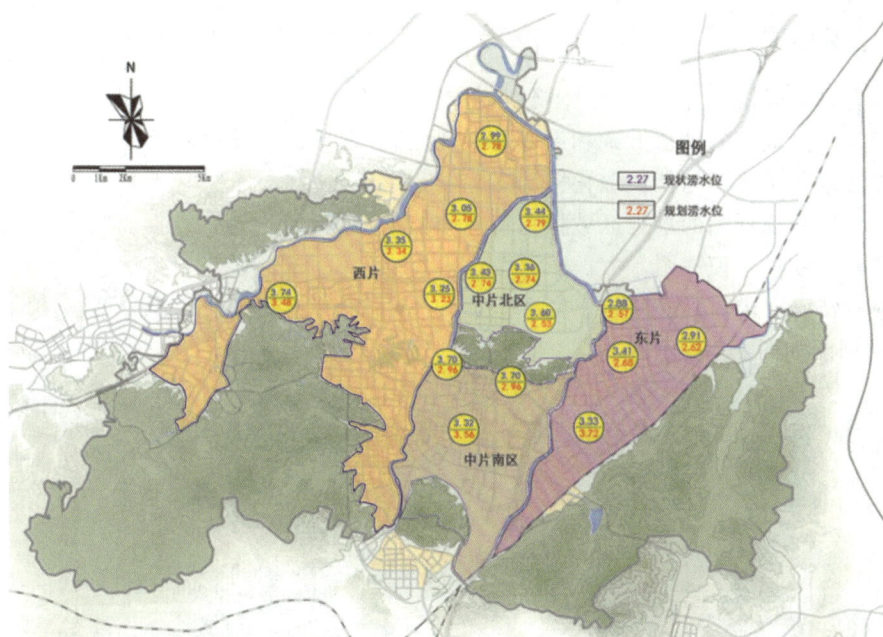

图 1-5 竖向规划图

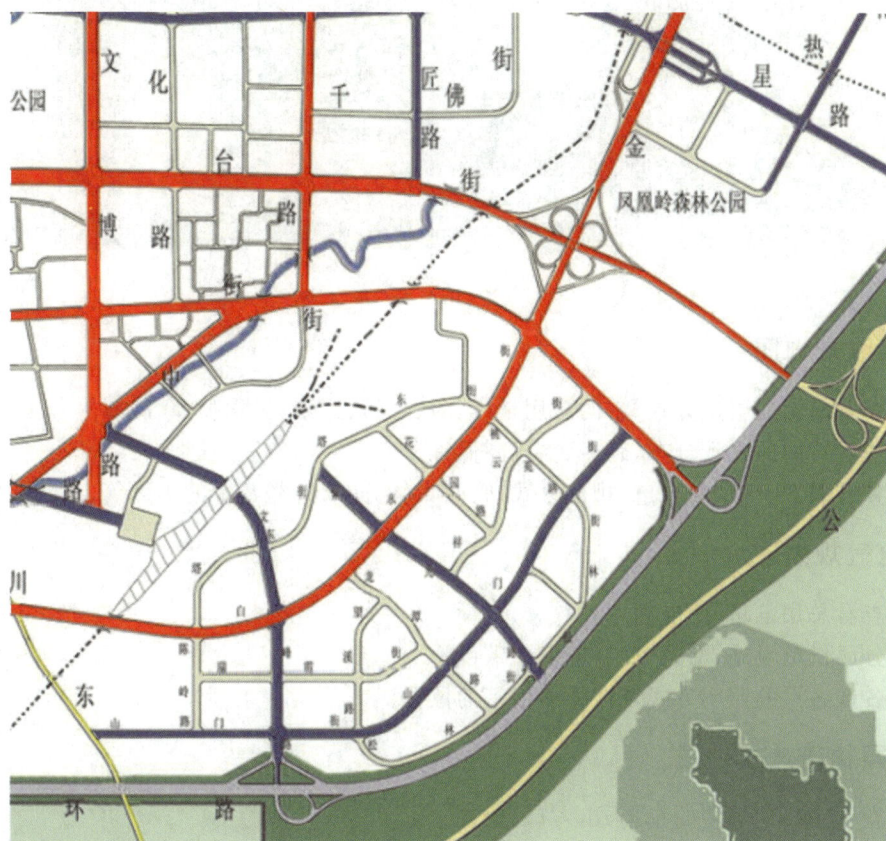

图 1-6 道路系统规划图

7. 绿化规划图

（1）查看绿化规划设计原则、总体规划、苗木来源等。

（2）确定不同地点的种植方式和最好的景观位置（景观透视线的位置）。

（3）查看绿化系统图的植被绿化格局。

（4）查看植物规划图的景观区域植物特色和植物种类。

（5）查看植物种植模式图。

（6）查看特殊要求（植物塑形）。

绿化规划图如图 1-7 所示。

图 1-7　绿化规划图

8. 管线规划图

（1）查看水源的引进方式、水的总用量（消防、生活、造景、树木喷灌、浇灌等）。

（2）查看管网的大致分布、管径、水压高低等。

（3）查看雨水、污水的水量、排放方式、管网大体分布、管径及水的去处等。

9. 电气规划图

（1）查看总用电量、用电利用系数。

（2）分区供电设施、配电方式、电缆的敷设。

（3）各区各点的照明方式及广播通信等的位置。

10. 园林建筑规划图

（1）查看主要建筑物的布局、出入口、位置。

（2）查看立面效果。

（3）查看建筑风格、功能。

1.2 园林施工图阅读

园林施工图是指用于指导施工的一套图纸。图纸是设计师的语言表达,园林施工图纸的识读直接影响设计的成功与否和园林施工的好坏程度。

为了统一图纸的表达方式,做到图面规范、表达清晰,符合设计和施工的要求,中华人民共和国住房和城乡建设部、中华人民共和国国家质量监督检验检疫总局颁布了一系列制图标准,如《总图制图标准》(GB/T 50103—2010)、《建筑制图标准》(GB/T 50107—2010)、《建筑结构制图标准》(GB/T 50105—2010)、《建筑给水排水制图标准》(GB/T 50106—2010)等。园林施工图基本按照上述规范及通用图例来表达。

● 1.2.1 园林施工图的内容

1.图纸目录和总体说明

(1)图纸目录内容。

① 文字或图纸的名称、图别、图号、图幅、基本内容、张数。若有加长图纸,也应在"图幅"中说明。要对整套图纸有简单了解。

② 图纸编号以专业为单位,各专业各自编排专业图号,便于查找。

③专业图纸按照园林、建筑、构造、给排水、电气、材料附图等顺序编号。

(2)总体说明。

① 设计依据及设计要求:注明采用的标准图集及依据的法律规范。

② 设计范围。

③ 标高及标注单位:了解图纸中采用的标注单位,采用的是相对坐标还是绝对坐标,若为相对坐标,明确相对坐标采用的依据以及相对坐标与绝对坐标的关系。

④ 材料选择及要求:了解对各部分材料的材质要求以及建议,包括饰面材料、木材、钢材、防水疏水材料、种植土以及铺装材料等。

⑤ 施工要求:强调需要注意工种配合及对气候有要求的施工部分。

⑥ 经济技术指标:施工区域总的占地面积,绿地、水体、道路、铺地等的面积及占地百分比、绿化率及工程总造价等。

2.园林施工图

(1)总施。

总施包括总平面图、分区平面图、竖向设计图、放线定位图、铺装物料平面图、索引图。

(2)分施。

分施包括各个分区放线图。

（3）详施。

详施包括各个节点、小品、构筑物大样图，平面、立面、剖面图，结构配筋图。

（4）专业施工图。

① 水施包括供水、排水设计图，喷灌系统设计图，喷泉系统设计图等。

② 电施包括照明设计图、电缆布置图和配电箱系统图等。

1.2.2 园林施工图的阅读方法

1. 施工总平面图

施工总平面图是拟建园林绿地所在的地理位置和周边环境的平面布置图，以及反映各设计要素之间具体的平面关系和准确位置。施工总平面图的阅读内容包括：

（1）查看指北针（或风玫瑰图）、比例尺，施工总图的比例应与总平面图一致；了解文字说明，景点、建筑物或者构筑物的名称标注，图例表；了解工程名称、设计内容，所处方位和设计范围。

（2）查看设计等高线。了解设计后的地形变化情况、土方调配情况。

（3）查看保留利用的地下管线。地下管线通常用细虚线或细红线绘制。了解地下管线的走向、分布情况，以避免施工过程中造成不必要的破坏和损失。

（4）查看坐标网，了解施工放线的依据。

（5）查看道路、铺装的位置、尺度、主要点的坐标、标高以及定位尺寸。

（6）查看小品主要控制点坐标及小品的定位、定形尺寸。

（7）查看地形、水体的主要控制点坐标、标高及控制尺寸。

（8）查看植物种植区域轮廓。

（9）查看无法用标注尺寸准确定位的自由曲线园路、广场、水体等，该部分的局部放线详图及其控制点坐标。

（10）查看园林建筑总平面图（图例表）。

2. 分区平面设计施工图

对于复杂的园林工程，应采用分区将整个工程分成 3～4 个区，分区范围用粗虚线表示，分区名称宜采用大写英文字母或罗马字母表示。关注各分区与总图的位置关系，以及各分区与分区间的关系。

3. 竖向设计施工图

竖向设计施工图是用于表明各设计因素之间具体高差关系的图纸。它反映了地形在竖直方向上的变化情况。竖向设计施工图的比例与施工总平面图相一致。

在竖向设计施工图中，可采用绝对标高或相对标高表示；规划设计单位所提供的标高应与园林设计标高区分开，园林设计标高应依据规划设计标高确定，并与规划设计标高相吻合；可采用不同符号表示，如绿地、道路、道牙、水底、水面、广场等标高。

竖向设计施工图包括平面图、剖面图或断面图。平面图依据竖向规划,在施工总图的基础上要表示出现状等高线(细虚线或细红线表示)坡坎、现状高程(加括号的黑色数字表示);设计等高线(细实线表示)坡坎、设计高程(不加括号的黑色数字)如为同一地点,设计高程写在上面,下方画一横线,现状高程写在横线下面,如设计的溪流、河湖的岸边,河底线及高程;各景区园林建筑、道路广场(同施工总图)的位置坡降变化范围及高程;挖填方范围(用不同的线条来表示)和挖方、填方量;各区排水方向(细黑箭头表示)。断面图或剖面图主要用来表达部分山形、丘陵坡地的轮廓线(粗实线表示)及高度、平面距离等(细实线表示),并注明剖面的起讫点、编号,以便与平面图配套。

(1)查看图名、比例、指北针、文字说明,了解工程名称、设计内容、所处方位。

(2)查看等高线。一般的地形图只用两种等高线:一种是基本等高线,称为首曲线,通常用细实线表示;另一种是每隔4根首曲线加粗一根并注上高程的等高线。有时为了避免混淆,原地形等高线用虚线,设计等高线用实线。根据等高线的分布及高程标注,了解地形现状及原地形标高,对照设计地形及设计标高,了解土方工程情况。

(3)查看坐标网,确定施工放线依据。

(4)查看建筑物、构筑物的室内标高,了解竖向变化情况。

(5)查看场地内的道路(含主路及园林小路)、道牙标高,广场控制点标高,绿地标高,小品地面标高,水景内水面、水底标高。

(6)查看道路转折点、交叉点、起点、终点的标高,排水沟及雨水算子的标高。

(7)查看绿地内地形标高。

(8)查看排水方向。通常用坡面简体表示地面及绿地内排水方向。

4. 放线定位图

放线网格及定位坐标应采用相对坐标,为区别于绝对坐标,相对坐标用大写英文字母 A、B 表示;相对坐标起点宜为建筑物的交叉点或道路的交叉点。尺寸标注单位可以是 m 或者 mm,定位时应采用相对坐标与绝对尺寸相结合。

放线定位图识读时应注意:

(1)查看指北针、绘图比例。

(2)查看图纸说明中注明的相对坐标与绝对坐标的关系。

(3)查看道路放线:路宽大于或等于4m时,应用道路中线定位道路;道路定位时应包括道路中线起点、终点、交叉点、转折点的坐标,转弯半径,路宽(应包含道路两侧道牙)。园林小路可用道路一侧距离建筑物的相对距离定位,路宽已包含道牙。

(4)查看广场控制点坐标及广场尺度。

(5)查看小品控制点坐标及小品的控制尺寸。

(6)查看水景的控制点坐标及控制尺寸。

(7)查看无法用标准尺寸准确定位的自由曲线园路、广场等,该部分的局部放线详图及其控制点坐标。

(8)查看小品设施。

5. 铺装设计施工图

（1）查看铺装道路的材质、规格及颜色。

（2）查看铺装广场的材质、规格及颜色。

（3）查看道牙的材质、规格及颜色。

（4）查看铺装分格示意图。

（5）对不再进行铺装详图设计的铺装部分,应关注其铺装的分格、材料规格、铺装方式,以及材料的编号。

铺装设计施工图如图 1-8 所示。

图 1-8　铺装设计施工图

6. 种植设计施工图

种植设计施工图是表示设计的植物种类、数量、规格和种植施工要求的图样,是种植施工、定点放线的主要依据。阅读植物种植设计图用以了解工程设计意图、绿化目的及其所达到的效果,明确种植要求,以便组织施工和做出工程预算,阅读步骤如下:

（1）查看比例、风玫瑰图或方位。明确工程名称、所处方位和当地主导风向。

（2）查看图中索引编号和苗木统计表。根据图示各植物编号，对照苗木统计及技术说明，了解植物种植的种类、数量、苗木、规格、配置方式及各种要求（如姿态、色彩、栽植等）。

（3）查看植物种植定位尺寸，明确植物种植的位置及定点放线的基准。

（4）查看种植详图，明确具体种植要求，组织种植施工。

种植设计施工图如图 1-9 所示。

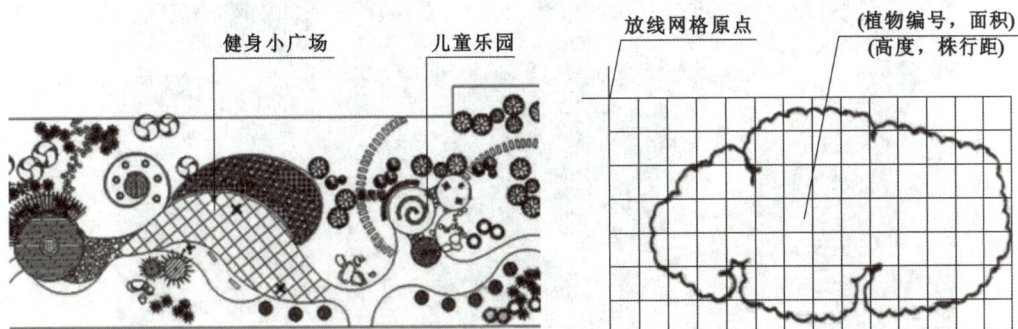

图 1-9 种植设计施工图

7. 园林假山施工图

园林假山施工图主要包括平面图、立面图、剖（断）面图、基础平面图、细部详图等图样。在识读过程中应注意：

（1）查看标题栏及说明。

（2）查看平面图，了解假山各高度处的形状结构、尺寸以及各处高程。

（3）查看立面图，明确山体的立面造型及主要部位高程，与平面图配合，了解峰、峦、洞、壑等各种组合单元的变化和相互位置关系。

（4）查看剖面图，了解假山、山石某处断面外形轮廓及大小，假山内部及基础的结构、构造的形式位置关系及造型尺度，假山内部有关管线的位置及管径，假山种植池的尺寸、位置和做法，假山、山石各山峰的控制高程，假山的材料、做法和施工要求。

（5）查看基础平面图和基础剖面图，明确假山基础的平面位置、形状范围，以供施工时参考。

园林假山施工图如图 1-10 所示。

8. 水景工程图

（1）驳岸施工图。

驳岸施工图由平面图、剖（断）面图组成。在识读过程中应注意：

① 查看标题栏及说明。

② 查看平面图，了解驳岸线（水体轮廓线）的平面位置、形状。

③ 看剖（断）面图，了解驳岸某一区段的形状、构造、尺寸纵向坡度、建造材料、施工方法及要求和主要部位标高。

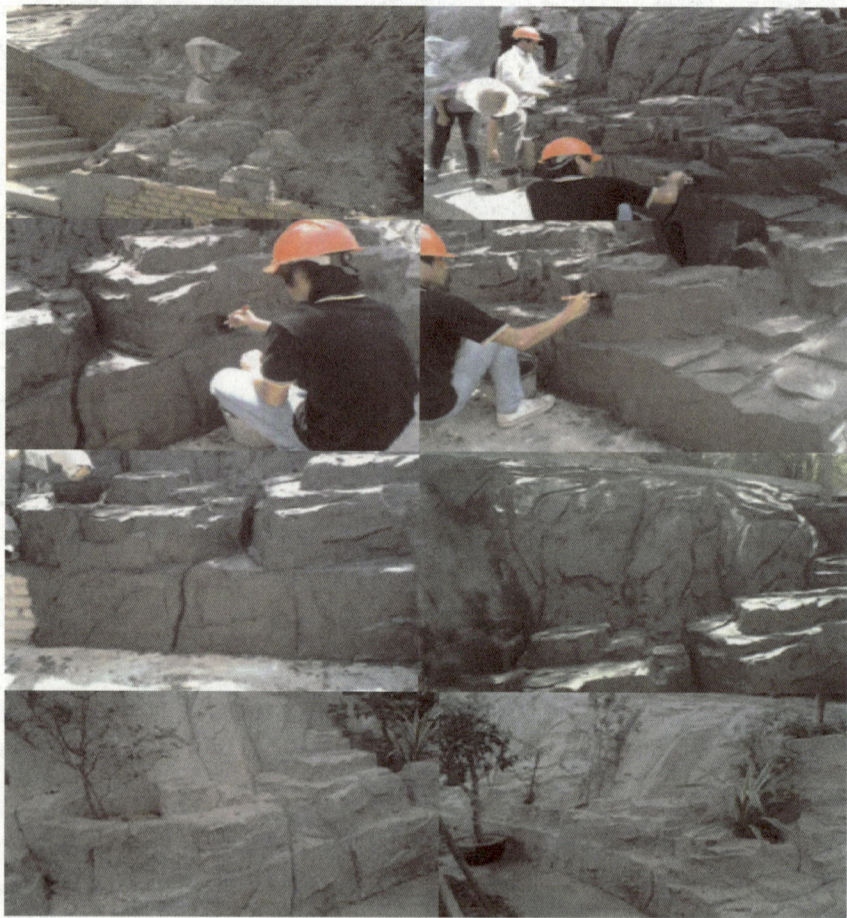

图 1-10　园林假山施工图

（2）水池施工图。

水池施工图主要包括水池平面图、立面图、剖面图、管线布置图和详图等图样。识读过程中的注意事项同驳岸施工图。

（3）水池管线布置图。

水池管线布置图主要包括给排水管网布置图和配电管线布置图。在识读过程中应注意：

① 查看给排水管网布置图中给排水管的走向、平面位置、管径、每一段长度、标高以及水泵的类型和型号，以及所选管材及防护措施等的说明。还可结合管网布置轴测图和一些构件详图深入了解。

② 查看配电管线布置图中电缆线走向、位置及各种电气设备、照明灯具的位置、敷设灯具选型、编号及颜色要求等。一般用粗实线表示各路电缆的走向、位置及各种灯的灯位及编号以及电源接口位置等，具体表示方法参照供电部门的具体要求及建筑电气设计安装规范。

（4）水池详图。

水池详图是水池一些细部构造的施工图，它是水池平面图、立面图、剖面图的补充，如进水口、溢水口、泄水口水池护栏，喷水池内给、排水管支架等细部的详细构造。主要查看细部的式样、层次、做法、材料和详细尺寸等。

水景施工图如图 1-11 所示。

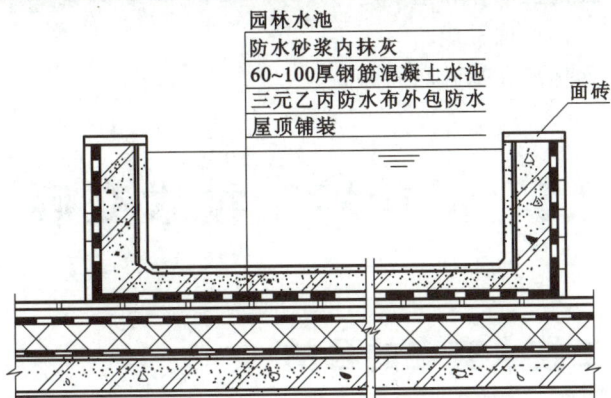

图 1-11 水景施工图

9. 园林建筑施工图

园林建筑工程图是表达建筑设计构思和意图的"工程技术语言",是组织和指导施工的主要依据,它按照《房屋建筑制图统一标准》(GB/T 50001—2010)和《总图制图标准》(GB/T 50103—2010)、《建筑制图标准》(GB/T 50104—2010)的规定,用投影方法详细、准确地表示园林建筑物的内外形状、大小,以及各部分的结构、构造、装饰、设备和施工要求。

一套园林建筑施工图,根据作用、内容的不同一般分为建筑施工图(简称建施)、结构施工图(简称结施)、设备施工图(简称设施),以及基本图纸,包括给排水(简称水施)、采暖通风(简称暖通施)、电力照明(简称电施)等设备的布置平面图、系统轴测图和详图。

（1）建施。

① 查看层次、图名、比例、定位轴线和指北针。

② 查看总体布局、外部形状和水平尺寸。

③ 查看门窗的位置、编号、门的开启方向,门窗、台阶、雨篷、阳台、雨水管等的位置和形状。

④ 查看墙柱的断面形状、结构和大小。

⑤ 查看地面、楼面、楼梯平台面的标高。

⑥ 查看装饰、设备(如卫生设备、台阶、雨篷、水管、墙上的预留洞槽)和施工要求等。

⑦ 查看剖面图的剖切位置和详图索引。

⑧ 查看局部构造的详细尺寸和材料图例。

(2) 结施。

① 查看结构布置平面图。

② 查看建筑物各承重结构的形状、大小、布置、内部构造和使用材料。

③ 查看混凝土的标号和钢筋等级。

④ 查看钢筋混凝土构件的配筋构造。

⑤ 查看构件的代号。

⑥ 查看钢筋混凝土构件的图示以及钢筋表。

⑦ 查看钢筋的尺寸标准。

⑧ 查看基础的平面定位尺寸和主要定形尺寸。

⑨ 查看基础详图的剖切位置线。

⑩ 查看室内外地面标高和基础底面标高。

1.3 设计施工技术交底

● 1.3.1 施工技术交底的目的

施工技术交底的目的是:使管理人员了解公司的技术方针、目标、计划和采取的各种重要技术措施;使施工人员了解其施工项目的内容和特点;明确施工意义、施工目的、施工过程、施工方法、质量标准、安全措施、环境控制措施、节约措施和工期要求等,做到心中有数。

规范施工技术交底,确保通过施工技术交底使施工人员了解工程规模、建设意义、工程特点,明确施工任务、施工工艺、操作方法、质量标准、安全文明施工要求、质量保证和节约措施等,确保施工质量符合规定要求,实现工程项目质量目标。

● 1.3.2 施工技术交底的要求

1. 项目施工前

项目施工前,施工单位技术员必须向施工人员进行施工技术交底。重要施工项目的施工技术交底,由施工单位负责通知项目部施工、质检和安全部门专业工程师及项目部总工程师参加。未经技术交底不得施工。

2. 进行技术交底时

进行技术交底时应组织有关人员认真讨论,弄清交底内容。使到会人员充分发表意见,然后加以归纳集中,对内容做必要的补充与修改,使其更加完善。涉及已经批准的方案计划的变动,应按有关制度报请上级批准。

3. 施工工期较长的施工项目

对施工工期较长的施工项目,除开工前交底外,至少每月再交底一次。

4. 技术交底

技术交底必须要有交底记录。参加施工技术交底的人员(交底人和被交底人)必须签字。未参加施工技术交底的人员必须补充交底。工程总体交底记录由项目部施工部保存,工地级技术交底由工地专责工程师保存,项目施工技术交底记录由项目部施工工地项目技术员保存。

1.3.3　施工技术交底的责任

(1) 技术交底工作由各级技术负责人组织。

重大和关键工程项目必要时可请上级技术负责人参与,或由上一级技术负责人交底。各级技术负责人和技术管理部门应经常督促检查技术交底工作的进行情况。

(2) 施工人员应按交底要求施工,不得擅自变更施工方法。

有必要更改时,应取得交底人同意并签字认可。技术交底人、技术人员、施工技术和质检部门发现施工人员不按交底要求施工可能造成不良后果时应立即劝止,劝止无效时有权停止其施工,同时报上级处理。

(3) 发生质量、设备或人身安全事故时,事故原因由交底人员负责。

如属于交底错误,属于违反交底要求者由施工负责人和施工人员负责;属于违反施工人员"应知应会"要求者由施工人员本人负责;属于无证上岗或越岗参与施工者,除本人应负责任外,班组长和班组专职工程师(技术员)亦应负责。

1.3.4　施工技术交底的内容

1. 工程总体交底——工程项目部级技术交底

在工程开工前,工程项目部总工程师组织有关技术管理部门依据设计文件、设备说明书、施工组织总设计等资料,对项目部职能部门和分包单位有关人员及主要施工负责人进行交底。其内容为工程整体的战略性安排,具体包括:

(1) 总承包的工程范围及其主要内容;

(2) 工程施工范围划分;

（3）工程特点和设计意图；

（4）总平面布置；

（5）施工顺序、交叉施工和主要施工方案；

（6）综合进度和配合要求；

（7）质量目标和保证质量的主要措施；

（8）安全施工的主要措施；

（9）技术供应要求；

（10）技术检验主要安排；

（11）采用的重大技术革新项目；

（12）技术总结项目安排；

（13）已降低成本目标和主要措施；

（14）其他施工注意事项。

2. 专业交底——工地级技术交底

在工程专业项目开工前，工地专责工程师根据专业设计文件、设备说明书、已批准的专业施工组织设计和上级交底内容等资料拟订技术交底大纲，对本专业范围的各级领导、技术管理人员、施工班组长及骨干人员进行技术交底。交底内容包括：

（1）本专业工程范围及其主要内容；

（2）各班组施工范围划分；

（3）本工程和本专业的工程特点，以及设计意图；

（4）施工进度要求和专业间的配合计划；

（5）本工程和本专业的工程质量目标，以及质量保证体系和运作要求；

（6）安全施工措施；

（7）重大施工方案措施；

（8）质量验收依据、评级标准和办法；

（9）阶段性质量监督项目和迎接监督检查的措施；

（10）本工程和本专业降低成本目标和措施；

（11）技术供应安排；

（12）技术检验安排；

（13）应做好的技术记录内容及分工；

（14）技术总结项目安排；

（15）其他施工注意事项。

3. 分专业交底——班组级技术交底

施工项目作业前，由项目负责技术人员根据施工图纸、设备说明书、已批准的施工组织专业设计和作业指导书、上级交底有关内容等资料拟订技术交底提纲，对施工作业人员进行交底。交底内容主要为本项目施工作业及各项技术经济指标和实现这些指标的方案措施，一般包括：

（1）本项目的施工范围和工程量；

（2）施工图纸解释，设计变更和设备材料代用情况及要求；

（3）质量指标和要求，实现目标和达到质量标准的措施，检验、试验和质量检查验收评级要求、质量标准依据；

（4）施工步骤、操作方法和新技术推广要求；

（5）安全、文明施工措施；

（6）技术供应情况；

（7）施工工期的要求和实现工期的措施；

（8）施工记录的内容；

（9）降低成本措施；

（10）迎接监督检查的准备。

● 工程实例 ●

园林全套施工图如下。

景观大道总平面图　S=1/400

青石板磨光(嵌草皮)
叠水
保坎
曲水流筋
汀步
木连椅亭
树池
网状喷泉
入口标识
七彩装饰柱
地面广场砖
水面

水底铺鹅卵石
一期环境设计连线
道路中心线
人行道地面美力砖
围栏
详见图光稍 06

A组图
景观大道
中心广场
二期用地
太阳广场
人行道
小区入口
铁塔

H1 H3 H4 H5 H组图

拼棕色广场砖

L=148.00 i=6.8%
L=58 i=1%
L=66 i=5.13%

±0.000=248.50
±0.000=250.00
±0.000=254.40

246.60　252.20　248.20　249.70　24.70　250.00
254.10　251.60　256.60　256.33　252.61　253.81
255.85　256.00

青石板磨光（嵌草皮）

戏水池

$\triangledown$ 256.45(水面)
256.15(水底)

保坎面文化砖

一期环境设计边线

水底铺灰色鹅卵石

248.20

24.70

浅米色广场砖

249.70

米白色广场砖

中心广场

水底铺浅米色水洗石

$L=48.00\ i=6.8\%$
251.60

米白色广场砖

拼"印度红"花

岗岩中嵌白色卵石

254.10

5500

景观大道

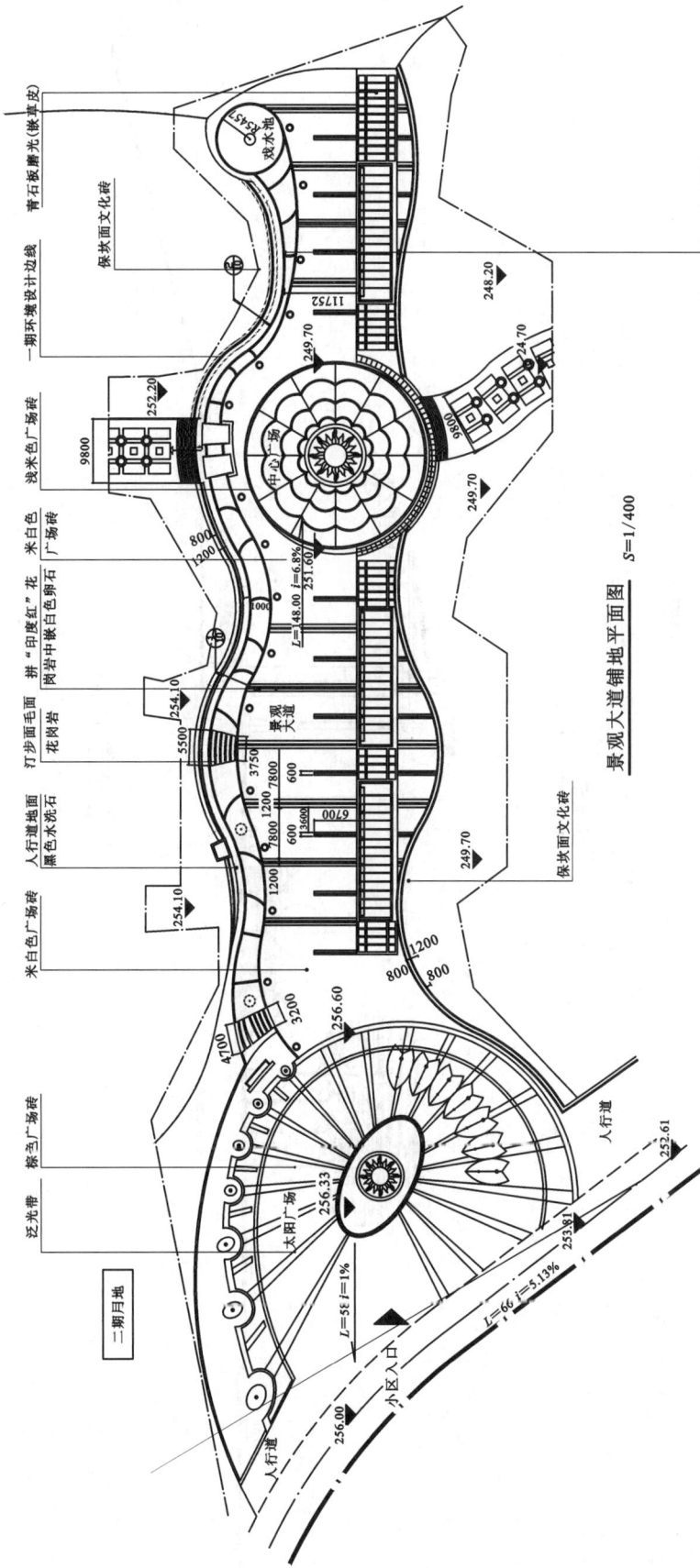

景观大道铺地平面图 $S=1/400$

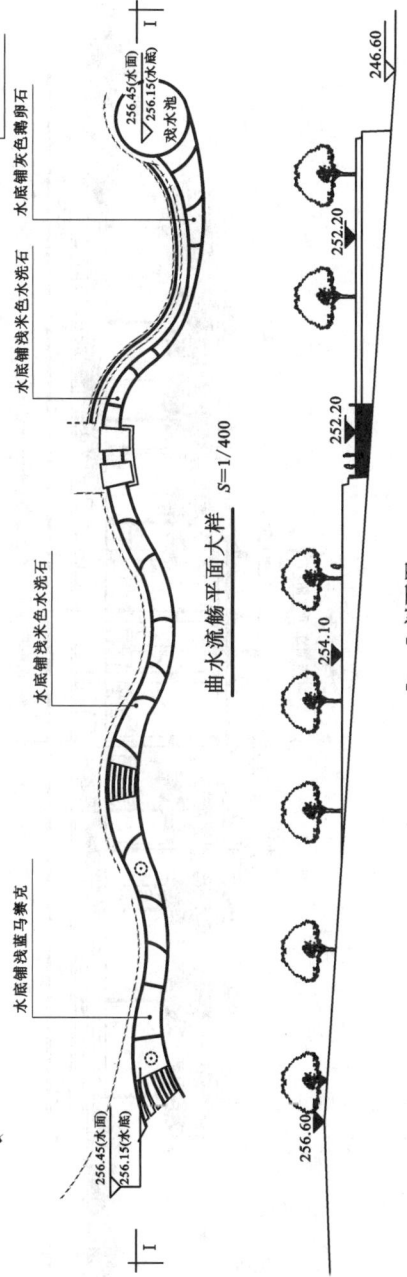

249.70

订步面毛面
花岗岩

3750

600

1200 7800

600

水底铺浅色水洗石

曲水流畅平面大样 $S=1/400$

人行道地面
黑色水洗石

13600

6700

7800 600

保坎面文化砖

249.70

$\triangledown$ 256.45(水面)
256.15(水底)

米白色广场砖

254.10

1200

800 1200

800 800

水底铺浅蓝马赛克

棕色广场砖

256.60

3200

4700

太阳广场

256.33

泛光带

$L=58\ i=1\%$

入行道

253.81

$L=66\ i=5.13\%$

252.61

I—I 剖面图 $S=1/400$

252.20

254.10

252.20

256.60

246.60

二期月地

入行道

小区入口

256.00

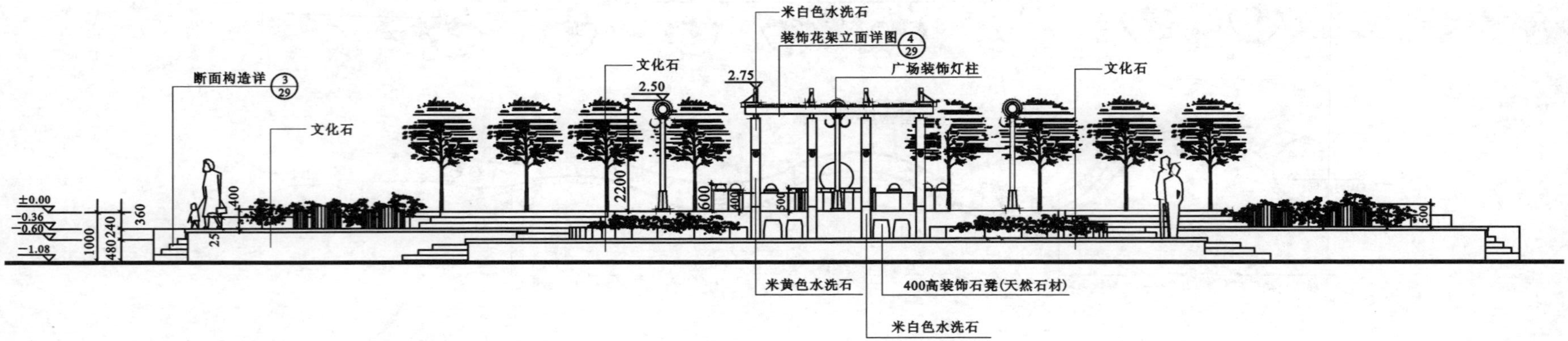

文化石

米白色水洗石

装饰花架立面详图 $\dfrac{4}{29}$

广场装饰灯柱

400高装饰石凳（天然石材）

米黄色水洗石

米白色水洗石

2.75

500

400

600

2.50

文化石

2200

断面构造详 $\dfrac{3}{29}$

文化石

400

25

360

480 240

1000

±0.00
-0.36
-0.60
-1.08

立面图 1:75

装饰花架

装饰花架立柱断面详图 $\dfrac{5}{29}$

装饰灯柱

花岗石球

-0.60

-1.90

-0.10

0.50

0.40

600高装饰灯柱

±0.00

-0.08

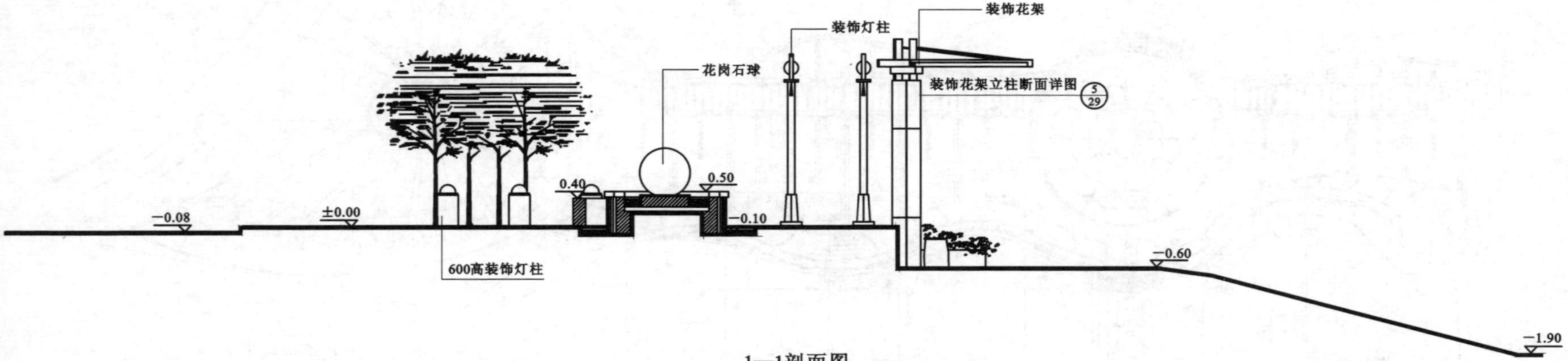

1—1剖面图 1:50

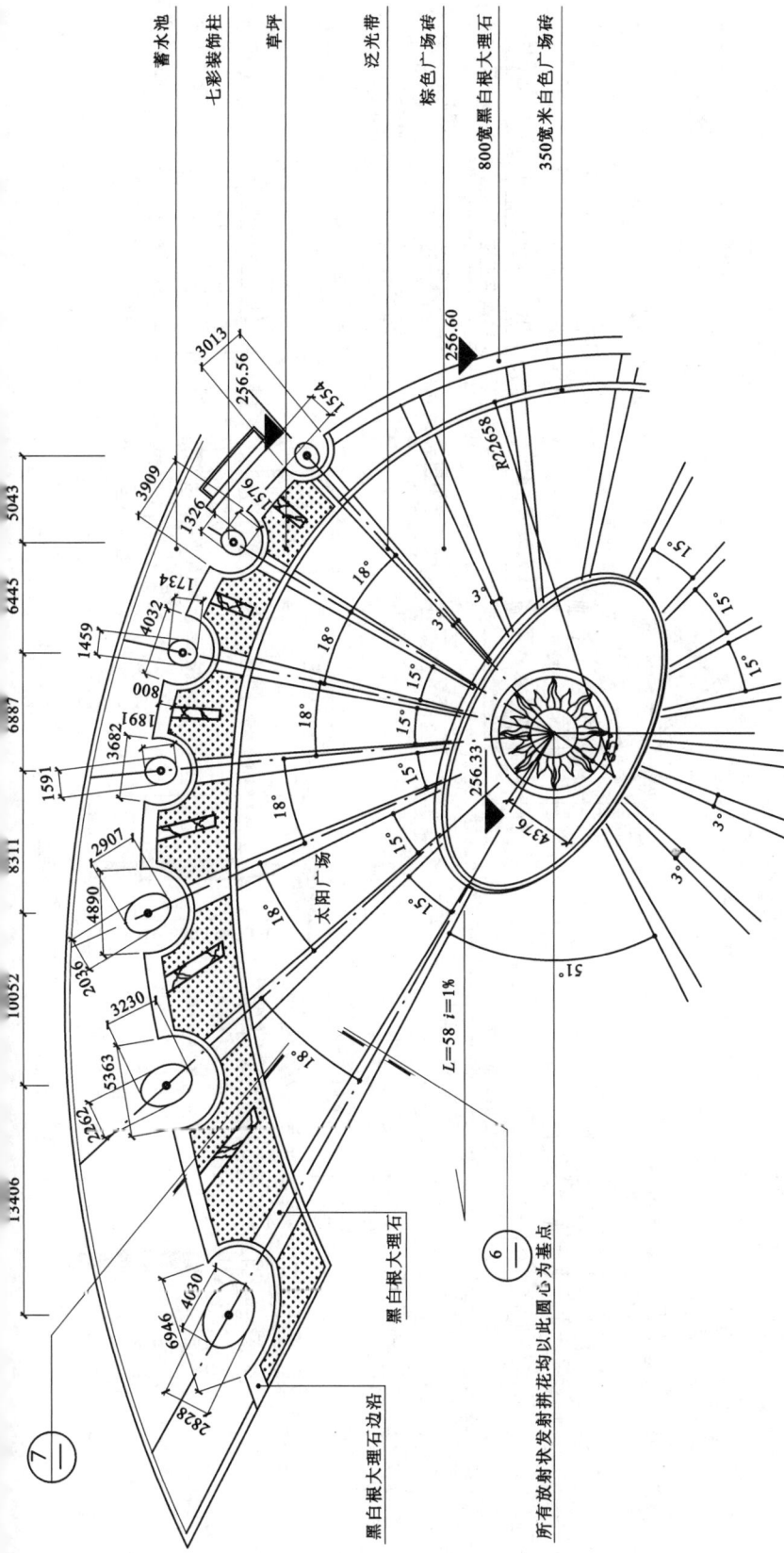

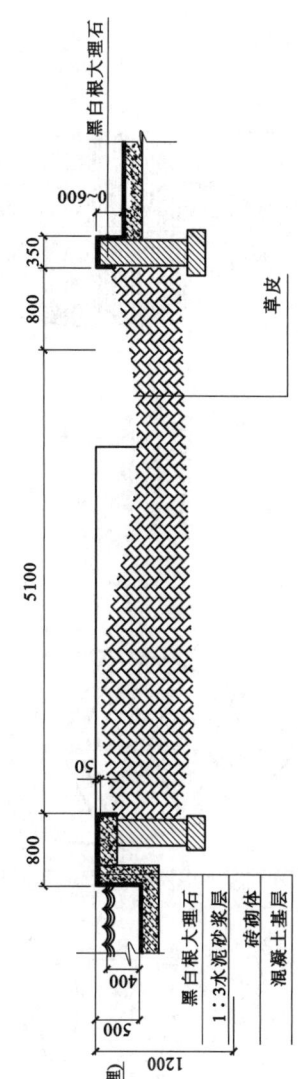

蓄水池
七彩装饰柱
草坪
泛光带
棕色广场砖
800宽黑白根大理石
350宽米白色广场砖

256.56
3013
455
R22658
256.60

5043
3909
1326
5576
6445
1734
4032
1459
6887
800
1891
3682
1591
8311
2907
4890
2036
3230
10052
5363
2262
13406
6946
4630
2828

18°
18°
18°
18°
18°
18°
18°
15°
15°
15°
15°
15°
15°
15°
15°
15°
15°
15°
15°
15°
15°
3°
3°
3°
3°

256.33
4376
L=58 i=1%
5°

太阳广场

所有放射状发射拼花均以此圆心为基点

黑白根大理石边沿

黑白根大理石

黑白根大理石

$S=1:20$
大样
⑦

600~0
350
800
5100
50
800
400
500
1200

黑白根大理石
1:3水泥砂浆层
玻砌体
混凝土基层

草皮

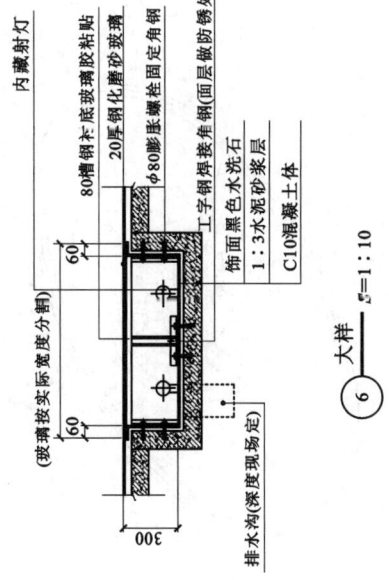

内藏射灯

(玻璃按实际宽度分割)

60
60
60

80槽钢卡底玻璃胶粘贴
20厚钢化磨砂玻璃
Φ80膨胀螺栓固定角钢
工字钢焊接角钢(面层做防锈处理)
饰面黑色水洗石
1:3水泥砂浆层
C10混凝土体

排水沟(深度现场定)

300

大样 $S=1:10$
⑥

阳光棚顶面图 $S=1:50$

10厚耐力板

爵力板由螺栓固定于扁钢位置
30×30不锈钢钢管周边
10×30不锈钢钢管
焊管由螺栓固定于不锈钢脊柱
120×60不锈钢脊管喷涂黄色金属漆

R5680
126°
122°

广场阳光棚平面 $S=1:100$
R18396

阳光棚平面 $S=1:100$

200厚砖墙
φ350钢筋混凝土柱
阳光蓬投影线

门卫室平面图 $S=1:50$
立面见图-07

Z1、Z2、Z3 C20混凝土
地梁
C10混凝土
室外地面

门卫室基础 C20混凝土

门卫室屋面梁板 C20混凝土

GL.8101
WKL1
WKL2

Φ6.5@150
4Φ16
Φ8-100/200
6Φ18
6Φ16

WKL1 C20混凝土
WKL2 C20混凝土
2Φ16
Φ8-100/200
2Φ22
2Φ16
Φ8-200

通用柱基 参详西南 J802-54-A
C10混凝土
室外地面
C20混凝土
MU7.5砖 M5.0水泥砂浆

通用柱 C10混凝土 C20混凝土
8Φ20
(8Φ16)
Φ6.5-100
10厚不锈钢装饰孔板

正立面图 $S=1:50$
10×30不锈钢扁管 上固定10厚耐力板
喷黄色塑铝板圆盘上藏射灯
φ350混凝土圆柱
10厚不锈钢装饰孔板

侧立面图 $S=1:50$
120×60不锈钢脊管周边喷黄色金属漆
两边各一根φ20不锈钢扁管斜拉杆
(由螺栓及连接件固定于木脊上)
喷黄色塑铝板圆盘上藏射灯
10厚不锈钢装饰孔板
φ300混凝土圆柱 贴面水洗石

饰面紫罗红大理石
不锈钢标识牌
蓄水池面黑白根大理石
叠水

入口标识侧立面图 S=1:25

不锈钢标识牌背面
饰面紫罗红大理石
蓄水池面黑白根大理石
φ100半圆落水口

入口标识背立面图 S=1:25

不锈钢玻璃幕
门卫室立面图 S=1:50 C

不锈钢玻璃推拉门
香槟色铝塑板
银灰色铝塑板
门卫室立面图 S=1:50 B

12厚固定玻璃
香槟色铝塑板
银灰色铝塑板
门卫室立面图 S=1:50 A

不锈钢玻璃扣
叠水
南方上格林
350×350形紫色钢铸字
饰面不锈钢板
标识
饰面600×600紫罗红大理石
饰面1000×1000紫罗红大理石

入口标识正立面图 S=1:25

80厚900宽通长钢筋混凝土现浇板 板宽方向配
φ6.5@100主筋,通长&4分布筋, 钢筋保护层 30厚
饰面紫罗红大理石
φ100半圆落水口
100×150黑白根大理石材
黑白根大理石

大样 S=1:25 5

Φ6.5@500
Φ6.5@180主筋
墙墩构造

墙墩构造
入口标识平面图 S=1:50

太阳广场七彩柱立面图
S=1:100

白色

橙色

红色

紫色

蓝色

绿色

圆柱面春棕色铝塑板

256.60

8000

3925
2425
1350
1100
800
1100
50 1200
150
150

1400

水面

L=58 i=1%

小型钢柱
黄色氖虹灯管
φ200不锈钢管喷涂黄色金属漆
不锈钢板喷涂黄色金属漆
150宽镶圆不锈钢板
圆柱面春棕色铝塑板

混凝土圆柱面铝塑板
饰面"紫花红"毛面花岗岩
1:3水泥砂浆
砖砌体
防水涂料层

256.60

φ100不锈钢防水射灯
面铺铝塑板

平面
S=1:20

φ200不锈钢管

藏φ100不锈钢管防水射灯

春棕色铝塑板弧造型

φ50红色氖虹灯

圆柱面春棕色铝塑板

大样
S=1:20

小型艺术钢楼

φ200钢管焊钢连接件,用螺栓固定雕塑

230 230 230

1400

1100

2

小型艺术钢楼

C20混凝土通长现浇板

通长筋φ6.5

φ6.5@150

600

通长筋φ6.5

8@20

8

通用柱

300

8@20
100
φ6.5@150

300

C30混凝土

C20混凝土通长现浇板

20厚1:1水泥砂浆贴蓝色瓷砖
35厚2瓜米石保护层撒找平层(分两瓣小于8mm现场设置)
25厚1:3水泥砂浆找平层,2厚981高分子防水涂料层
150厚C20水池底板,配双层双向φ8@250钢筋(500高侧壁板与底板同池构造)
毛底素混凝土夯实:面设100厚C10混凝土垫层

250×150黑白麻大理石材

防水射灯

排水管

80厚600混凝土现浇板

大样
S=1:25

1

水面标高
256.60

256.60

400

400
150
120
70

200
650
150
200
50
300
200
350

100 100
150
500
100

800
500
150
100

M07.5水泥砂浆
抹棱错台尺寸及构造

250 900
250
300 150
100
850
500
100 150

C10混凝土垫层
水池底板标高

C30混凝土

通用柱基

250
250
300

900
300
900

006 006

通用柱基

太阳神（阿波罗）铜雕（由专业设计师设计）

饰面紫罗红大理石

大理石太阳浮雕

叠水

太阳广场中心雕塑平面 $S=1:50$

1000 1000 500
2500
1200
2370
500
300
1700
±0.00
−0.30

②

饰面紫罗红大理石
可石凿（内凹4cm）

6cm厚爵士白大理石太阳浮雕
（方柱四周均有）

饰面紫罗红大理石

1000 1000 500
2500
800
1200

雕塑底座大样 $S=1:25$

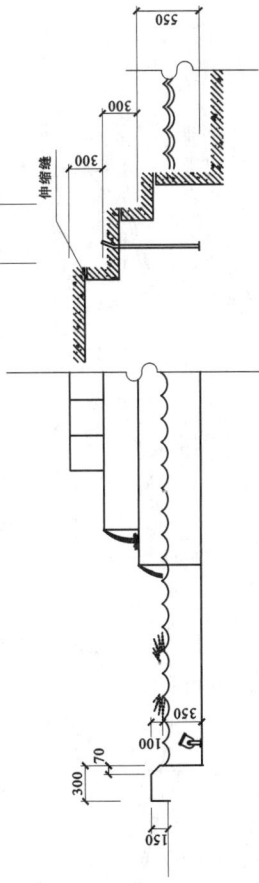

C10混凝土体
240砖砌体
1:3水泥砂浆层
饰面紫罗红大理石
200厚底板双向φ8@200C20混凝土体

大样 $S=1:50$

②

雕塑
饰面紫罗红大理石

1200
1200

注：广场放射状拼花图案均以中圆心为基点，向四周扩散

泛光带
100×100米色广场砖
太阳拼花图案
中心雕塑
喷泉
叠水
樱花红光面花岗岩

20500
11000

R3800
R3000
R1450

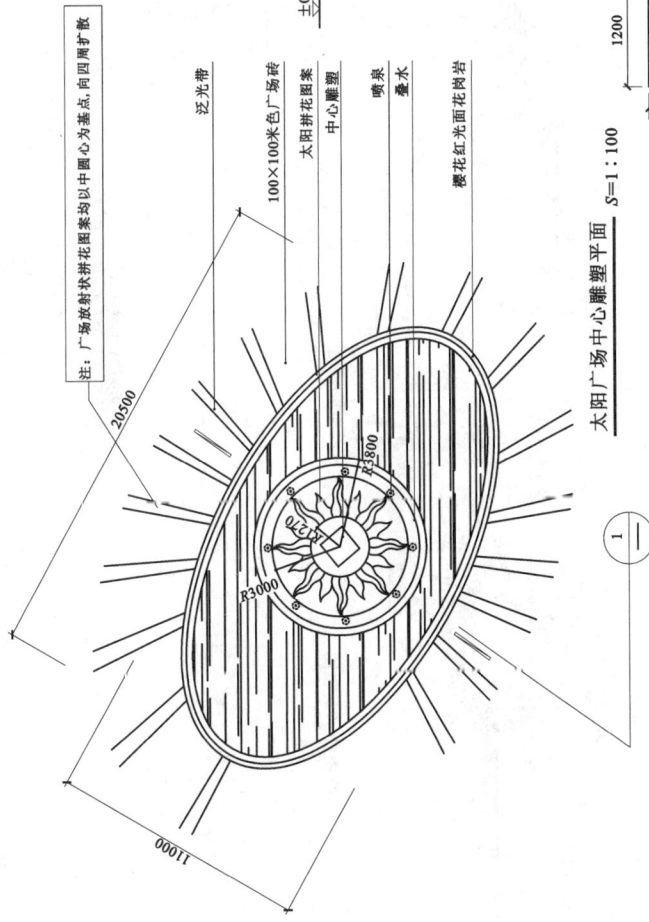

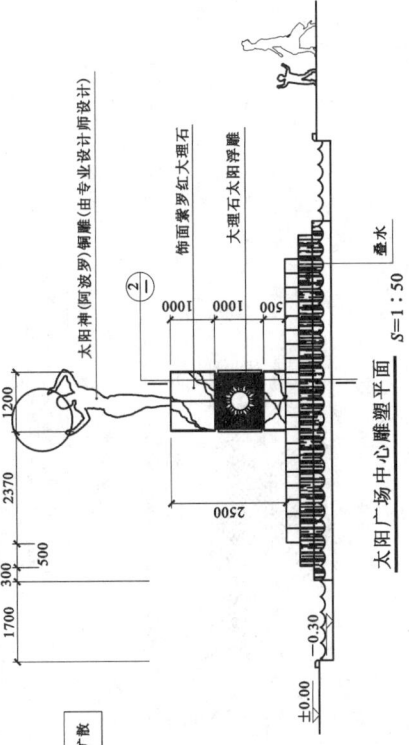

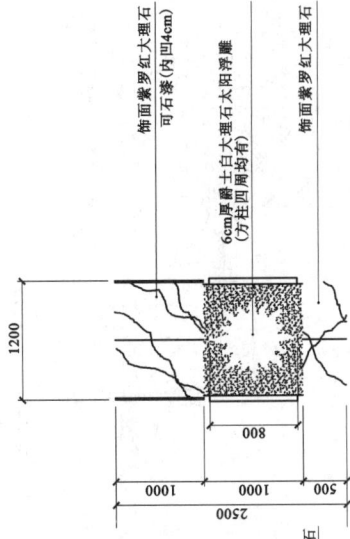

太阳广场中心雕塑平面 $S=1:100$

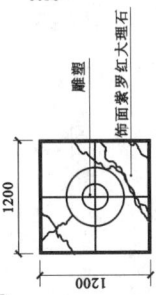

①

550
300
300
300
500
伸缩缝

350
70
300
150
100

太阳广场中心立剖面 $S=1:20$

①

铺面水洗石
1:3水泥砂浆防水层
混凝土块基层

人行道

汀步断面图 S=1:20

道路 253.16

种植树
土壤
文化石
地面铺面黑色水洗石
保坎300×300×100条石
低于人行道500，同时低于小溪底板

人行道

小溪断面图 S=1:20 ①

253.31
米色水洗石铺水底
1:3水泥砂浆防水层
混凝土基层

铺面水洗石
253.16
道路

种植树
土壤
泄水管
地面铺面黑色水洗石
片石堆叠

人行道

小溪断面图 S=1:20 ②

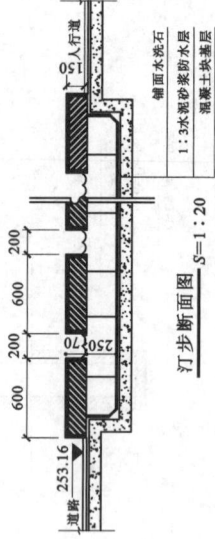

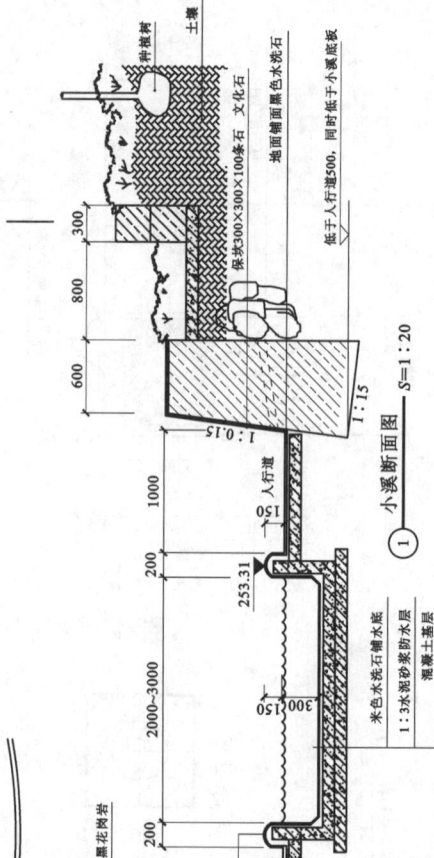

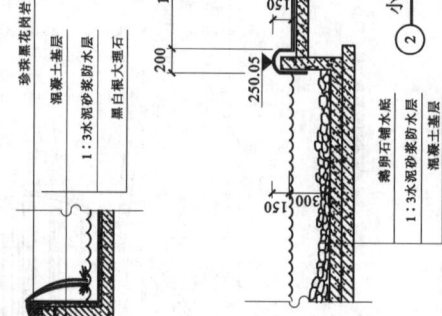

说明：M5水泥砂浆条石挡墙，于人行道处留φ200泄水孔，泄水孔用VPC110塑料管预埋，内侧用不小于500㎜长的片石堆叠

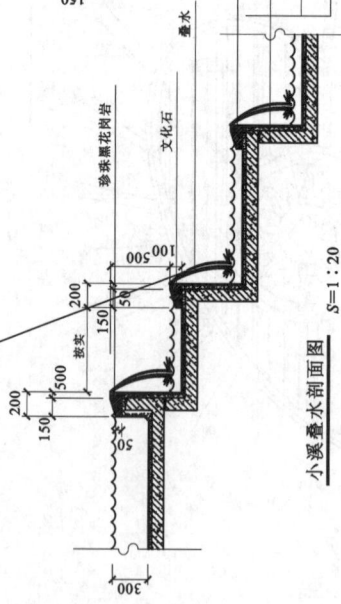

250.05
鹅卵石铺水底
1:3水泥砂浆防水层
混凝土基层

花池
珍珠黑岗岩
文化石
道路
珍珠黑岗岩

254.10
5000
253.16
253.16
珍珠黑岗岩

小溪叠水平面图 S=1:100

珍珠黑岗岩
混凝土基层
1:3水泥砂浆防水层
黑白麻大理石
文化石
叠水
接头

小溪叠水剖面图 S=1:20

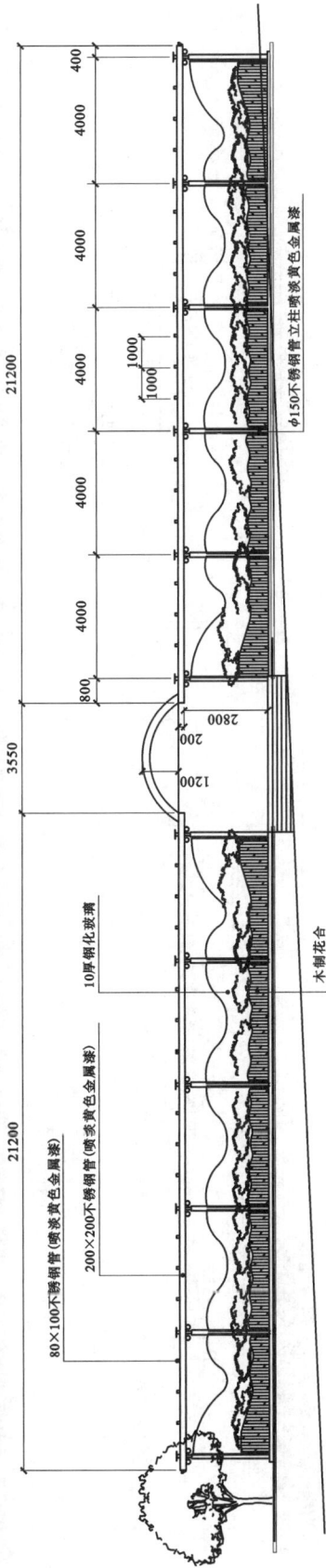

木造摊亭立面图 S=1:75

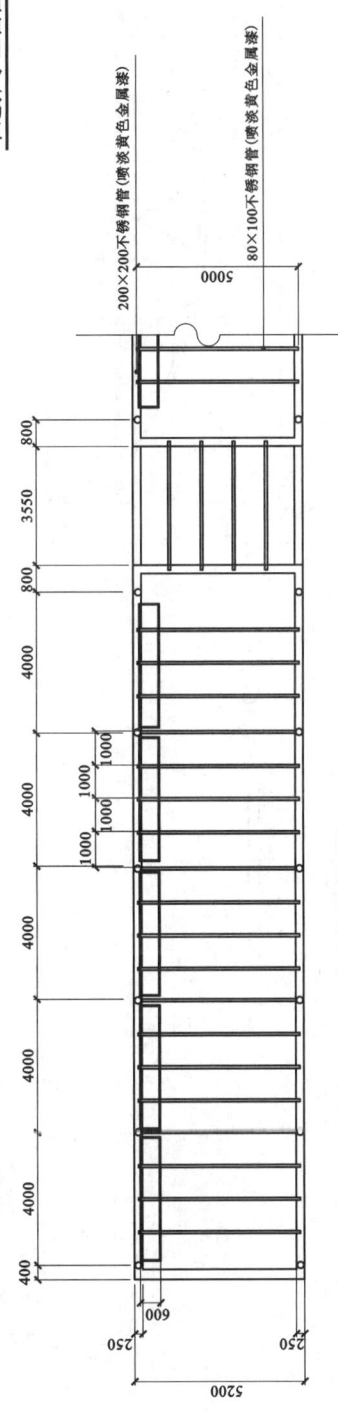

木造摊亭平面图 S=1:75

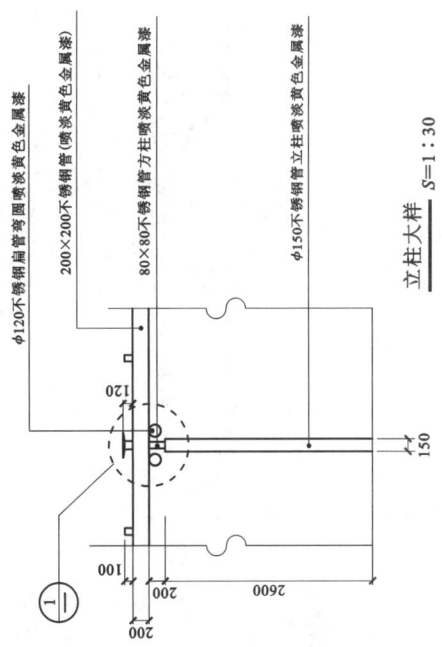

立柱大样 S=1:30

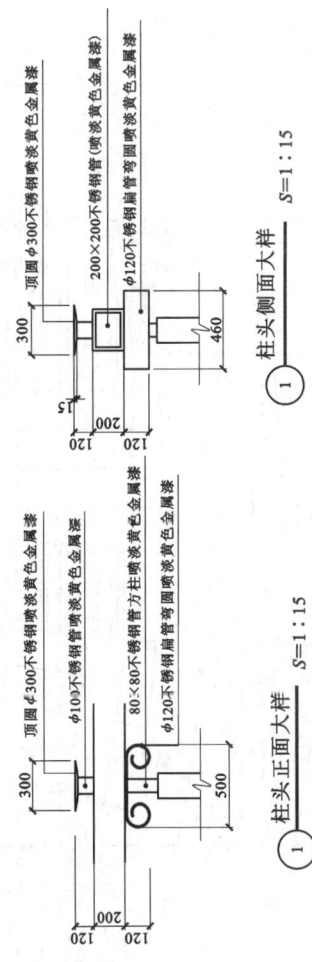

柱头侧面大样 S=1:15

柱头正面大样 S=1:15

φ150不锈钢管立柱喷漆黄色金属漆

80×100不锈钢管（喷漆黄色金属漆）
200×200不锈钢管（喷漆黄色金属漆）
木制花台

200×200不锈钢管（喷漆黄色金属漆）
80×100不锈钢管（喷漆黄色金属漆）

10厚钢化玻璃

φ120不锈钢扁管弯圆（喷漆黄色金属漆）
200×200不锈钢管方圆（喷漆黄色金属漆）
80×80不锈钢管方柱喷漆黄色金属漆
φ150不锈钢管立柱喷漆黄色金属漆

顶圆φ300不锈钢管喷漆黄色金属漆
200×200不锈钢扁管弯圆喷漆黄色金属漆
φ120不锈钢扁管弯圆喷漆黄色金属漆

φ100不锈钢管喷漆黄色金属漆
80×80不锈钢管方柱圆喷漆黄色金属漆
φ120不锈钢扁管弯圆喷漆黄色金属漆

踏步剖面图 1:20

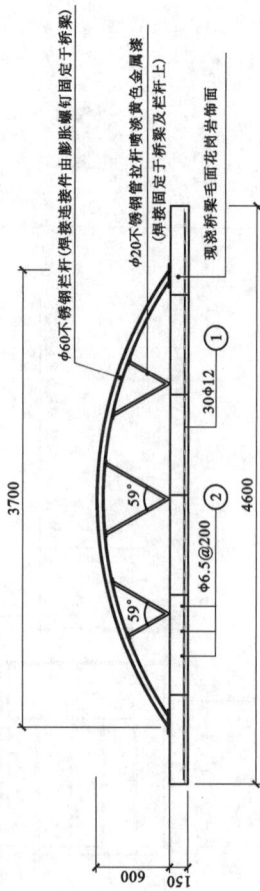

252.20
300 | 300
20厚1:3水泥砂浆层
150 | 150
踏步侧面米黄色水洗石
踏步面红毛面红色花岗岩

小桥侧立面大样 1:20

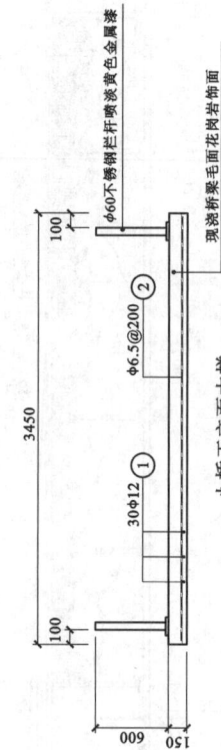

Φ60不锈钢栏杆(焊接连接件由膨胀螺钉固定于桥梁)
Φ20不锈钢管拉杆(焊接固定于桥梁及栏杆上)
现浇桥梁毛面花岗岩饰面
3700
4600
600
150
30Φ12 ①
Φ6.5@200 ②
59° 59° 59°

小桥正面立面大样 1:20

Φ60不锈钢栏杆喷涂黄色金属漆
现浇桥梁毛面花岗岩饰面
3450
100
100
600
150
30Φ12 ①
Φ6.5@200 ②
桥板用C20混凝土现浇，钢筋保护层25厚

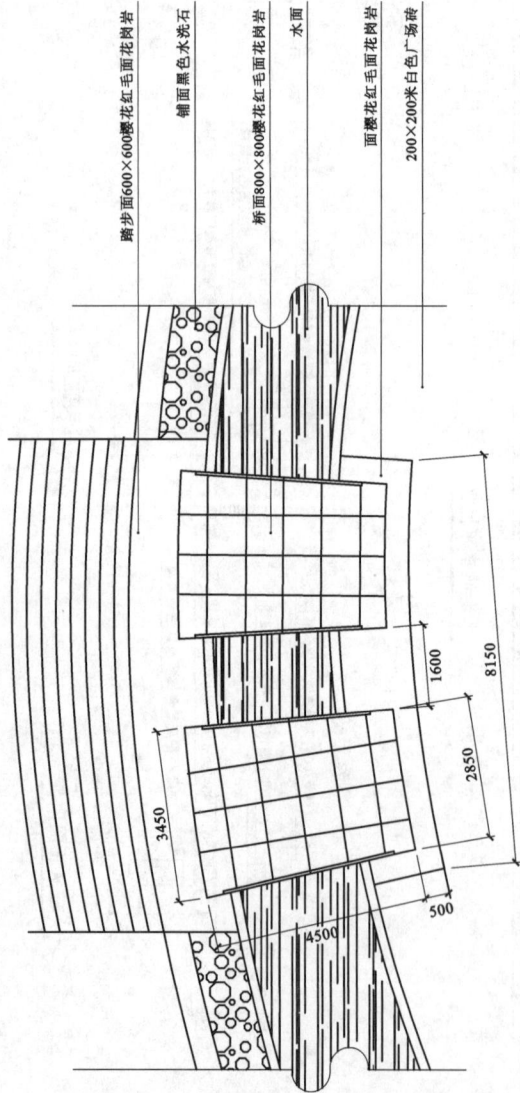

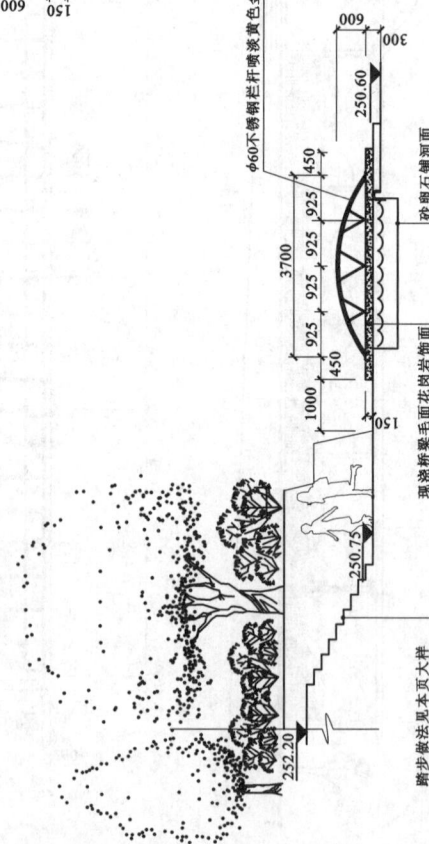

小桥平面图 S=1:100

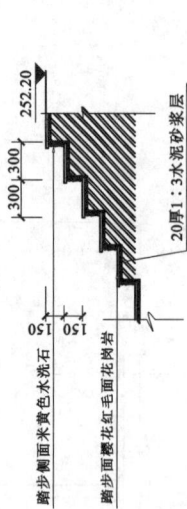

踏步面600×600磨花毛面红毛面花岗石
铺面黑色水洗石
桥面800×800磨花毛面红毛面花岗岩
水面
面砖花岗岩红毛面花岗岩
200×200米白色广场砖
1600
8150
2850
3450
500
4500

小桥立面图 S=1:100

Φ60不锈钢栏杆喷涂黄色金属漆
卵石铺河面
砂
现浇桥梁毛面花岗岩饰面
250.60
300
600
450
925
3700
925 925
925 925
450
1000
150
250.75
252.20
踏步做法见本页大样

花岗岩铺地大样　1：10

25厚各色花岗岩面层，白水泥浆擦缝
25厚1：2.5干硬性水泥砂浆结合层，上撒1-2厚干水泥并洒清水适量
100厚C15混凝土
100厚碎砖(石、卵石)压实
素土夯实

广场砖铺地大样　1：10

片石(或广场砖)面层
25厚1：3水泥砂浆铺砌及灌缝
100厚碎砖(石、卵石)压实
100厚C15混凝土
素土夯实

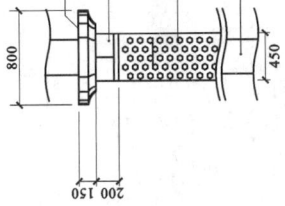

淡黄色塑铝板圆盘上藏射灯
饰面淡黄色塑铝板内藏霓虹灯管
10厚不锈钢装饰孔板
φ300混凝土圆柱　贴面水洗石

阳光棚大样图　S＝1：25

④

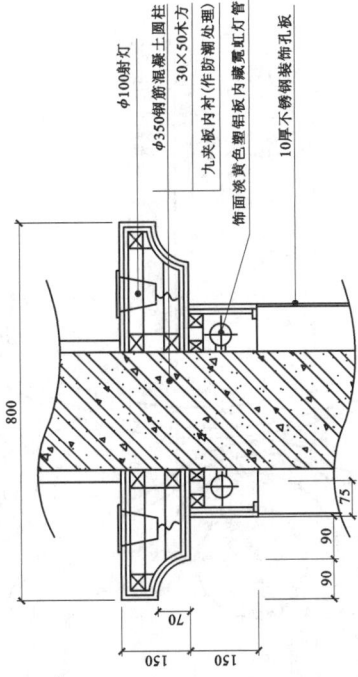

φ100射灯
φ350钢筋混凝土圆柱
30×50木方
九夹板内衬(作防潮处理)
饰面淡黄色塑铝板内藏霓虹灯管
10厚不锈钢装饰板

800

大样　S＝1：5

④

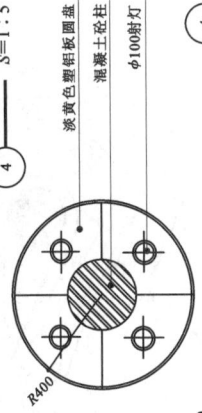

淡黄色塑铝板圆盘
混凝土砼柱
φ100射灯
R400

平面　S＝1：100

④

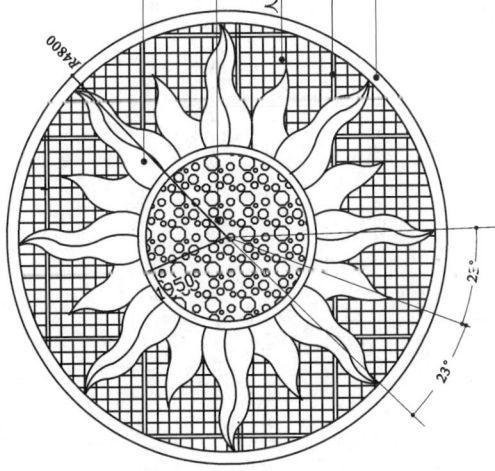

大阳图案大样图　S＝1/50

人造花岗岩(红)　90mm×90mm×18mm
彩色石子
人造花岗岩(绿)　290mm×290mm×18mm粗糙表面
人造花岗岩(绿)　90mm×90mm×18mm
人造花岗岩(灰褐)　250宽粗糙表面
R4800
25°
23°

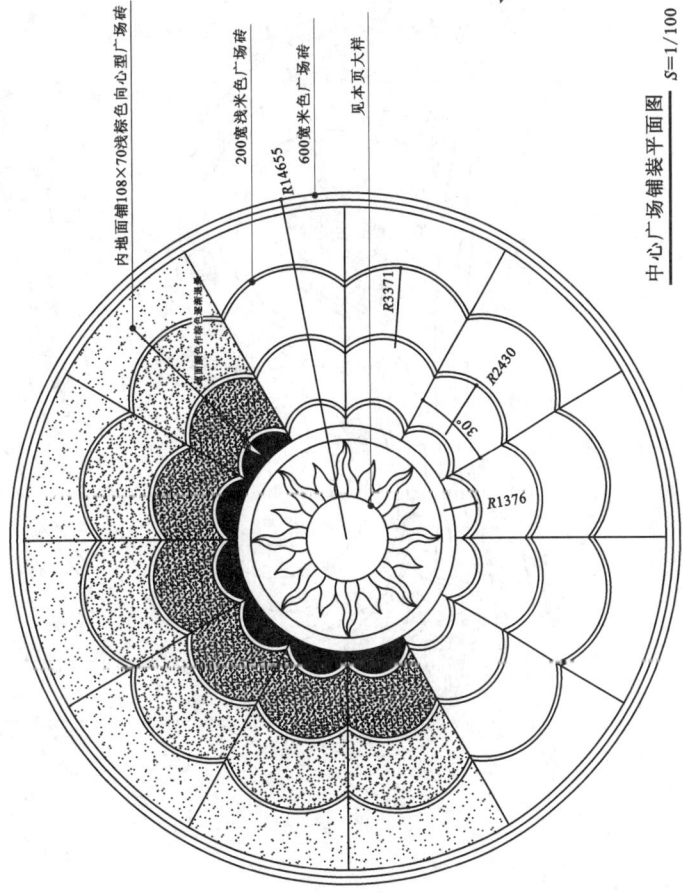

中心广场铺装平面图　S＝1/100

内地面铺108×70浅棕色向心型广场砖
200宽米色广场砖
R14655
600宽米色广场砖
见本页大样
R3371
R2430
R1376
30°

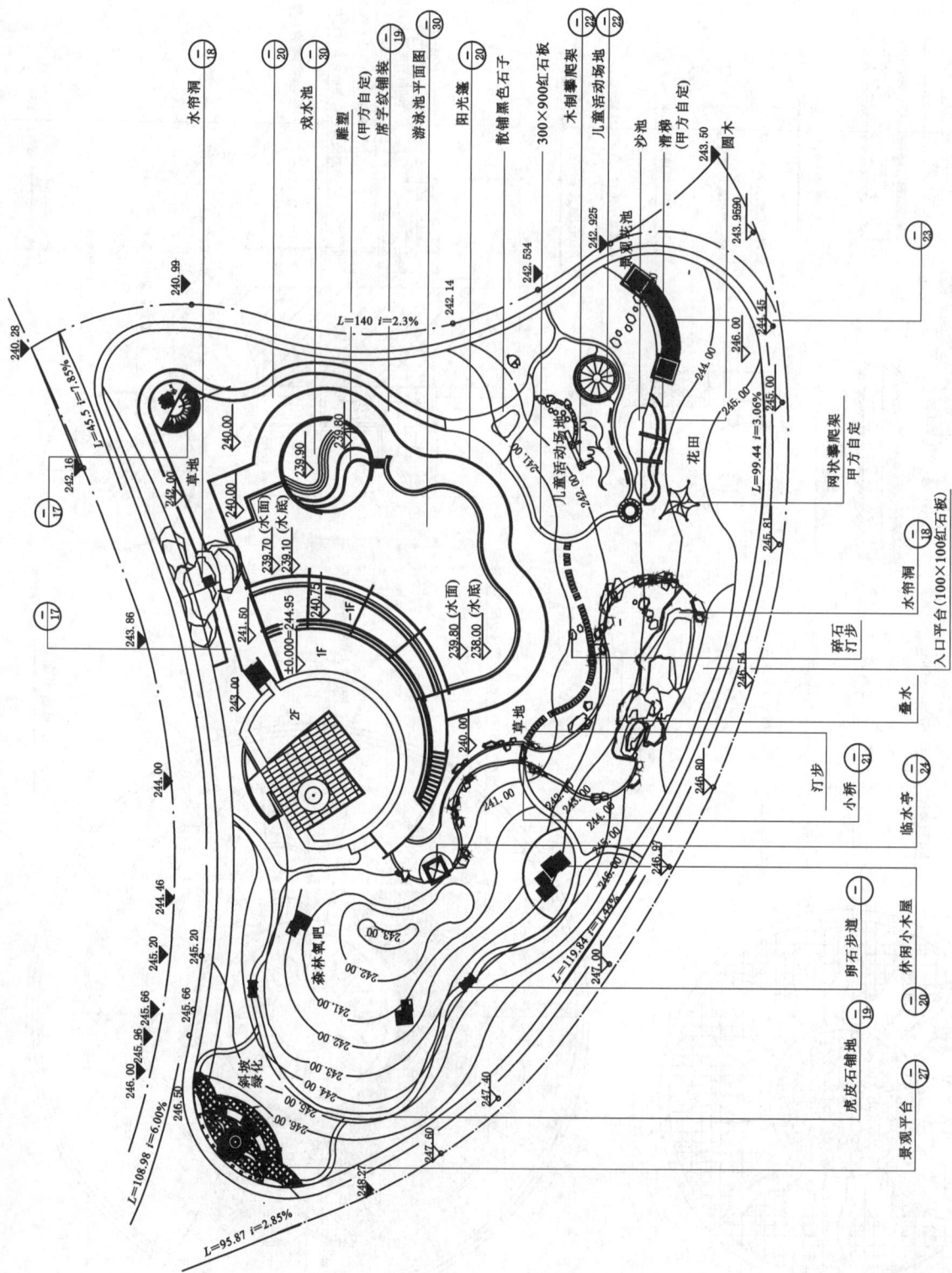

南方临里中心总平面图

水帘洞 ⑱
⑳
戏水池 ㉚
雕塑（甲方自定）㊀
席字纹铺装 ⑲
游泳池平面图 ㉚
阳光蓬 ㊀
⑳
散铺黑色石子 ㊀
300×900红石板 ㊀
木制攀爬架 ㉒
儿童活动场地 ㉒
沙池 ㊀
滑梯（甲方自定）㊀
圆木 ㉒
㉓

网状攀爬架 甲方自定
花田
景观花池
草地
森林氧吧
斜坡绿化
景观平台 ㉗
虎皮石铺地 ⑲
卵石步道 ⑳
休闲小木屋 ㊀
临水亭 ㉔
小桥 ㉑
叠水
碎石汀步
入口平台（100×100红石板）
水帘洞 ⑱

±0.000=244.95

L=140 i=2.3%
L=45.5 i=7.85%
L=99.44 i=3.06%
L=119.78 i=1.5%
L=108.98 i=6.00%
L=95.87 i=2.85%

240.99 240.28 242.16 243.86 244.00 244.46 245.20 245.66 245.96 246.00 246.50 247.40 247.60 248.27
240.00 242.00 239.90 239.80 240.75 241.60 243.00 241.00 242.14 242.534 242.925 243.50 243.9690 244.00 244.45 244.54 244.00 245.00 245.00 246.00 245.00 245.81 246.54 246.80 246.00 246.97 247.00

239.70（水面）239.10（水底）
239.80（水面）238.00（水底）

草地 1F 2F
草地
241.00 242.00 243.00 244.00 245.00 246.00
243.00 242.00 241.00 240.00

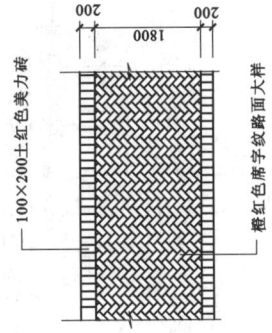

橙红色席字纹路面大样 1：25

100×200土红色美力砖

橙红色席字纹路面大样

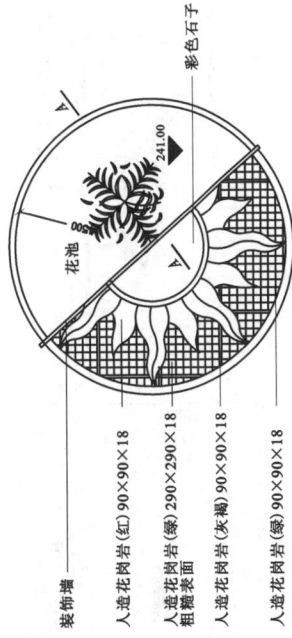

2 1：50

花池

彩色石子

241.00

装饰墙

人造花岗岩（红）90×90×18

人造花岗岩（绿）290×290×18 粗糙装面

人造花岗岩（灰褐）90×90×18

人造花岗岩（绿）90×90×18

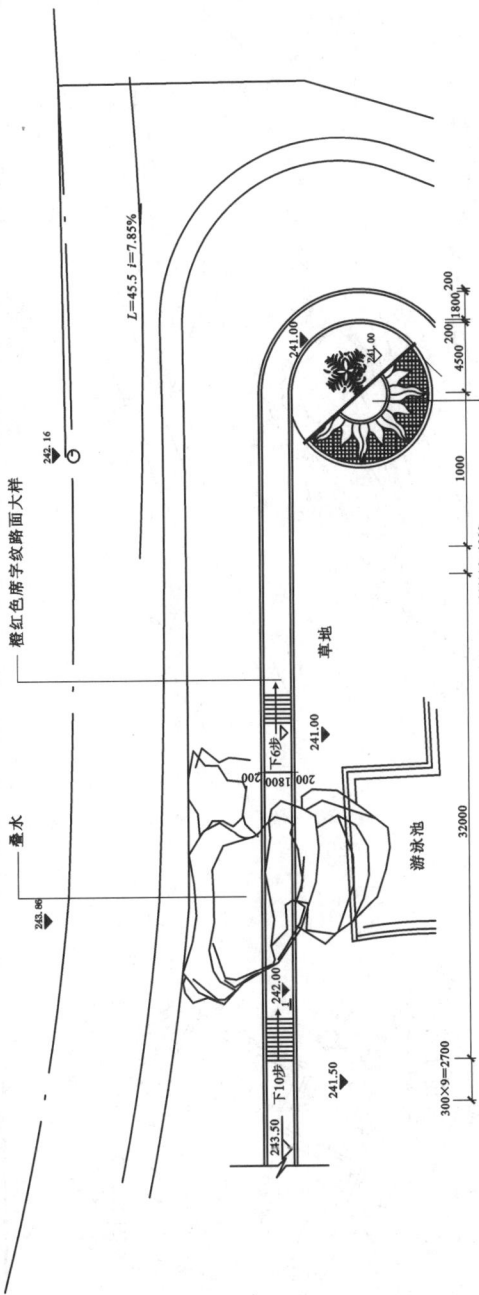

叠落式道路平面示意 1：200

橙红色席字纹路面大样

叠水

草地

游泳池

300×9=2700

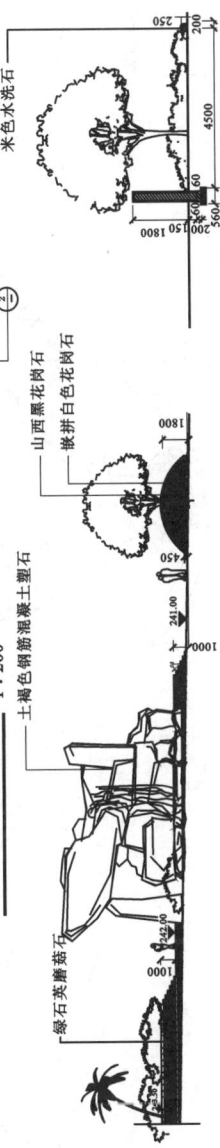

叠落式道路立面示意 1：200

米色水洗石

A—A 1：50

山西黑花岗石 嵌拼白色花岗石

土褐色钢筋混凝土塑石

绿石英磨菇石

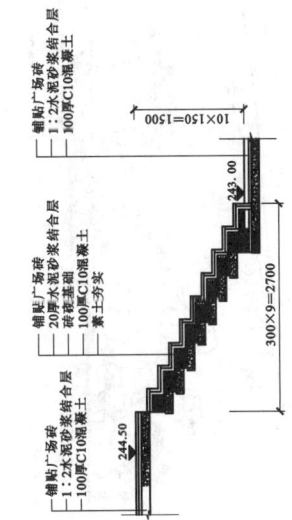

铺贴广场砖
1：2水泥砂浆结合层
100厚C10混凝土

铺贴广场砖
20厚水泥砂浆结合层
碎砖基础
100厚C10混凝土
素土夯实

铺贴广场砖
1：2水泥砂浆结合层
100厚C10混凝土

10×150=1500

243.00

244.50

300×9=2700

1—1 叠落式道路立面示意 1：200

黄褐色裙褶土塑石

卵石铺底

水帘洞立面(二) 1:200

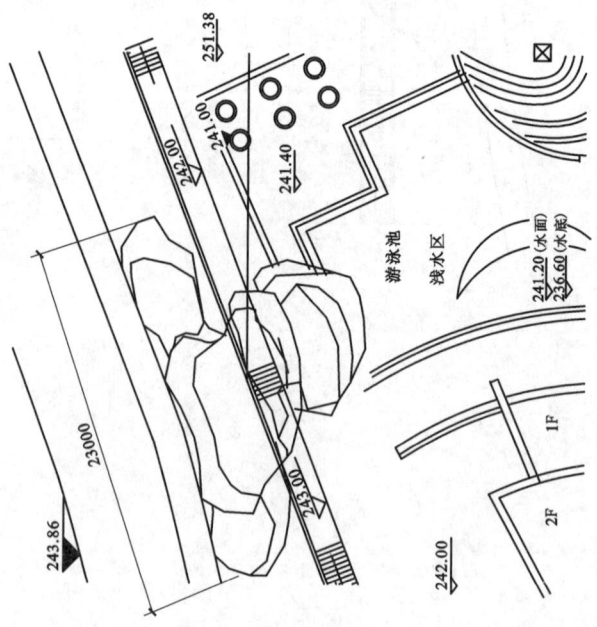

246.80

2400 15000
17400

水帘洞立面示意(一) 1:200

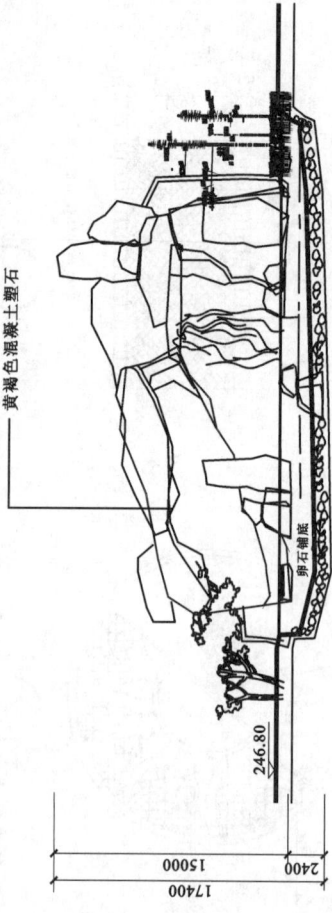

251.38
245.8 5600
243.00 2800
242.00 1000

岸边置自然石头

草地

水底置大卵石

水帘洞平面示意(二) 1:200

242.00
243.00

36000

246.80

251.38
242.00
241.40
241.00

游泳池
浅水区

241.20(水面)
236.60(水底)

2F
1F

243.86

242.00

23000

水帘洞平面示意(一) 1:200

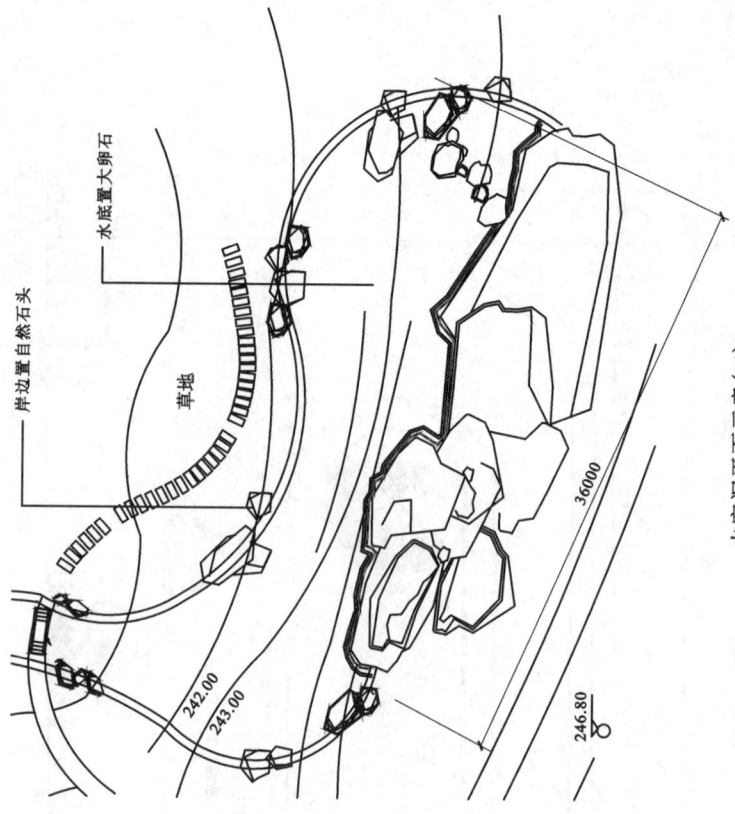

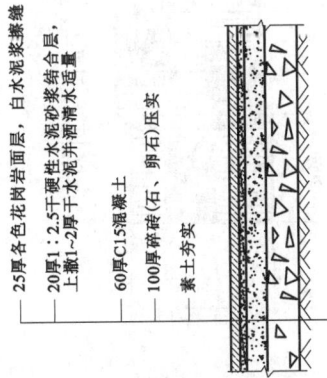

卵石铺地大样 1:5

种植土
60厚C20混凝土嵌粘中粗卵石
30厚粗砂垫层
100厚碎砖(石、卵石)压实
素土夯实

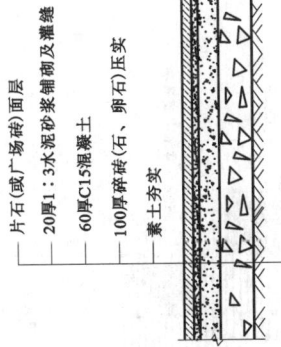

美力砖铺地大样 1:5

50厚100×200美力砖,缝内灌砂
30厚粗砂层
100厚碎砖(石、卵石)压实
素土夯实

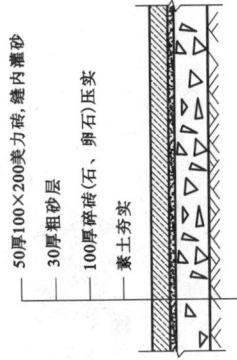

广场砖铺地大样 1:5

片石(或广场砖)面层
20厚1:3水泥砂浆铺砌及灌缝
60厚C15混凝土
100厚碎砖(石、卵石)压实
素土夯实

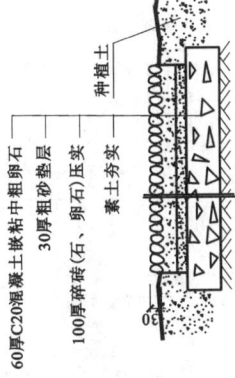

花岗岩铺地大样 1:5

25厚各色花岗岩面层,白水泥浆擦缝
20厚1:2.5干硬性水泥砂浆结合层,上撒1~2厚干水泥并酒清水适量
60厚C15混凝土
100厚碎砖(石、卵石)压实
素土夯实

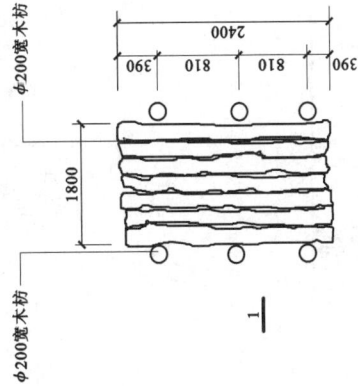

休闲小平台平面示意 1:100

φ100~200木枋
黑色小石
休闲小木屋
虎皮石铺地
242.00 243.00 244.00 245.00 246.00
1200 1200 4000 8400

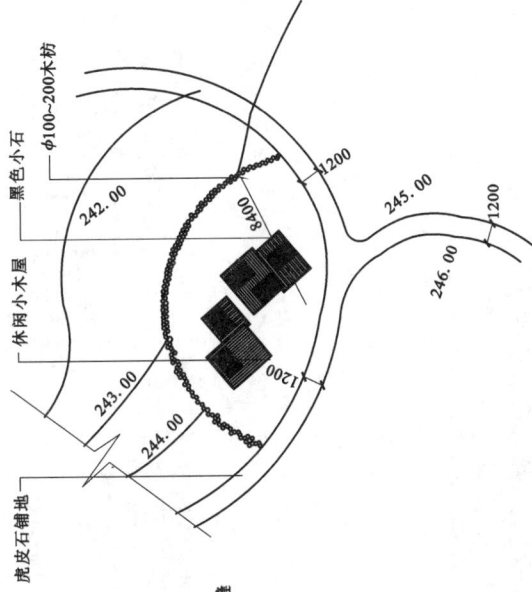

木枕断面大样 1:100

片石(或广场砖)面层
20厚1:3水泥砂浆铺砌及灌缝
60厚C15混凝土
100厚碎砖(石、卵石)压实
素土夯实
200 1800 200 250

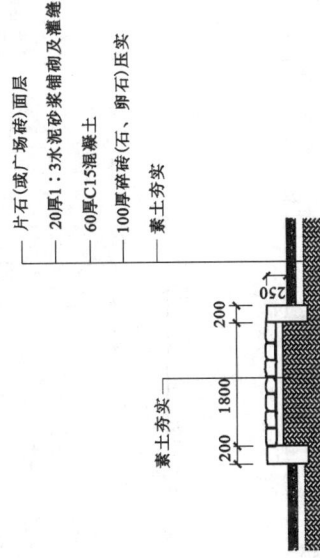

木枕铺地大样 1:5

φ200木枋
φ200宽木枋
2400 390 810 810 390
1800

南方临里中心植物配置图　1：500

不锈钢管面白漆喷涂

艺术灯

人造花岗岩90×90×18 颜色：绿
陶瓷马赛克砖（深蓝）50×50 釉面

人造花岗岩90×90×18
颜色：绿（粗糙表面）
陶瓷马赛克砖（深蓝）50×50
喷射花岗岩颜色：灰褐
人造花岗岩90×90×18
颜色：绿

花池立面示意　1：5

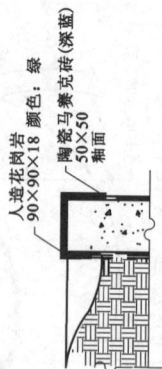

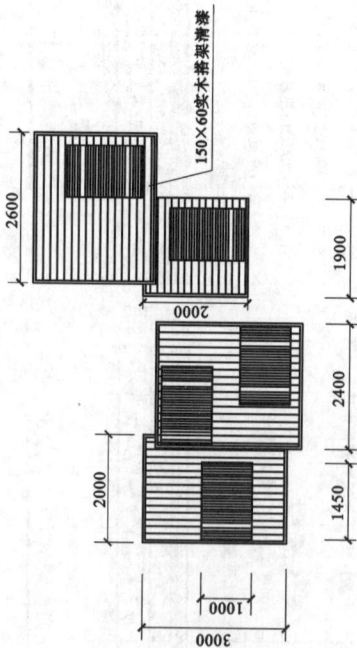

花池平面示意　1：5

喷射花岗岩
颜色：灰褐
人造花岗岩

人造花岗岩

1—1

100×45实木搭架清漆

休闲小木屋立面示意　1：60

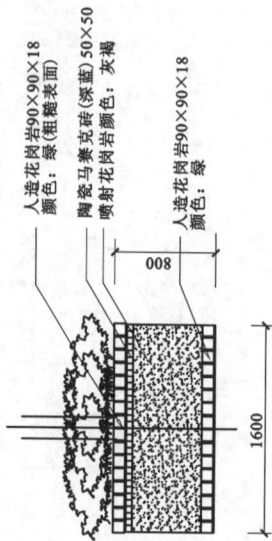

150×60实木搭架清漆

休闲小木屋平面示意　1：60

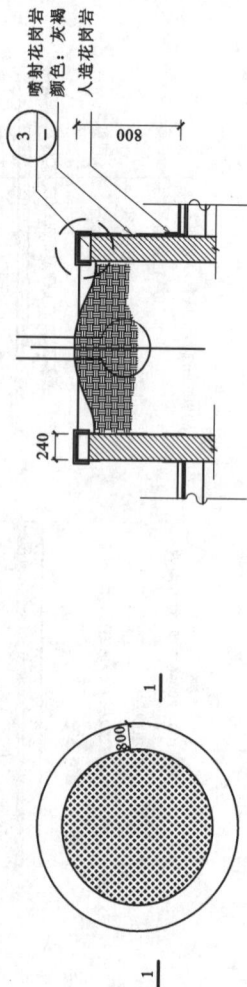

剖面图 1:10

150×30实木扶手
100×100渐细支架
50×50木板铺装
加固于50×5角钢上
300×200混凝土曲梁
50×5角钢

⊙a

钢环穿保护绳

垃圾箱立面图 1:10

75×75条板
柱75×75
条板堆条(钢板25×3, 间距50,
钉固定在木材上)
砾石
225×225×575混凝土基础
硬底层

A3小桥立面图 1:20

±0.000
天然块头石
加固螺栓
150×30实木扶手
100×100渐细支架
50×50木板铺装
间缝10
φ30钢环穿保护绳

A3小桥平面图 1:20

50×50木板铺装
300×200混凝土曲梁
(面贴米色木贴石)
50×5角钢
100×100渐细支架

垃圾箱平面图 1:10

75×75条板
柱75×75
间50贴孔钉
φ525钢箍

小桥立面图 1:20

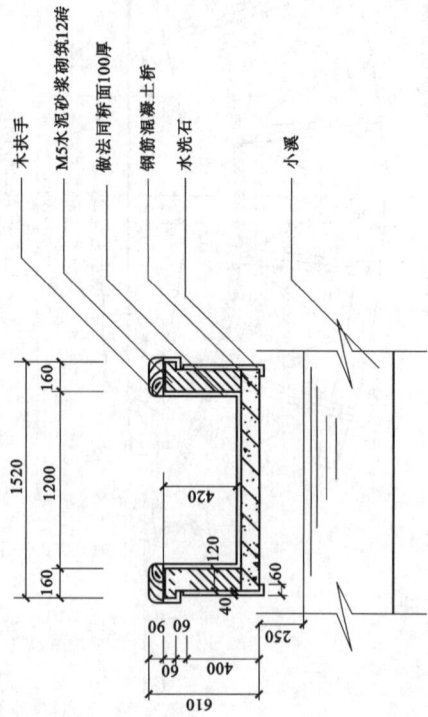

160×80木板
40×40灰绿色瓷砖
40×40绿色瓷砖
40×40墨绿色瓷砖
φ5黑色水洗石

2000
285 520

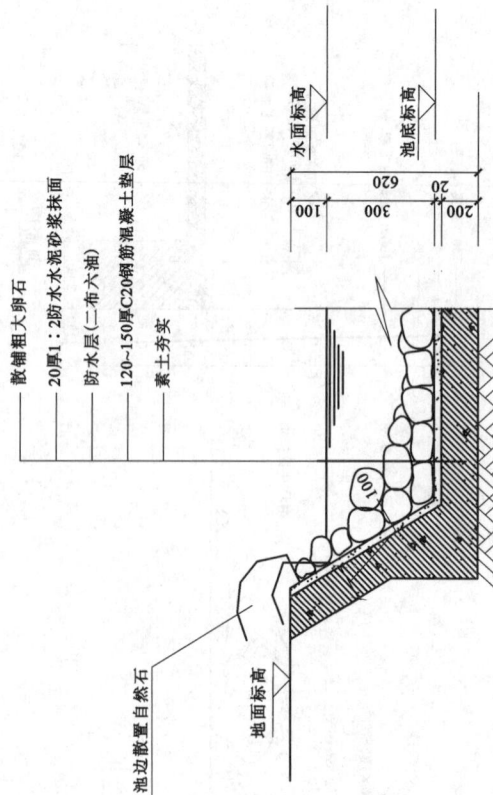

小溪断面图 1:20

散铺粗大卵石
20厚1:2防水水泥砂浆抹面
防水层(二布六涂)
120-150厚C20钢筋混凝土垫层
素土夯实

池边散置自然石
地面标高

水面标高
池底标高

100 300 200
620
20
100

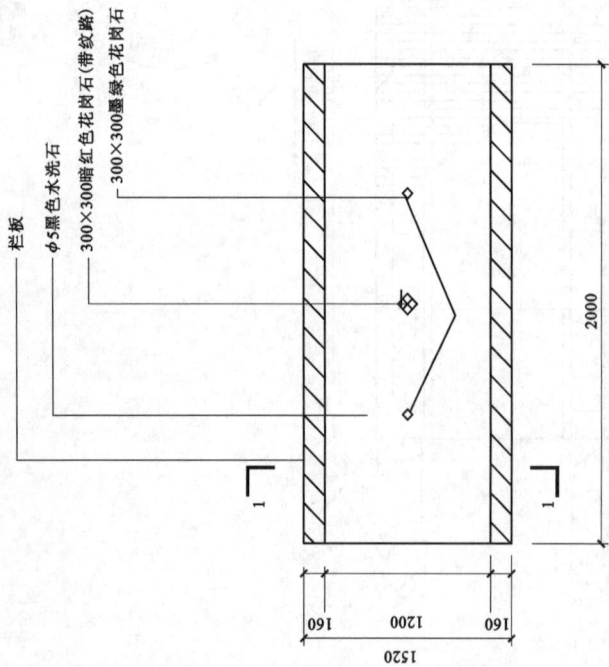

小桥平面图 1:20

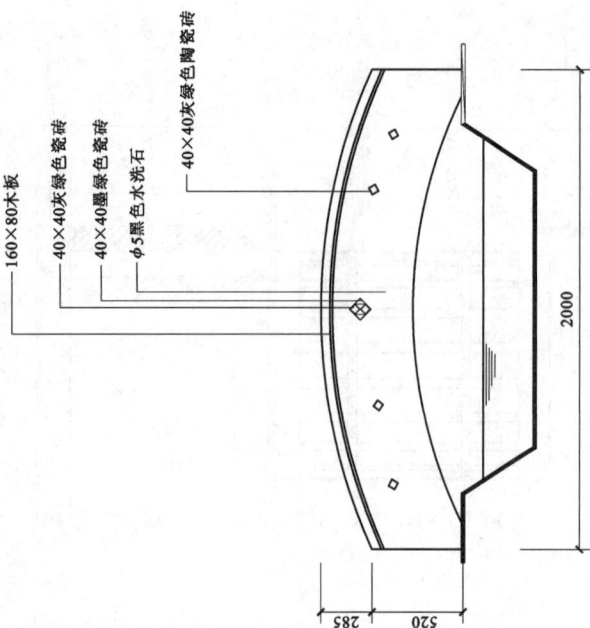

栏板
φ5黑色水洗石
300×300暗红色花岗石(带纹路)
300×300墨绿色花岗石

2000
160 1200 160
1520

1—1 1:20

木扶手
M5水泥砂浆砌筑12砖
做法同桥面100厚
钢筋混凝土桥
水洗石
小溪

160
1520
1200
160
420
120
60 40
60 60 90
250
400
610

鱼儿图案(上铁拼彩色马赛克)

300×600青石板

白色卵石(中粗)

蓝白相间花肉石

R21825

白色卵石(中粗)

1000

4300
4000
3600
3300

石坐凳
(上有瓷拼瓷砖动物图案)

木制攀爬凳

黄沙池

木制坐凳

白色卵石(中粗)

三00×600红石板

1250
1500
2150

I

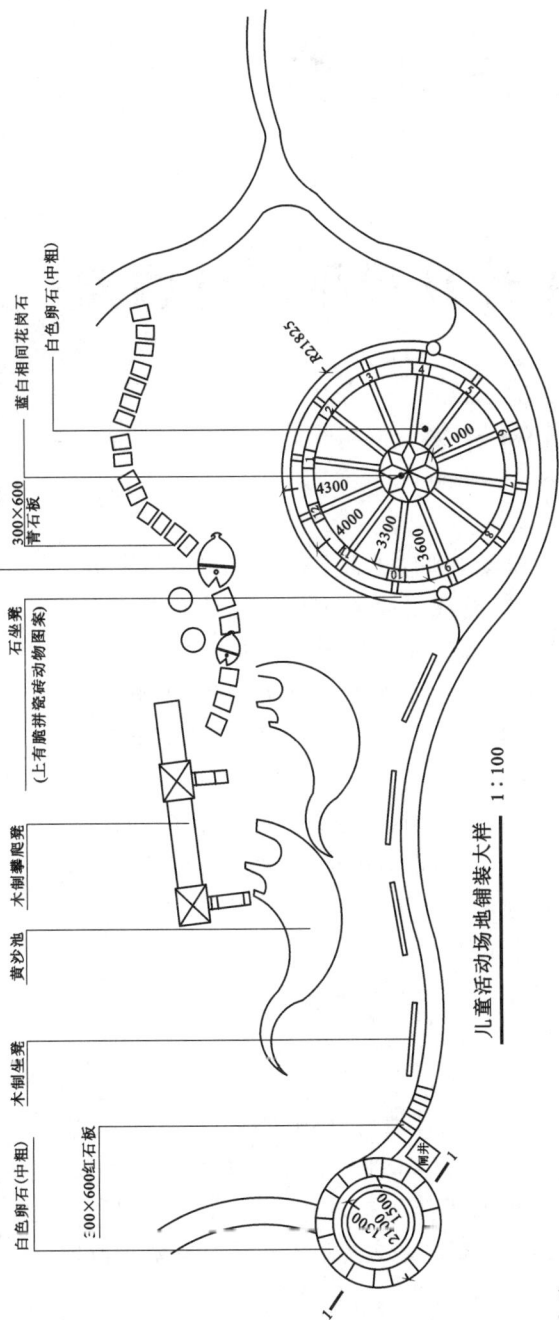

儿童活动场地铺装大样 1:100

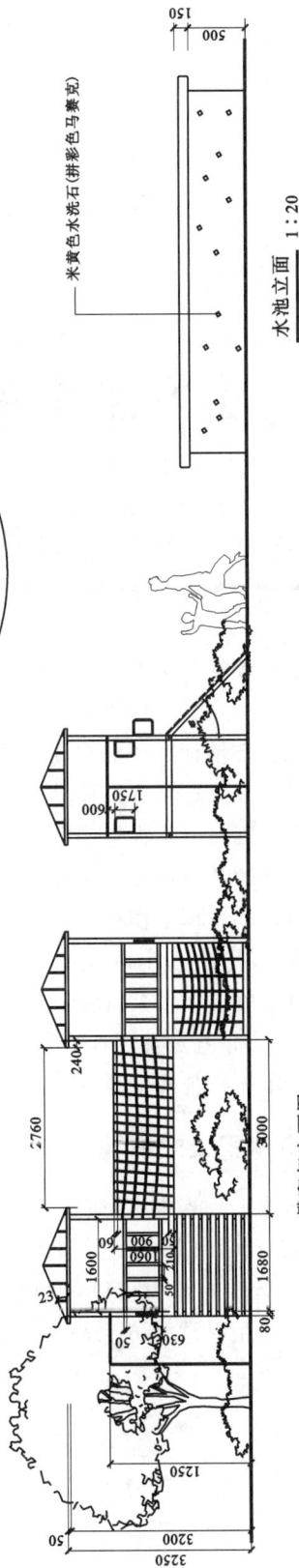

150

500

米黄色水洗石(拼彩色马赛克)

水池立面 1:20

白色卵石

1:3防水砂浆

80厚C10混凝土

100厚碎石子

素土夯实

拼蓝色脆瓷片

1:3防水砂浆

150厚C20混凝土底板

60厚C10混凝土垫层

基底碾压夯实

溢水口

进水管

溢水口

400

80

400

60

1—1

1750

600

2760

2404

3000

1600

1680

900
1060
1060

1050

230

50

80

630

50

1250

3200

3250

攀爬架立面图 1:50

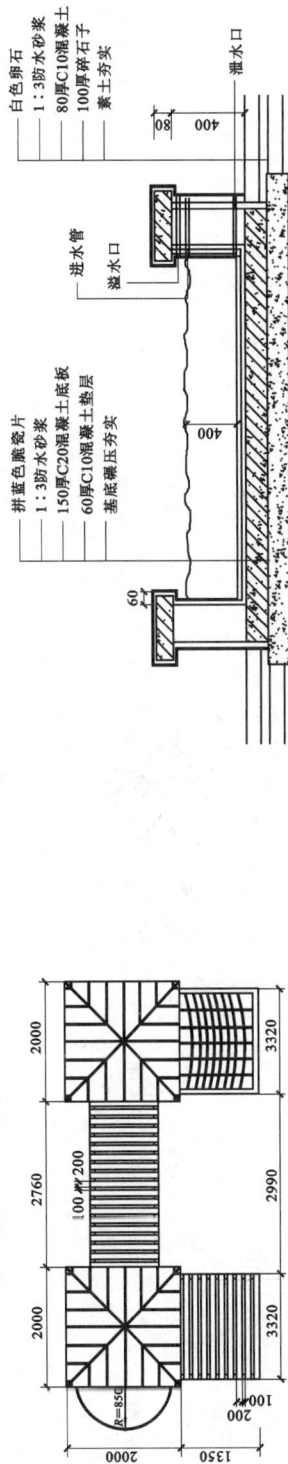

2000

3320

2760

2990

100水200

2000

R=850

1350

2000

100
200

攀爬架平面图 1:50

2　土方工程

2.1　土方工程量计算及平衡与调配

● 2.1.1　土方工程量的计算

　　土方工程量分为两类，一类是建筑场地平整土方工程量，或称一次土方工程量；另一类是建筑、构筑物基础、道路、管线工程余方工程量，也称二次土方工程量。土方量计算一般是在有原地形等高线的设计地形图上进行的，有时通过计算可以反过来修订设计图中不合理之处，使图纸更趋完善。另外，土方量计算所得资料又是投资预算和施工组织设计等项目的重要依据，因此，土方量的计算在园林设计工作中是必不可少的。

　　土方量的计算工作根据其要求精确度不同，可分为估算和计算两种。在总体规划阶段，土方计算无须过分精细，只做估算即可；而详细规划阶段土方量的计算精度要求较高，需经过计算确定。计算土方量无论是挖方量还是填方量，归根到底就是要计算某些特定土的体积。计算土方体积的方法很多，常用方法有用体积公式估算、断面法、等高面法和方格网法4种。

1. 用体积公式估算

　　在土方工程当中，不管是原地形还是设计地形，经常会遇到一些类似锥体、棱台等几何形体的地形单体，如类似锥体的山丘、类似棱台的池塘等。这些地形单体的体积可以采用相近的几何体公式进行计算，表2-1中所列公式可供选用。这种方法简易、便捷，但精度较差，所以多用于规划阶段的估算。

序号	几何体名称	几何体形状	体积
1	圆锥	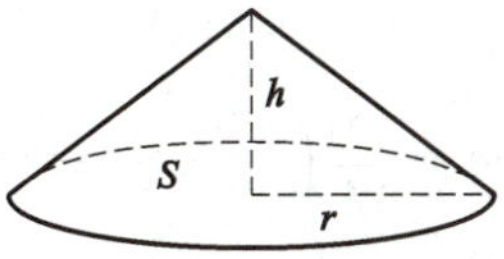	$V=\dfrac{1}{3}\pi r^2 h$
2	圆台	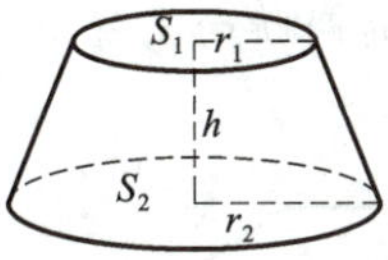	$V=\dfrac{1}{3}\pi h(r_1^2+r_2^2+r_1 r_2)$
3	棱锥	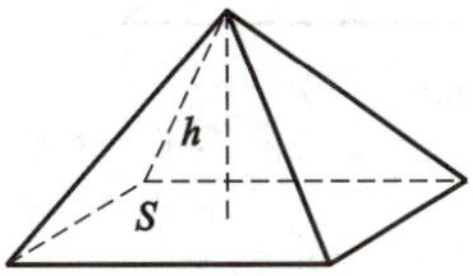	$V=\dfrac{1}{3}S\cdot h$
4	棱台	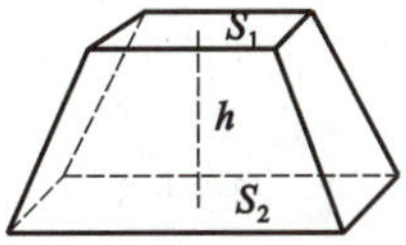	$V=\dfrac{1}{3}h(S_1+S_2+\sqrt{S_1 S_2})$
5	球缺	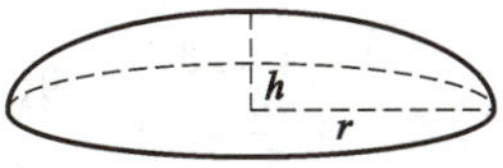	$V=\dfrac{\pi h}{6}(h^2+3r^2)$

表 2-1　　　　体积计算公式

注:V—体积;r—半径;S—底面积;h—高;r_1,r_2—上、下底半径;S_1,S_2—上、下底面积。

2. 断面法

断面法是用一组互相平行的等距或不等距的截面将要计算的地块、地形单体(如山、溪、池、岛)和土方工程(如堤、沟、渠、带状山体)分截成段,分别计算这些段的体积,再将这些段的体积加在一起,求得该计算对象的总土方量。此方法适用于场地平整及长条形地形单体的土方量计算。用断面法计算土方量,其精度主要取决于截取断面的数量,多则较精确,少则较粗略。基本计算方法如下(为了便于应用断面法计算土方体积,将场地划分为横断面 S_1、S_2):

当 $S_1=S_2$ 时

$$V=S\times L$$

当 $S_1\neq S_2$ 时

$$V=\frac{1}{2}(S_1+S_2)\times L$$

式中　S——断面面积,m^2;

　　　L——相邻两断面之间的距离,m。

公式虽然简单,但在 S_1 和 S_2 的面积相差较大,或相邻两断面之间的距离(L)大于 50m 时,计算所得误差较大,遇到这种情况时,可改用下式进行运算:

$$V = \frac{1}{6}(S_1 + S_2 + 4S)L$$

式中截面面积 S 有两种求法。

① 用中截面面积公式来计算：

$$S_0 = \frac{1}{4}\left(S_1 + S_2 + 2S_1 S_2 \cdot \frac{1}{2}\right)$$

② 用 S_1 及 S_2 相应边的平均值求截面面积 S。此法适用于堤或沟渠。

【例 2-1】 有一土堤，要计算的两断面呈梯形，S_1 及 S_2 各边的数值如图 2-1 所示，求截面积 S。

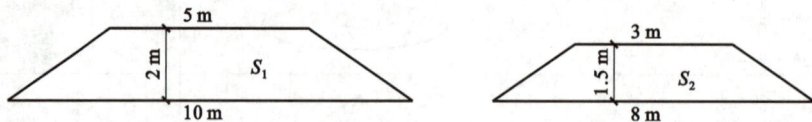

图 2-1 梯形图

【解】 S 的上底为：

$$\frac{5+3}{2} = 4(\text{m})$$

下底为：

$$\frac{10+8}{2} = 9(\text{m})$$

高为：

$$\frac{2+1.8}{2} = 1.9(\text{m})$$

所以

$$S = \frac{4+9}{2} \times 1.9 = 12.35(\text{m}^2)$$

断面法也可以用于平整场地的土方计算，其计算步骤结合实例说明如下。

【例 2-2】 现有一张场地平整设计草图，设计等高线及原地形等高线如图 2-2 所示，试求其挖方及填方量。

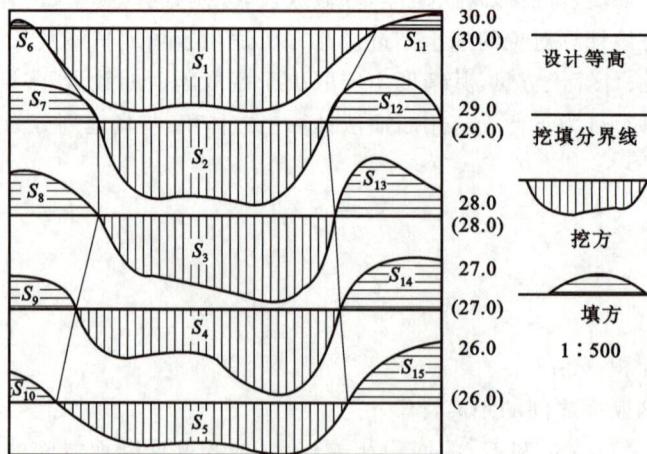

图 2-2 土方平衡图

【解】 (1) 找"零点线"。在图上找出"零点",即不挖不填的点,并连接成线,这条线就是挖方和填方的边界。在图上确定出挖方区和填方区:$S_1 \sim S_5$ 是挖方区;$S_6 \sim S_{15}$ 是填方区。

(2) 计算各断面面积。分别计算各断面面积(可用方格纸或求积仪求取),依次填入计算表中。

(3) 计算土方量。用公式进行土方量计算,并将得数填入计算表(表 2-2)。同法可求填方 $S_6 \sim S_{15}$ 的体积,结果如下。

表 2-2　　　　　　　　　　　断面面积及挖方体积

断面	面积/m²	断面面积平均值/m²	断面间距/m	挖方体积/m³	填方体积/m²
S_1	184				
		164.5	1.0	164.5	
S_2	144				
		142.0	1.0	142.0	
S_3	140				
		137.5	1.0	137.5	
S_4	135				
		122.5	1.0	122.5	
S_5	110				
总计				566.5	

挖方体积:$V_{S_1 \sim S_5} = 566.5 \mathrm{m}^3$;

填方体积:$V_{S_6 \sim S_{10}} = 73.0 \mathrm{m}^3$;

填方体积:$V_{S_{11} \sim S_{15}} = 162.0 \mathrm{m}^3$。

(4) 比较挖方及填方数值的大小。挖方多于填方,所以有余土。即:

$$566.5 - (73.0 + 162.0) = 331.5 (\mathrm{m}^3)$$

3. 等高面法

等高面法与断面法相似,只是截取断面的时候是沿着等高线截取的,等高距即为相邻两断面的高,如图 2-3 所示。由于园林竖向设计的原地形和设计地形都是用等高线表示的,因此采用等高面法进行计算更为方便。等高面法最适用于大面积的自然山水地形的土方计算。其计算公式如下:

$$V = (S_1 + S_2)h/2 + (S_2 + S_3)h/2 + \cdots + (S_{n-1} + S_n)h/2 + S_n h/3$$

式中　V——土方体积,m³;

S——断面面积,m²;

h——等高距,即两等高线之间的距离,m。

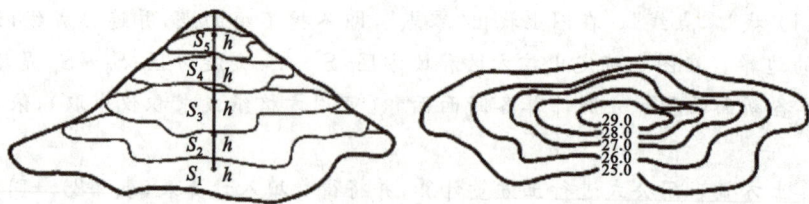

图 2-3 山体土方

4. 方格网法

在建园过程中,地形改造除挖湖堆山外,还有许多大大小小不同用途的场地、缓坡地需要进行平整。平整场地的工作是将原来高低不平或者比较破碎的地形按设计要求整理成平坦、具有一定坡度的场地,如停车场、集散广场、体育场、露天剧场等。整理这类地形的土方计算最适宜用方格网法。

方格网法是把平整场地的设计工作和土方量计算工作结合在一起进行的。其工作程序是:

(1) 作方格网。在附有等高线的施工现场地形图上作方格网,控制施工场地。方格网边长数值取决于所求的计算精度和地形变化的复杂程度,在园林工程中一般采用 20~40m。

(2) 求原地形标高。在地形图上用插入法求出各角点的原地形标高,或把方格网各角点测设到地面上,同时测出各角点的标高,并记录在图上。

(3) 确定设计标高。依设计意图,如地面的形状、坡向、坡度值等,确定各角点的设计标高。

(4) 求施工标高。比较原地形标高和设计标高,以求得施工标高。

(5) 土方计算。下面结合例 2-3 加以说明。

【例 2-3】 某公园为了满足游人游园活动的需要,拟将一块地面平整为"T"字形广场,要求广场具有 1‰ 的纵坡,土方就地平衡,试求其设计标高并计算其土方量。

【解】 (1) 求原地形标高。

按正南北方向或根据场地具体情况确定,作边长为 20m 的方格控制网。将各角点测设到地面上,同时测量各角点的地面标高,并将标高值标记在图纸上,这就是该角点的原地形标高,标法见图 2-4。如果有比较精确的地形图,可用插入法由图上直接求得各角点的原地形标高(插入法求标高的方法前面已介绍),依次将其余各角点一一求出,并标在图上。

(2) 求平整标高。

平整标高又称计划标高,设计中通常以原地面高程的平均值(算术平均值或加权平均值)作为平整标高。

设平整标高为 H_0,则:

$$H_0 = \frac{\sum h_1 + 2\sum h_2 + 3\sum h_3 + 4\sum h_4}{4N}$$

式中　　H_0——平整标高;

　　　　N——方格数;

　　　　h_1——计算时使用 1 次的角点高程;

h_2——计算时使用 2 次的角点高程；

h_3——计算时使用 3 次的角点高程；

h_4——计算时使用 4 次的角点高程。

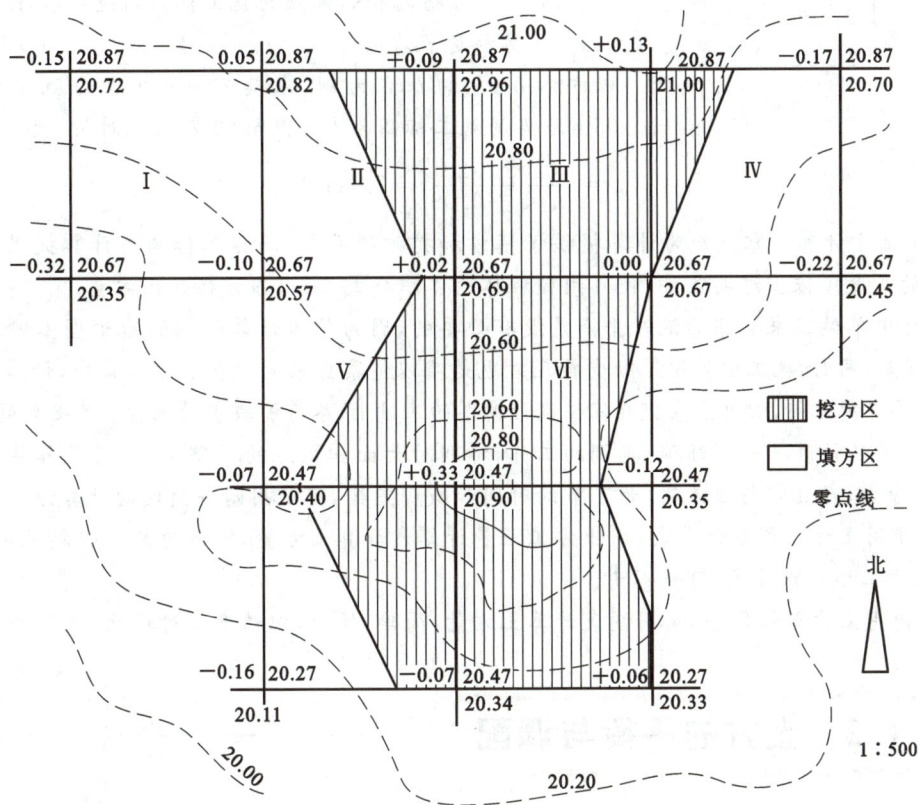

图 2-4　广场土方平衡图

（3）确定 H_0 的位置。

H_0 的位置确定得正确与否，直接影响土方计算的平衡。虽然通过不断调整，设计标高最终也能使挖方、填方达到（或接近）平衡，但这样做必然要花费许多时间，而且会影响设计的准确性。确定位置的方法有以下两种。

① 图解法：适用于形状简单、规则的场地，如正方形、长方形、圆形等。

② 数学分析法：适用于任何形状场地的定位。数学分析法是假设一个和所要求的设计地形完全一样的土体（包括坡度、坡向、形状和大小），再从这块土体的假设标高反过来求平整标高的位置。

（4）求设计标高。

由上述计算可知 a 点的设计标高为 x，而 $x-0.25=20.26$，所以 $x=20.51$。根据坡度公式，可以推算出其余各个角点的设计标高。

（5）求施工标高。施工标高＝原地形标高－设计标高。得数为"＋"号的是挖方，得数为"－"号的是填方。

（6）求零点线。在相邻的两角点之间，如果施工标高一个为"＋"值，一个为"－"值，则它们之间必存在零点，其位置可由下面的公式求得，如图 2-5 所示。

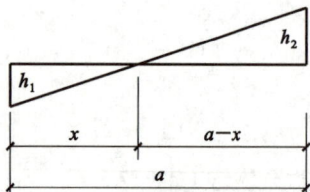

图 2-5　零点计算方法

$$x = \frac{ah_1}{h_1 + h_2}$$

式中　x——零点距 h 一端的水平距离，m；

h_1, h_2——方格网相邻两点的施工标高的绝对值，m；

a——方格边长，m。

以方格 $bcgh$ 的 b, c 为例，求其零点。b 点的施工标高为 -0.05m，c 点的施工标高为 $+0.09$m，分别取绝对值，代入公式：

$$x = \frac{0.05 \times 20}{0.05 + 0.09} = 7.1(\text{m})$$

（7）土方计算。零点线为计算提供了填方和挖方的面积，而施工标高为计算提供了挖方和填方的高度。依据这些条件，便可用棱柱体的体积公式，求出各方格的土方量。

设计中单纯追求数字的绝对平衡是没有必要的，因为作为计算依据的地形图本身就存在一定的误差，同时，施工中多挖几锹少挖几锹也是难以觉察出来的。在实际工作中，计算土方量时，虽然要考虑平衡，但更应重视在保证设计意图的基础上，尽可能减少动土量和不必要的搬运。

土方量的计算是一项烦琐、单调的工作，特别对大面积场地的平整工程，其计算量是很大的，费时费力，而且容易出差错，为了节约时间和减少差错，可采用两种简便的计算方法。

① 使用土方工程量计算表：用土方工程量计算表计算土方量，既迅速又比较精确，且有专门的"土方工程量计算表"可供参考。

② 使用土方量计算图表：用图表计算土方量，简单、便捷，但精度相对较低。

2.1.2　土方的平衡与调配

土方的平衡与调配工作是土方规划设计的一项重要内容，其目的在于在使土方运输量或土方成本为最低的条件下，确定填方区和挖方区土方的调配方向和数量，从而达到缩短工期和提高经济效益的目的。

1. 土方的平衡与调配的原则

土方平衡是指在某地区的挖方数量与填方数量大致相当，达到相对平衡，而非绝对平衡。进行土方平衡与调配，必须考虑现场情况、工程的进度、土方施工方法以及分期分批施工工程的土方堆放和调运问题。经过全面研究，确定平衡调配的原则之后，才能着手进行土方的平衡与调配工作。土方的平衡与调配的原则有：

（1）挖方与填方基本达到平衡，减少重复倒运。

（2）挖（填）方量与运距的乘积之和尽可能为最小，即总土方运输量或运输费用最小。

（3）分区调配与全场调配相协调，避免只顾局部平衡，任意挖填，而破坏全局平衡。

（4）好土用在回填质量要求较高的地区，避免出现质量问题。

（5）土方调配应与地下构筑物的施工相结合，有地下设施的填土，应留土后填。

（6）选择恰当的调配方向、运输路线、施工顺序，避免土方运输出现对流和乱流现象，同时便于机具调配和机械化施工。

（7）取土或弃土应尽量不占用园林绿地。

2. 土方的平衡与调配的步骤和方法

土方的调配的目的就是要做出使土方运输量最小的最佳调运方案,其大致步骤是:在计算出土方的施工标高、填方区和挖方区的面积、土方量的基础上,划分出土方调配区;计算各调配区的土方量、土方的平均运距;确定土方的最优调配方案;绘制出土方调配图。具体步骤如下。

（1）划分调配区。在平面图上先划出挖方区和填方区的分界线,并在挖方区和填方区划分出若干调配区,确定调配区的大小和位置。划分时应注意以下几点。

① 应考虑开工及分期施工顺序。

② 调配区大小应满足土方施工使用的主导机械的技术要求。

③ 调配区范围应和土方工程量计算用的方格网相协调,一般可由若干个方格组成一个调配区。

④ 当土方运距较大或场地范围内土方调配不能达到平衡时,可考虑就近借土或弃土,一个借土区或一个弃土区,可作为一个独立的调配区。

（2）计算各调配区土方量。根据已知条件计算出各调配区的土方量,并标注在调配图上。

（3）计算各调配区之间的平均运距。平均运距指挖方区土方重心至填方区土方重心的距离。取场地或方格网中的纵、横两边为坐标轴,以一个角作为坐标原点。

（4）确定土方最优调配方案。用"表上作业法"求解,使总土方运输量为最小值,即为最优调配方案。

（5）绘出土方调配图。根据以上计算,标出调配方向、土方数量及运距(平均运距再加上施工机械前进、倒退和转弯必需的最短长度)。

土方调配图是施工组织设计不可缺少的依据,从土方调配图上可以看出土方调配的情况,如土方调配的方向、运距和调配的数量。

2.2　土方工程施工

在园林施工中,土方工程是一项比较艰巨的任务,根据其使用期限和施工要求,可分为永久性和临时性两种,但是不论是永久性还是临时性的土方工程,都要求具有足够的稳定性和密实度,工程质量和艺术造型都应符合原设计的要求。在施工中还要遵守有关的技术规范和竖向设计的各项要求,以保证工程的稳定和持久。土方工程施工大致可分为准备阶段、清理现场阶段、定点放线阶段和施工阶段。

● 2.2.1　土的相关知识

在了解土方施工过程之前,有必要了解一下与土方施工相关的一些知识。土的分类及物理性质是土方施工的基础,也是竖向设计地形调查和分析评定的重要内容。

在土方施工中,对土的性质及分类方法与农业土壤、工业用土不同,它以反映土壤的承载力、土壤变形、水的渗透性及其对构筑物的影响为标准。

土壤是地球陆地表面的一层疏松的物质,它由各种颗粒状的矿物质、有机质、水分、空气、微生物等成分组成。只有在生物圈中的岩石圈表面的风化壳由于水分、有机物质以及微生物的长时间作用下,才能形成真正的土壤。土壤一般由固相(土颗粒)、液相(水)和气相(空气)三部分组成,三部分的比例关系反映出土壤的不同物理状态,如干燥或湿润,密实或松散等。土壤这些指标对于评价土壤的物理力学和工程性质,进行土壤的工程分类具有重要意义。通过查阅相关资料,土的分类及现场鉴别主要体现在以下几个方面:土的可塑性指标;碎石土、砂土现场的鉴别方法;黏性土现场鉴别方法;土的工程分类;土壤可松性系数参考值;压实系数要求;土壤最佳含水量和最大干密度参考值;土壤含水量与自然倾角;土壤自然倾角的设计极限;永久性土工结构物挖方的边角坡度;永久性填方边坡坡度极限值;临时性填方边坡坡度。以上方面涉及大量市政土方工程内容,园林土方工程中不做重点叙述,若有需要,均可按照上述条目查阅相关文献。

● 2.2.2 准备工作

土方工程的准备工作主要是要做好施工前的组织工作,由于土方工程施工面较宽,工程量较大,施工前的组织工作就显得更为重要。准备工作和组织工作不仅应该优先进行,还应做得周全、细致,否则会因为场地大或施工点分散等造成窝工或返工,从而影响工效。

施工准备工作包括研究图纸,现场踏勘,编制施工方案,修建临时设施和道路,准备机具、物资及人员,具体如下。

(1)研究图纸。现场施工技术小组应在工程施工前了解工程规模、特点、工程量和质量要求,检查图纸和资料是否齐全,核对平面尺寸和标高,图纸相互间有无错误和矛盾,掌握设计内容和技术要点;熟悉土壤地质、水文勘察资料,厘清构筑物与周围地下设施管线的关系,以及它们在每张图纸上有无错误和冲突;研究好开挖程序,明确各专业供需间的配合关系及施工工期要求。最后要召开技术会议,向参加施工人员层层进行技术交底。

(2)现场踏勘。现场施工技术小组还应按照图纸到施工现场进行实地勘察,摸清工程场地情况,以便为施工提供可靠的资料和数据。现场踏勘需要勘察的内容包括地形、地貌、土质、水文、河流、气象条件,各种管线、地下基础电缆、坑基和防空洞的位置及相关数据,供水、排水、供电、通信及防洪系统的情况;植被、道路以及邻近的建筑物的情况;施工范围内的地面障碍物和堆积物的状况等。

(3)编制施工方案。在研究图纸和现场勘察的基础上,施工技术人员应研究并制定出施工方案,施工方案的内容包括:

① 确定工程指挥部成员名单,确保各项施工工作能够顺利实施。名单包括工程总指挥、总工程师、工程调度人员、各项目负责人、现场技术人员等。

② 安排工程进度表和人员进驻进程表,确保工程按期、有序完成。

③ 制定场地平整、土方开挖、土方运输、土方填压方案,包括每一步骤的时间、范围、顺序、路线、人员安排等。绘制土方开挖图、土方运输路线图和土方填筑图。

④ 根据设计图纸,确定具体技术方案,包括确定底板标高、边坡坡度、排水沟水平位置,提出支护、边坡保护和降水方案。

⑤ 确定堆放器具和材料的地点,确定挖去的土方堆放地点,并具体划定出好土和弃土的位置,确定工棚位置;提出需要的施工工具、材料和劳动力数量。

⑥ 绘制施工总平面布置图。

如果工程需要在冬季施工,则需专门制订冬季施工技术文件。要收集和了解当地冬季气温变化的资料,并特别注意冻胀土的情况,以及不要用冻结土进行土方回填。

（4）修建临时设施和道路。

① 临时设施的修建。根据土方工程的规模、工期、施工力量安排等修建简易的临时性雄产和生活设施,包括休息棚、工具库、材料库、油库、机具库、修理棚等。同时附设现场供水、供电、供压缩空气（爆破石方用）的管线,并试水、试电、试气。

② 临时道路的修建。修筑施工场地内机械运行的道路,主要临时运输道路宜结合永久性道路的布置修筑。道路的坡度、转弯半径应符合安全要求,两侧做排水沟。

（5）准备机具、物资及人员。

① 机具和物资的准备。对挖土、运输等工程施工机械以及各种辅助设备进行维修检查,试运转,做好设备的调配,并运至使用地点就位;准备好施工用料及工程用料,并按施工平面图要求堆放。对准备采用的土方新机具、新工艺、新技术,组织力量进行研制和试验。

② 人员的准备。组织并配备土方工程施工所需各项专业技术人员、管理人员和技术工人;组织安排好作业班次,制定较完善的技术岗位责任制和技术质量安全管理网络,建立技术责任制和质量保证体系。

2.2.3 清理现场

准备工作做好后就要进行清理现场的工作。清理现场包括清除现场障碍物、排除地面积水和地下水及初步平整施工场地三方面的内容。

1. 清除现场障碍物

在施工场地范围内,凡有碍施工作业或影响工程稳定的地面物体或地下物体都应该进行清理,如图 2-6 所示,具体包括:

（1）拆除建筑物和构筑物。建筑物和构筑物的拆除,应根据其结构特点进行,并严格遵照《建筑施工安全技术统一规范》（GB 50870—2013）的有关规定进行操作。

（2）伐除树木。排水沟中的树木,必须连根拔除。对于开挖深度不大于50cm或填方高度较小的速生乔木、花灌木,有利用价值的,在挖掘时要注意不能伤害其根系,并根据条件找好假植地点,尽快假植,以降低工程费用。对于针叶树和大龄古木的挖掘,要慎之又慎,凡是能保留的应尽量设法保留,必要时应考虑修改设计方案。对于没有利用价值的大树树墩,除人工挖掘清理外,直径在50cm以上的,可以用推土机铲除。

（3）如果施工场地内的地面或地下发现有管线通过,或者有其他异常物体,除查看现状图外,还应请有关部门协同查清,未查清前不可动工,以免发生危险或造成其他损失。

图 2-6　清除现场障碍物

2. 排除地面积水和地下水

降排水施工图

场地积水不仅不便于施工,而且影响工程质量,在施工之前,应该设法将场地范围内的积水或过高的地下水排走。这一工作也常和土方的开挖结合起来实施。

(1) 排除地面积水。根据地形特点在场地周围挖好排水沟,沟的边坡值为 1:1.5,其纵向坡度不应小于 0.2%,沟深和沟底宽不应小于 50cm。在低洼处或挖湖施工时,除挖好排水沟外,必要时还应加筑围堰或设置防水堤。为防止山洪,山地施工时应在山坡上做好截洪沟,也可以将地面水排到低洼处,再用水泵排走。

(2) 排除地下水。排除地下水的方法有很多,但经常采用的是明沟,因为它既简单又经济。明沟应根据排水面积和地下水位的高低设计排水系统,先定主干渠和集水井的位置,再定支渠的位置和数目。土壤含水量较大且要求迅速排水的,支渠的分布应密集些,其间距一般在 1.5m 左右,相反情况下的支渠分布,则可以比较疏松。

3. 初步平整施工场地

现场障碍物清除后,应按施工范围和标高大致平整场地,准确的平整则应在定点放线时测设方格网的基础上进行。

可做回填土料的土方,应堆放到指定的弃土区;影响工程质量的淤泥、软弱土层、腐殖土、草皮、大卵石、孤石、垃圾以及不宜做回填土料的稻田湿土,应分情况妥善处理,可部分或全部挖除,可设排水沟疏干,也可将块石、砂砾等抛填。

场地的初步平整还应与表土的收集和保护工作相结合。如果施工现场表土面积较大,可先用推土机将表土推到施工场地指定处,等到绿化栽植阶段再把表土铺回来。这个过程虽然比较麻烦,但可以降低工程总造价。熟土的形成需要自然界很长时间的作用,因此城市中的表层熟土十分宝贵,而且园林工程本身也需要熟土来栽植园林植物。如果随意将熟土丢弃,进入植物栽植阶段还要大量买种植土,这样就会造成资金及资源的浪费。

2.2.4 定点放线

在清理场地工作完成后,应按施工图纸的要求,在现场进行定点放线工作。其具体步骤为:① 将国家永久性控制点的坐标(即水平基准点),按施工总平面要求引测到施工现场;② 将控制基线和轴线测放到地面上;③ 做好轴线控制的测量和校核工作。为使施工充分表达设计意图,测设工具应尽量精确。同时为方便土方机械操作以及土方的运输,还要避开建筑物和构筑物,并加强对桩点标志的保护。

测量放线工操作视频

对于不同地形地貌,放线工作有所不同,具体内容如下。

(1)平整场地放线。用经纬仪将图纸上的方格网测设到地面上,方格网一般设为 10m×10m 或 20m×20m,在每个方格网点处立桩,测出各标桩的标高(即原地形标高),作为计算挖填方量和施工控制的依据。边界上的桩木按图纸上的要求设置,桩木的规格及标记方法如图 2-7 所示:侧面平滑,下端削尖以便打入土中。桩木上应表示出桩号,即施工图上的方格网的标号,还要标记出施工标高,用"+"号表示挖土,用"-"号表示填土。

(2)山体放线。应先在施工图上设置方格网,再把方格网测放到地面上,然后在设计地形等高线和方格网的交点处设桩,再标到地面上打桩,如图 2-8 所示。

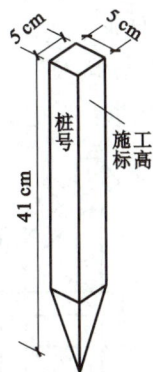

图 2-7 桩木规格

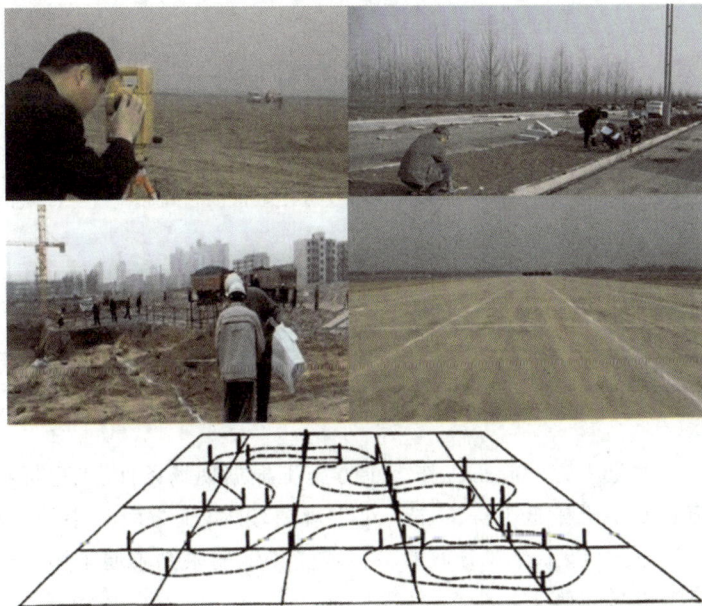

图 2-8 山体放线图

山体立桩有两种方法:一种方法是一次性立桩,适于高度低于 5m 的低山。因为堆山土层不断升高,所以桩木的长度应大于每层填土的高度,一般用长竹竿做标高桩,在桩上把每层的标高定好,如图 2-9(a)所示,不同层可用不

同的颜色做标志,以便识别。另一种方法是分层放线,分层设置标高桩,适用于 5m 以上的山体的堆砌,具体立桩方法如图 2-9(b)所示。

图 2-9　山体立桩

(3) 水体放线。水体放线和山体放线基本相同,但由于水体的挖深基本一致,而且池底常年隐没在水下,所以放线可以粗放些。水体底部应尽可能平整,不留土墩,这对于养鱼、捕鱼有利。如果水体栽植水生植物,还要考虑所栽植物的适宜深度。驳岸线和岸坡的定点放线应十分准确,这不仅因为它是水上部分,与造景有关,还与水体坡岸的稳定性有很大关系。为了施工的精确,可以用边坡样板来控制边坡坡度,如图 2-10 所示。

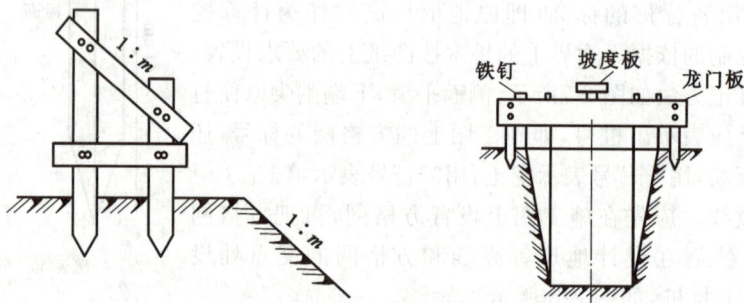

图 2-10　边坡板和龙门板构造

(4) 沟渠放线。沟渠放线主要是通过龙门板的设置来实现的。在开沟挖槽施工时,桩木常容易被移动甚至被破坏,影响校核工作,实际工作中常使用龙门板来进行控制。龙门板构造简单,使用方便,如图 2-10 所示。板上标志沟渠中心线的位置、沟上口、沟底的宽度等,另外,龙门板上还要设坡度板,用以控制沟渠的纵向坡度。龙门板之间的距离根据沟渠纵向坡度的变化情况而定,一般每隔 30～100m 设置一块龙门板。

● 2.2.5　土方施工

定点放线工作完成以后,就是土方的施工工作。土方施工根据现场条件、工程量和施工条件可采用人力施工、机械施工或半机械施工等方法。对于规模较大、土方较集中的工程,一般采用机械化施工;对于工程量不大、施工点较分散的工程或受场地的限制不便采用机械施工的地段,一般采用人力施工或半机械化施工。

土方施工过程包括土方开挖、土方运输、土方填筑、土方压实四个方面的内容。

1. 土方开挖

土方开挖有人工开挖施工和机械开挖施工两类方法。

（1）人工开挖施工的主要工具有锹、镐、钢钎等。挖土应由上而下，逐层进行，严禁先挖坡脚或逆坡挖土。还要注意人员的安全，保证每人有 4～6m 的工作面，开挖时两人操作间距应大于 2.5m；不得在危岩、孤石的下边或贴近未加固的危险建筑物的下面进行土方的挖掘；在坡上或坡顶施工的人要注意坡下情况，不得向坡下滚落重物。

土方开挖应垂直下挖，松软土开挖深度不得超过 0.7m，中等密实度土壤不得超过 1.25m，坚硬土壤不得超过 2m。超过以上数值的，必须设支撑板或者保留符合规定的边坡值。

（2）机械开挖施工常使用的机械有推土机和挖土机。

在动工前，技术人员应向推土机手介绍施工地段的地形情况以及设计地形的特点，推土机手能看懂图纸的，应结合图纸进行讲解。另外，推土机手还应到现场进行实地勘察，了解实地定点放线的情况，如桩位、施工标高等。

挖土时，土壁要求平直，挖好一层支一层支撑，挡土板要紧贴土面并用小木桩或横撑木顶住挡板。在已有建筑侧挖基坑（槽）应间隔分段进行，每段不超过 2m，相邻段开挖应待已挖好的槽段基础完成并回填夯实后进行。多台机械开挖时，挖土机之间的间距应大于 10m；挖土机离边坡应有一定的安全距离，以防塌方，造成翻机；深基坑上下应先挖好阶梯或支撑靠梯，或开斜坡道，并采取防滑措施，禁止踩踏支撑上下，深基坑四周应设安全栏杆。

土方的机械性开挖图

下列情况需采用临时性支撑加固措施。开挖土体含水量大，不稳定；开挖基坑较深；土质较差且受到周围场地限制，需要在较陡的边坡开挖或直立开挖。这些情况下，每边的宽度应在基础宽度的基础上加 10～15cm，以用于设置支撑加固结构。

弃土应及时运出。在挖方边缘上侧，临时堆土或堆放材料以及移动施工机械时，应与基坑边缘保持 1m 以上的距离，以保证坑边直立壁或边坡的稳定。当土质良好时，堆土或材料应在距挖方边缘 0.8m 以外处，高度不宜超过 1.5m。

施工期间技术人员应经常下到现场，随时随地用测量仪检查桩点和放线的情况，掌握全局，并注意保护基桩、龙门板和标高桩。

场地挖完后应进行验收，做好记录。如果发现地基土质与地质勘探报告、设计要求不符，应与有关人员研究，及时处理。

各种情况的开挖如下。

① 场地开挖。挖方上边缘至土堆坡脚的距离应根据挖方深度、边坡高度和土的类别确定。当土质干燥、密实时，不得小于 3m；当土质松软时，不得小于 5m。在挖方下侧弃土时，应将弃土堆表面整平，并低于挖方场地标高，向外倾斜；或在弃土堆与挖方场地之间设置排水沟，防止雨水排入挖方场地。

② 边坡开挖。边坡开挖应沿等高线自上而下，分层、分段依次进行；操作时应随时注意土壁的变化情况，如发现有裂纹或坍塌现象，应及时进行支撑或放坡，并注意支撑的稳固性和土壁的变化。放坡后，坑槽上口宽度由基础底面宽度及边坡坡度来确定，坑底宽度每边应比基础宽 15～30cm，以便于施工操

作。不放坡开挖时,应设置临时支护,各种支护应根据土质及深度经计算后确定。

如果边坡采取台阶开挖,则应做成一定坡度,以利于泄水。边坡下部没有护脚及排水沟时,在边坡修完后,应立即处理台阶的反向排水坡,进行护脚矮墙和排水沟的砌筑和疏通,保证在影响边坡稳定的范围内没有积水,否则应采取临时性排水措施;在边坡上采取多台阶同时进行开挖时,上台阶与下台阶开挖的进深不少于 30m,以防塌方。

对于软土边坡或极易风化的软质岩石边坡,应对坡脚、坡面采用喷浆、抹面、嵌补、砌石等保护措施,并做好坡顶、坡脚排水,以避免在影响边坡稳定的范围内积水。

③ 基坑开挖。基坑开挖应尽量防止对地基土的扰动。

基坑开挖应有排水设施,以防地面水流入坑内冲刷边坡,造成塌方和破坏基土。开挖前应先定出开挖宽度,按放线分块分层挖土。根据土质和水文情况,采取在四侧或两侧直立开挖或放坡,以保证施工操作安全。

在地下水位以下挖土时,应在基坑(槽)四侧或两侧挖好临时排水沟和集水井,将水位降低至坑槽底以下 50cm,以利挖方进行。降水工作应持续到施工完成(包括地下水位下回填土的完成)。

雨季施工时,基坑槽应分段开挖,挖好一段浇筑一段垫层,并在基槽两侧围以土堤或挖排水沟,以防地面雨水流入基坑槽,同时应经常检查边坡和支护情况,以防止坑壁受水浸泡造成塌方。

当基坑较深或晾槽的时间较长时,为防止边坡失水松散或地面水冲刷、浸润影响边坡稳定,应采用边坡保护方法。

相邻基坑开挖时,应先深后浅或同时施工。挖土自上而下水平分段分层进行,每层 0.3m 左右;边挖边检查坑底宽度及坡度,不够时及时修整,每 3m 左右修一次坡;至设计标高时,再统一进行一次修坡清底,检查坑底和标高,坑底凹凸不得超过 1.5cm。

2. 土方运输

土方运输是一项较艰巨的工作,在竖向设计阶段应力求土方就地平衡,以减少土方的搬运量。如果是短途搬运,则采取车运人挑的人工运输方法(适用于局部或小型施工);如果运输距离较长,则使用机械化或半机械化运输方法。无论是人工运输还是机械化或半机械化运输,运输路线的组织都很重要。

用手推车运土,应先平整好道路,卸土回填时,不得放手让车自动翻转;采用机械短距离调运土方时,应检查起吊工具以及绳索是否牢靠。卸土堆应离开坑边一定距离,以防造成坑壁塌方;用翻斗汽车运土时,运输道路的坡度及转弯半径应符合有关安全规定。注意重物距土坡的安全距离,汽车不小于 3m,马车不小于 2m,起重机不小于 4m。

土山填筑时,其运输路线和下卸地点应以设计的山头和山脊走向为依据,并结合来土方方向进行安排,一般以环形路线为宜,施工技术人员应在现场指挥,以避免混乱和窝工。如图 2-11(a)所示,车辆或人挑满载上山,土卸在路两侧,空载的车或人沿路线继续前行下山,车或人不走回头路也不交叉穿行,这样就不会造成顶流拥挤。随着卸土量的增加,山势逐渐升高,运土路线也随之升高。这样既组织了车流、人流,又使土山分层上升,部分土方边卸边压实,不仅有利于山体的稳定,还使形成的山体表面比较自然。如果客土的来源有几个方向,运土路线可以根据设计地形的特点,安排几个小环路,如图 2-11(b)所示。小环路的安排,以车辆人流不互相干扰为原则。

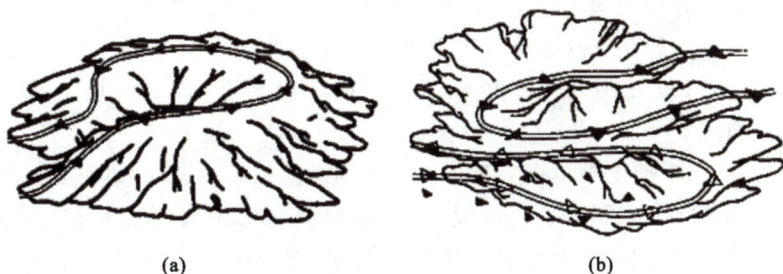

(a)　　　　　　　　　　　　(b)

图 2-11　山体运输路线

3. 土方填筑

土方填筑应该满足工程的质量要求,土壤的质量应根据填方用途和要求加以选择:绿化地段的用土应满足植物栽植的需求;建筑用地的土壤以能满足将来地基的稳定为原则;利用外来土堆山,对土壤应检定后再放行,防止劣土及受污染土壤的进入,避免将来影响植物的生长和游人的健康。

填土应尽量采用同类土填筑,并控制土的含水率在最优含水量范围以内。当采用不同的土填筑时,应按土的种类有规则地分层铺填:透水性大的土层置于透水性较小的土层之下,不得混杂使用。边坡应用透水性较大的土进行封闭,以利于水分的排除和基土的稳定,同时可以避免在填方内形成水囊和产生滑动现象。

填方用土应符合设计要求,以保证填方的强度和稳定性。

大面积填方应分层填筑,一般每层 30~50cm 高,并应层层压实。为防止新填土的滑落,在斜坡上填土应先把土坡挖成台阶状,如图 2-12 所示,然后填方。这样有利于新旧土方的结合,使填方稳定。

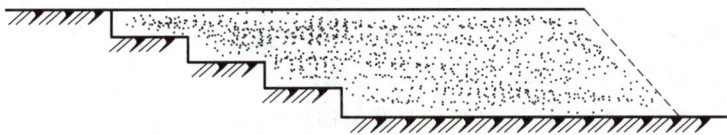

图 2-12　台阶填土示意图

在地形起伏之处填土应做好接槎,修筑 1∶2 阶梯形边坡,每个台阶可取高 50cm、宽 100cm。分段填筑时,每层接缝处应做成大于 1∶1.5 的斜坡,碾迹之间应重叠 0.5~1.0m,上、下层错缝距离不应小于 1m。

填土应预留一定的下沉高度,以备在行车、堆重物或干湿交替等自然因素作用下,土体自身的沉落密实。预留沉降量应根据工程性质、填方高度、填料种类、压实系数和地基情况等因素来确定。当土方用机械分层夯实时,其预留的下沉高度(以填方高度的百分数计)砂土为 1.5%,粉质黏土为 3.0%~3.5%。

填土根据使用机械的不同,分为人工填土和机械填土。

(1) 人工填土。人工填土常使用铁锹、耙、锄等工具进行回填土。一般从场地最低部分开始,由一端向另一端自下而上地分层铺填。每层应先虚铺一层土,然后夯实。人工进行夯实时,砂质土虚铺厚度不应大于 30cm,黏性土虚铺厚度不应大于 20cm;用打夯机械进行夯实时,虚铺厚度不应大于 30cm。当有深浅坑相连时,应先填深坑,相平后再与浅坑分层填夯。如果采取分段填筑,交界处应填成阶梯形。墙基及管道的回填,应在两侧用细土同时均匀回填、夯实,防止墙基及管道中心线位移。

(2) 机械填土。机械填土有推土机填土、铲运机填土和汽车填土三种方法。

① 推土机填土。其程序宜采用纵向铺填的顺序,即从挖土区段向填土区段填土,每段以 40~60m 为宜。大坡度堆填土时也应按顺序分段填土,不得一次堆填完成;如果用推土机运土回填,可采用分堆集中、一次运送的方法。为减少运土漏失量,分段距离以 10~15m 为宜;土方推至填方部位时,提起一次铲刀,成堆卸土,并向前行驶 0.5~1.0m,利用推土机后退将土刮平。用推土机来回行驶进行碾压,履带应重叠一半。

② 铲运机填土。其区段的长度不应小于 20m,宽度不应小于 8m;每层铺土后,利用空车返回时将地表面刮平。填土顺序尽量采用横向或纵向分层卸土,以利于行驶时的初步压实。

③ 汽车填土。自卸汽车成堆卸土时,须配用推土机推土和摊平;填土时可利用汽车的行驶做部分压实工作,行车路线应均匀分布于填土层;汽车不能在虚土上行驶,卸土推平和压实工作须采取分段交叉方式进行。

4. 土方压实

土方的压实图

压实工作应自边缘开始逐渐向中间收拢,做到均匀地分层进行,否则边缘土方向外挤压容易引起土壤塌落,夯压工具应先轻后重。填土压(夯)实也分为人工夯实和机械压实两种方法。

(1) 人工夯实。人工夯压可采用夯、碣、碾等工具。人工打夯之前,应先将填土初步整平,一般采用 60~80kg 的木夯或铁、石夯,由 4~8 人拉绳,2 人扶夯,举高不应小于 0.5m,打夯要按一定方向进行,一夯压半夯,夯夯相接,行行相连,两边纵横交叉,分层打夯。

基坑(槽)回填应在相对两侧或四周同时进行回填与夯实作业。回填管沟时,应用人工先在管子周围填土夯实,并应从管道两侧同时进行,直至管顶 0.5m 之上。在确保不损坏管道的情况下,方可采用机械填土回填夯实,如图 2-13 所示。

(2) 机械压实。压实机械有推土机、拖拉机、碾压机械(包括平碾、振动碾和羊足碾)、振动压路机和打夯机(图 2-14)。

为保证压实的均匀性和密实度,避免碾轮的下陷,提高碾压效率,在机械碾压之前,应先用拖拉机或轻型推土机推平,低速预压 4~5 遍,使表面平实。用振动平碾压实爆破石渣或碎石类土,应先静压,而后镇压。机械每碾压完一层,应由人工或用推土机将表面拉毛以利接合。

填土的每层铺土厚度和压实遍数,应根据土的性质、设计要求的压实系数和使用的压(夯)实机具的性能而定,一般应先进行现场碾(夯)压试验,再确定压实遍数。

图2-13　手扶式振动打夯机　　　　图2-14　打夯机

（3）质量控制与检验。对有密实度要求的填方，在夯实或压实之后，要对每层回填土的质量进行检验。一般可采用环刀切土或现场挖标准坑取土的方法，来求其重量，为保证质量，应同时量测土壤体积并及时称重，以防止水分蒸发。用此法测定土的干密度，求出土的密实度；也可以用小型轻便触探仪直接通过锤击数来检验干密度和密实度。检验结果符合设计要求后，才能继续填筑上层。填土压实后的干密度应有90%以上符合设计要求，其余10%的最低值与设计值之差不得大于 $0.08t/m^3$ ，且不能集中。

土方施工是个复杂的过程，需要技术人员在整个过程当中亲临现场，及时发现问题、解决问题。以上介绍的仅是土方施工的一般问题，每一个工程还会有许多具体问题，需要技术人员根据现场和工程的实际情况及时、正确地处理。

2.2.6　土方施工中特殊问题的处理

1. 滑坡与塌方的处理

产生滑坡与塌方（图2-15）的因素十分复杂，分为内部条件和外部条件两个方面。不良的地质条件是产生滑坡的内因，而人类的工程活动和水的作用是触发并产生滑坡的主要外因。滑坡与塌方的处理措施有：

（1）加强工程地质勘查，对拟建场地（包括边坡）的稳定性进行认真分析和评价。

（2）在滑坡范围外设置多道环形截水沟，以拦截附近的地表水，在滑坡区内，修设或疏通原排水系统，疏导地表、地下水，防止渗入滑体。

（3）处理好滑坡区域附近的生活及生产用水的关系，防止渗入滑坡地段。

（4）如地下水活动有可能形成山坡浅层滑坡，则可设置支撑盲沟和渗水沟，排除地下水。

（5）保持边坡坡度，避免随意切割坡脚。

（6）尽量避免在坡脚处取土，在坡肩上设置弃土或建筑物。

滑坡图

（7）对可能出现的浅层滑坡，如滑坡土方量不大，最好将滑坡体全部挖除；如土方量较大，不能全部挖除，且表层破碎含有滑坡夹层，则可对滑坡体采取深翻、推压、打乱滑坡夹层、表面压实等措施，减少滑坡因素。

（8）对于滑坡体的主滑地段，可采取挖方卸荷、拆除已有建筑物等减重辅助措施，对抗滑地段可采取堆方加重等辅助措施。

（9）滑坡面土质松散或具有大量裂缝时，应进行填平、夯填，防止地表水下渗，在滑坡面植树、种草皮、浆砌片石等保护坡面。

（10）倾斜表层下有裂隙滑动面的，可在基础下设置混凝土锚桩（墩）。土层下有倾斜岩层的，可将基础设置在基岩上用锚栓锚固，或做成阶梯形，或灌注桩基减轻土体负担。

（11）对已滑坡工程，稳定后采取设置混凝土锚固排桩、挡土墙、抗滑明洞、抗滑锚杆或混凝土墩与挡土墙相结合的方法加固坡脚，并在下段做截水沟、排水沟、陡坝，采取去土减重措施，保持适当坡度。

图 2-15　山体滑坡

2. 冲沟、土洞（落水洞）、古河道及古湖泊处理

（1）冲沟的处理。冲沟多由于暴雨冲刷剥蚀坡面形成，先是在低凹处蚀成小穴，此后逐渐扩大成浅沟，再进一步冲刷就成为冲沟。对边坡上不深的冲沟，可用好土或 3∶7 灰土逐层回填夯实，或用浆砌块石填至与坡面相平，并在坡顶设排水沟及反水坡，以阻截地表雨水冲刷坡面。对地面冲沟用土层夯填，因其土质结构松散，承载力低，可采取加宽基础的处理方法。

（2）土洞（落水洞）的处理。在黄土层或岩溶地层，由于地表水的冲蚀或地下水的潜蚀作用形成的土洞、落水洞往往十分发育，常成为排汇地表径流的暗道，影响边坡或场地的稳定，必须进行处理，以免继续扩大，造成边坡塌方或地基塌陷。具体处理方法是将土洞、落水洞上部挖开，清除软土，分层回填好土（灰土或砂卵石）夯实，面层用黏土夯填并使之高于周围地表，同时做好地表水的截流，将地表径流引到附近排水沟中，以防下渗。对地下水可采用截流改道的办法处理。如用作地基的深埋土洞，宜用砂、砾石、片石或混凝土填灌密实，或用灌浆挤压法加固。

（3）古河道与古湖泊的处理。古河道和古湖泊根据其成因分为两种，一种年代形成久远，另一种年代形成较近。两者都是在天然地貌的低洼处，由于长期积水及泥砂沉积而成，其土层由黏性土、细砂、卵石和角砾构成。年代久远的古河道、古湖泊，已被密实的沉积物填满，底部尚有砂卵石层，一般土的含水量小于 20%，且无被水冲蚀的可能性，土的承载力不低于相接天然土，可不处理。年代近的古河道、古湖泊，土质较均匀，含有少量杂质，含水量大于 20%，如沉积物填充密实,承载力不低于同一地区的天然土,亦可不处理;如为松软、含水量较高的土,应在挖除后用好土分层夯实,或采用地基加固措施:用作地基的部位用灰土分层夯实,与河、湖边坡接触的部位做成阶梯形接槎,阶宽不小于1m,接槎处应仔细夯实,回填应按先深后浅的顺序进行。

3. 橡皮土的处理

当地基为黏性土且含水量很大、趋于饱和时,夯(拍)打后,地基土变成踩上去有颤动感觉的土,称为橡皮土。其处理方法是先暂停施工,并避免直接拍打,使橡皮土含水量逐渐降低,或将土层翻起晾晒;如地基已成橡皮土,可在上面铺一层碎石或碎砖后夯击,将表土层挤紧;橡皮土较严重的,可将土层翻起并拌均匀,掺加石灰,使其吸收水分,同时改变原土结构成为灰土,使之有一定强度和水稳性;如用作荷载大的房屋地基,可打石桩或垂直打入M10机砖,最后在上面满铺厚50mm的碎石后再夯实;另外,也可采取换土措施,即挖除橡皮土,重新填好土或级配砂石夯实。

4. 表土的处理

表土,即表层土壤,它对于保护并维持生态环境起着十分重要的作用,而在工程改造地形时,往往剥去表土,破坏了良好的植物生长条件。因此在土方施工时应尽量保存表土,并在栽植时有效利用。

(1) 表土的采取和复原。为很好地保存表土,在工程规划设计阶段,就应顺应原有的地形地貌,避免过度开挖整地,使表土不致遭到破坏;施工前,也需做好表土的保存计划,拟订施工范围、表土堆置区、表土回填区等事项,并在工程施工前将所有表土移至堆置区。同时,为了防止重型机械进入现场压实土壤,破坏其团粒结构,最好使用倒退铲车,按照同一方向掘取表土,现场无法使用倒退铲车时,可以利用压强小的适合沼泽地作业的推土机。表土最好直接平铺在预定栽植的场地,不要临时堆放,防止地表固结。

(2) 表土的临时堆放。应选择排水性能良好的平坦地面临时堆放表土,当堆放时间超过6个月时,应在临时堆放表土的地面上铺设碎石暗渠,以利排水。堆放高度最好控制在1.5m以下,不要用重型机械压实。堆放的最高高度应控制在2.5m以下,防止过分地挤压、破坏下部土壤的团粒结构。为防止表土干燥风化危及土中微生物的生存,须置于有淋水养护的凉处,表土上面也可覆盖落叶和草皮。

土方施工是个复杂的过程,其工程量大、施工面较宽、工期也较长,因此施工的组织工作很重要。这也需要技术人员在整个施工过程亲临现场,及时发现问题、解决问题,以确保工程按计划完成。以上介绍的仅是土方施工的一般问题,每一工程还会有许多具体问题,需要技术人员根据现场和工程的实际情况做出及时、正确的处理。

● **工程实例** ●────────────────────

土方施工实景图如下。

3　水景工程

　　水景工程,是与水体造园相关的所有工程的总称。水景形式和种类众多,本章主要选取静水、流水、落水、喷水中具有代表性的水景形式来讨论,即湖池工程、溪涧工程、瀑布工程、喷泉工程。园林人工水景形式见图 3-1。

图 3-1　园林人工水景形式

3.1 湖池工程

　　湖池是湖塘和水池的统称，是最为常见的静态水景形式之一。水池特指人造的蓄水容体，边缘线条分明，其外形多为简单的几何形或几何形组合。湖塘特指自然的或人造模仿自然的湖泊和池塘，其平面形状通常由自然曲线构成，曲折有致，宽窄富于变化。

● 3.1.1 湖塘工程

5 分钟
看完本章

　　在园林中建造人工湖塘，首先应确定规模和平面形状，其次确定水体的水深和水位，最后对湖底结构与岸坡进行设计，综合考虑水景附属设施，如植物种植池、观景平台、码头等。

1. 湖塘的规模与平面形态

　　（1）湖塘规模的确定与限制因素。

　　确定湖塘的规模，既要考虑周边环境的关系、基址的土壤条件、当地气候和补充水源等工程因素，又要考虑水面蒸发量、渗漏损失和功能用途等方面的因素。

　　① 周边环境关系湖塘水面的宽窄。水面的纵、横长度与水边景物高度之间的比例关系对水景效果影响很大。水面窄、水边景物高，则在水区内视线的仰角比较大，水景空间的闭合性也比较强。在闭合空间中，水面的面积看起来一般都比实际面积要小。如果水面纵、横长度不变，而水边景物降低，水区视线的仰角变小，空间闭合度减小、开敞性增加，则同样面积的水面看起来就会比实际面积要大一些。

　　② 基址对土壤的要求。水体的底盘和岸坡的土壤、地质情况对水体渗漏损失的影响较大。一般来说，砂质黏土、壤土，土质细密，土层厚实，渗透能力小，适合挖湖。砂质、卵石易漏水，应避免挖湖，否则应采取防渗工程措施。黏土虽透水性小，但干时容易干裂，湿时又会形成橡皮土或泥浆，因此用纯黏土做湖塘的岸坡也不好。

　　计算湖塘水体的渗漏损失是非常复杂的，需要对湖塘的底盘和岸坡进行地质和水文等方面的研究后方可进行。对于园林水体，可用表 3-1 的方法进行估算。

　　③ 水面蒸发量的测定和估算。如果湖的面积较大，渗漏损失和水面蒸发量也会相应增加，一旦超过湖池水源的补充能力，就将出现水位较低或干枯等现象，从而影响景观质量。

表 3-1 水体损失估算

底盘的地址情况	全年水量的损失(占水体体积的百分比)/%
良好	5~10
一般	10~20
不好	20~40

④ 不同的湖塘用途对水面面积和水体的深度要求也不同,应根据不同的水上活动项目选取,见表 3-2。

表 3-2 各种活动对水体深度与面积的要求

项目	水深/m	面积/m²	备注
划船	>0.5	>2500	800~1000m²/只
滑水			3~5m²/人
游泳	1.2~1.7	400~1500	5~10m²/人
儿童游泳	0.4	200~800	3~5m²/人
儿童戏水池	0.3	200~800	—
养鱼	0.3~1.0		—
观赏鱼池	1.2~1.5		

(2) 湖的平面形态。

水是液体,本身没有固定的形状,水形由容器的形状限定。当水被岸坡、景石、建筑、植物等要素限制时,可形成各种式样的湖池形态。园林中的湖塘多为自然式,即自然形成或模仿自然湖泊的水体,由自由曲线围合而成的水面,其形状是不规则的,并且具有多种变异。根据曲线岸边的不同围合情况,水面可设计为多种形状,如肾形、葫芦形、兽皮形、钥匙形、菜刀形、聚合形等,如图 3-2 所示。设计这类水体形状时,主要应注意水面形状宜大致与所在地块的形状保持一致,仅在具体的岸线处理给予曲折变化;设计成的水面要尽量减少对称、整齐的因素。

2. 水质、水位与水深

(1) 水质。水体可满足观赏、戏水、养鱼、游泳等不同需求,不同水体对于水质及其处理方式也有不同的要求。游泳水质要求最高,要达到城市饮用水标准。一般水源都采用城市自来水,小型游泳池多采用外挂式水质处理器,而中、大型游泳池一般采用专门的水处理机房及专用设备。观赏水与戏水要保持一定的清洁度与透明度,防止藻类过多滋生。一般采用砂滤即可。水源可以采用天然河水、湖水,也可采用自来水。

养鱼用水宜用天然河水、湖水。如果要采用城市自来水,应脱氯(可采用自然曝气)。在养鱼过程中,应采用机械曝气设备随时补充水中氧气,也可以用生态水中的植物来净水与补氧。不同的使用要求决定了水体水质的要求不同,故其处理体系与设备也不同。水景设计中必须按照不同的水质要求将水体分开,但其外表又要处理成一个水系。

图 3-2　自然式湖平面图

（2）水位。水位即水的高程，高程不同给人的感受也不同。高水位给人亲切之感，低水位给人疏远之感。水位低于 1m，给人以凭栏之感。

（3）水深。水深是指水池底部到水面的高度。园林中湖池水体的水深应充分考虑安全、功能和水质的要求。水面的安全应放在首位考虑，相关规范规定：硬底人工水体距岸边、桥边、汀步边以外宽 2.0m 的带状范围内，要设计为安全水深，即水深不超过 0.7m，否则应设栏杆。

无护栏的园桥、汀步附近 2.0m 范围以内的水深不得大于 0.5m。在住宅区中，安全水深一般为 300～400cm。各种活动对水体深度与面积的要求见表 3-2。如为喷泉，水深一般应按管道、设备的布置要求确定，一般水深 60～70cm。

图 3-3 所示的亲水区防护网做法是为了保证湖池的水体质量，人工湖池应尽可能地扩大不小于 1.5m 的水面范围，但近岸 2.0m 内又要设计为安全水深，所以通常人工湖池做阶梯状的池底设计。在住宅区中，当水深超过 300mm（安全水深）时，必须采取防护措施，以保护小孩的安全。一般可在非亲水区及成人游泳区处设栏杆，而亲水区采用护岸缓坡，或在岸边设大于或等于 2m 的浅水区，转入深水区之前设水下拦网，如图 3-3 所示。

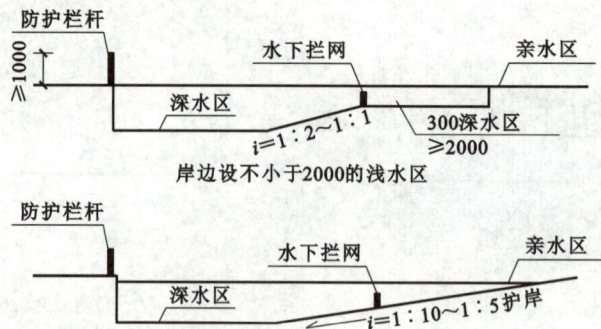

图 3-3 亲水区防护网做法

3. 湖塘湖底做法

园林中的湖塘一般为自然改造或人工开挖形成的,湖底做法的要点是如何减少水的渗漏。

(1) 湖底对土壤的要求。

湖池的底部构造设计要考虑基址的土壤条件,采取不同的处理方法。

① 基址如为天然水体,年代久远,池底渗漏少,一般不宜再动,以改造为好。

② 基址如为砂质黏土,土层厚,渗透能力小(0.007~0.009m/s),不用处理地基,采用较简单的防水构造即可。

③ 基址如有淤泥层,应挖掉全部淤泥层,重新回填好土后再做防水构造。如淤泥层较厚、不能挖干净时,必须采用钢筋混凝土底板,再做防水构造。此类地基不宜做大型水面。

④ 易造成大量水损失的地段,不宜建湖,如可溶于水的沉积岩(石灰岩、砂岩)、粗粒和大粒碎屑岩(砾岩、砂砾岩)。

(2) 湖底构造。

湖池在池底结构设计通常应根据其基址条件、使用功能、规模等的不同选择不同的底部构造。

园林中湖塘多为人工或自然湖塘改造,通常面积较大,常见的有黏土层湖底、灰土层湖底、塑料薄膜湖底和混凝土湖底,其中,灰土层湖底做法适用于大面积湖体,混凝土湖底做法适用于较小湖体或基址土壤较差的湖体,如图 3-4 所示。

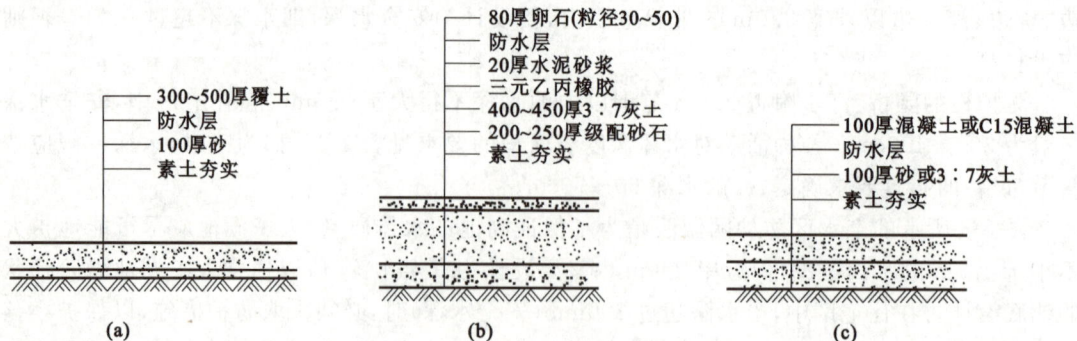

图 3-4 人工湖湖底构造

(a) 大型湖湖底做法(一);(b) 大型湖湖底做法(二);(c) 中小型人工湖湖底做法

　　湖底若为非渗透性土壤,应先敷以黏土,浸湿捣实;若为透水性土壤,则经过碾压平后,面上须再铺15～30cm细土层。如遇有城市生活垃圾等废物应全部清除,用土回填压实。如果湖底土壤条件渗透性较强或不均匀,可用硬质材料如混凝土或钢筋混凝土。

　　图3-4所示为常见人工湖底构造做法。人工湖防渗还可采用柔性防水材料,主要有聚乙烯防水毯、聚氯乙烯防水毯、三元乙丙橡胶、膨润土防水垫等。在防水层上平铺15cm过筛细土或100mm厚混凝土,以保护其不被破坏,如图3-5所示。

图3-5　人工湖防水

4. 岸坡工程

　　人工湖的平面形态是依靠岸边的围合来形成的。根据其构筑形式,岸坡又分为驳岸(图3-6)和护坡两种形式。驳岸是在水体边缘与陆地交界处,为稳定岸壁,保护水体不被冲刷或水淹等因素所破坏而设置的垂直构筑物。护坡主要是保护坡面、防止雨水径流冲刷及风浪拍击,以保证岸坡稳定的一种水工措施。园林水景工程中,人工湖和许多种类的水体都涉及岸边建造问题,这种专门处理和建造水体岸边的建设工程称为水体岸坡工程,包括驳岸工程和护坡工程。

　　(1)岸坡的作用。

　　岸坡不仅是水体的维护者,还是湖池水景的重要组成部分。岸坡可以防止因冻胀、浮托、风浪的淘刷或超重荷载而导致的岸边塌陷,对维持水体稳定起着重要作用。同时,岸坡也是园林水景构成要素的一部分,既可以方便游览,也可以独立成景。岸坡之顶,可为水边游览道提供用地条件。游览道临水而设,有利于拉近游人与水景的距离,提高水景的亲和性。通过丰富的驳岸设计强化岸线的景观层次,使岸坡成为水边的一种带状风景,丰富水景立面层次,加强景观艺术效果。因此,在岸坡的设计中,要坚持实用、经济和美观相统一的原则,统筹考虑,相互兼顾,达到水体稳定、岸坡牢固、水景和岸景的协调统一、美化效果表现良好的设计目的。

图 3-6　驳岸工程

（2）破坏岸坡的主要因素。

岸坡可分为湖底以下基础部分、常水位至湖底部分、常水位与最高水位之间的部分和不受淹没的部分。破坏岸坡的主要因素有：

① 地基不稳下沉。由于湖底地基荷载强度与岸顶荷载不相适应而造成均匀或不均匀沉陷，使驳岸出现纵向裂缝，甚至局部塌陷。在冰冻地带湖水不深的情况下，可由于冻胀而引起地基变形。如果以木桩做桩基，则因桩基腐烂而下沉。在地下水位较高处，则因地下水的托浮力影响地基的稳定。

② 湖水浸渗。冬季冻胀力的影响从常水位线至湖底被常年淹没的层段，其破坏因素是湖水浸渗。我国北方天气较寒冷，因水渗入岸坡中，冻胀后便使岸坡断裂。湖面的冰冻也在冻胀力作用下，对常水位以下的岸坡产生推挤力，把岸坡向上、向外推挤；而岸壁后土壤内产生的冻胀力又将岸壁向下、向内挤压；这样，便造成岸坡的倾斜或移位。因此，在岸坡的结构设计中，主要应减少冻胀力对岸坡的破坏作用。

③ 风浪的冲刷与风化。常水位线以上至最高水位线之间的岸坡层段，经常受周期性淹没。随着水位上下变化，便形成对岸坡的冲刷。水位变化频繁，使岸坡受冲蚀破坏更趋严重。在最高水位以上不被水淹没的部分，则主要受波浪的拍击、日晒和风化力影响。

④ 岸坡顶部受压影响。岸坡顶部可因超重荷载和地面水冲刷而遭到破坏。另外，岸坡下部被破坏也将导致上部的连锁破坏。

了解各种破坏水体岸坡的因素，设计中再结合具体条件，便可以制定出防止和减少破坏的措施，使岸坡的稳定性加强，达到安全使用的目的。

（3）驳岸的结构形式。

驳岸实际上是一面临水的挡土墙，以重力式结构为主，主要依靠墙身自重来保证岸壁的稳定性，抵抗墙体背后的土壤压力。重力式驳岸按其墙身结构分为整体式、方块式、扶壁式；按其所用材料分为浆砌块石、混凝土及钢筋混凝土结构等。

常见园林驳岸如图 3-7 所示。

图 3-7　驳岸设计

① 压顶：驳岸的顶端结构，其作用是增强驳岸稳定性，阻止墙后水土流失，美化水岸线。压顶常采用条石、大块石和预制混凝土方砖等材料做成，宽度一般为 30～50cm，高出最高水位30～40cm。压顶外边线，即为岸线，体现水体轮廓线，一般向水面有所悬挑。如果水位变化较

大,可将岸壁迎水面做成台阶状,以适应水位的升降。

② 墙身:驳岸主体,多用毛石、条石、混凝土块、砖等多种建筑材料砌筑而成,也可用木板、毛竹板等材料作为临时性驳岸的材料。墙身承受压力主要来自墙体自身的垂直压力、水的水平压力及墙后土壤的侧压力,所以墙身要确保一定厚度。墙体的高度应根据最高水位和水面的波浪来确定。驳岸墙身并不是绝对与水平面垂直,迎水面通常采用1:10的边坡倾斜。为了美观,常常对墙身进行水泥砂浆勾缝,使岸壁壁面形成冰裂纹、松皮纹等装饰性缝纹。当墙高不等、墙后土壤压力不同或地基沉降不均匀时,必须考虑设置沉降缝。为避免热胀冷缩而引起墙体破裂,一般每隔10~15m设置一道伸缩缝,宽度一般为10~20mm,有时也兼作沉降缝。伸缩缝用涂有防腐剂的木板条嵌入而上表面略低于墙面。

③ 基础:驳岸的底层结构,作为承重部分,将上部荷载均匀地传给地基,因此要求基础稳固。基础宽度要求在驳岸高度的3/5~4/5范围内,厚度常为400mm,埋入湖底深度不小于50cm。基础多为浆砌块石或浇灌混凝土,使驳岸地基的整体性加强而不易产生不均匀沉陷。

④ 垫层:基础的下层,常用矿渣、碎石、碎砖整平地基,保证基础与土基均匀接触作用。

⑤ 基础桩:增加驳岸的稳定性,是防止驳岸滑移或倒塌的有效措施,兼起加强土基的承载能力作用。材料可以用木桩、灰木桩等。

由于园林中驳岸高度一般不超过2.5m,常常根据经验数据来确定各部分的构造尺寸,也可以参考挡土墙构造尺寸来进行设计,省去繁杂的结构计算。

(4) 驳岸实例。

园林水体岸坡应根据不同的园林环境和驳岸自身的特点来确定具体的驳岸适用类型。以下是驳岸的设计实例,可供参考。

① 木桩沉排驳岸(图3-8)。木桩沉排驳岸又称沉褥,即用树木干枝编成的柴排沉褥。在柴排沉褥上加载块石,使其下沉到坡岸水下的地表。其特点是当底下的土被冲走而下沉时,沉褥也随之下沉。

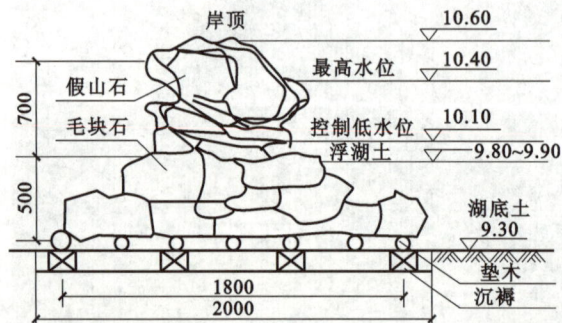

图3-8 木桩沉排驳岸

因此坡岸下部可随之得到保护。在水流流速不大、岸坡坡度平缓、硬层较浅的岸坡水下部分使用较合适。同时,可利用沉褥具有较大面积的特点,作为平缓岸坡自然式山石驳岸的基底,借以减少山石对基层土壤不均匀荷载和单位面积的压力,因此也减少了不均匀沉陷。

沉褥的宽度视冲刷程度而定,一般约为2m。柴排的厚度为30~75cm。块石层的厚度约为柴排厚度2倍。柴排上缘(即块石顶)应设在低水位以下。沉褥可用柳树类枝条或用一般条柴编成方格网状。交叉点中心间距为30~60cm。条柴交叉处用细柔的藤皮、枝条或涂焦油的绳子扎结,也可用其他方式固定。

② 砌石驳岸(图3-9)。砌石驳岸应用广泛,是湖池水景中主要的护岸形式,设计时调整墙体的材料和压顶形式可得到诸多的变化,如条石驳岸、假山石驳岸、虎皮石驳岸、浆砌和干砌块石驳岸等。

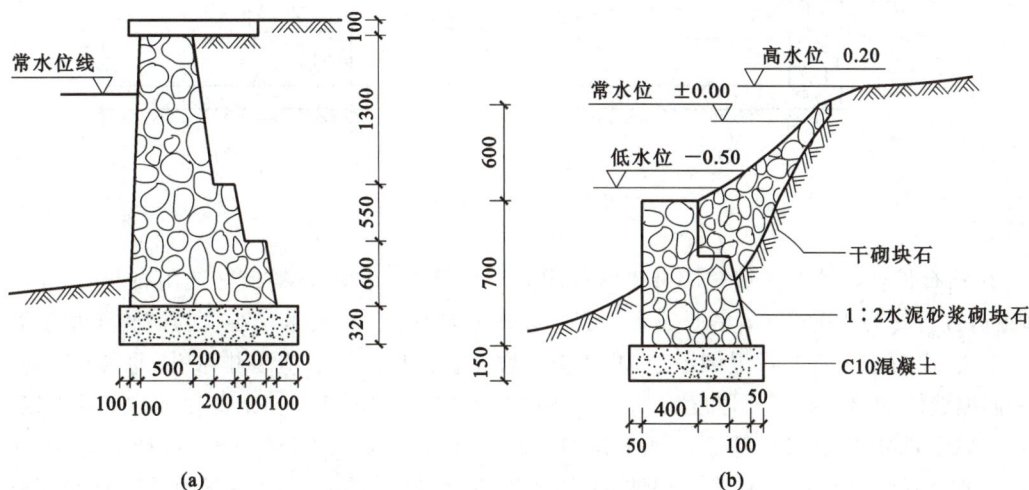

图3-9 砌石驳岸
(a) 浆砌块石驳岸;(b) 干砌块石驳岸

③ 钢筋混凝土驳岸(图3-10)。以钢筋混凝土材料做成的驳岸,整齐性、光洁性和防渗漏性都为最好,但造价高,宜用于重点水池和规则式水池,或在地质条件较差的地形上建水池。

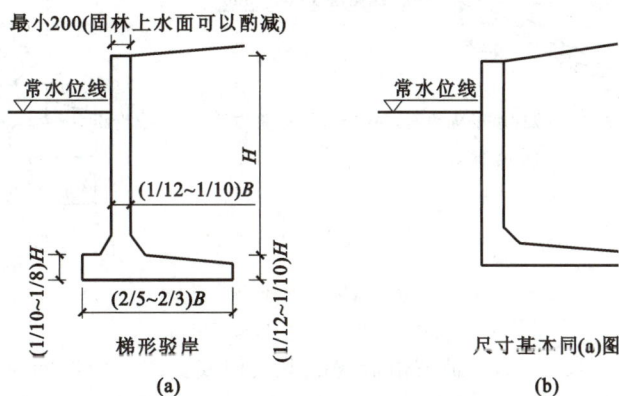

图3-10 钢筋混凝土驳岸
(a) T形混凝土驳岸;(b) L形混凝土驳岸

④ 竹、木驳岸(图3-11)。利用钢筋混凝土和掺色水泥砂浆塑造出竹木、树桩形状作为岸壁,一般设置在小型水面局部或溪流之小桥边,也别有一番情趣。

(5) 护坡实例。

如河湖坡岸并非陡直而不采用岸壁直墙,则要采用护坡的方式保护水岸。园林中常用的护坡形式包括:

① 编柳抛石护坡。采用新截取的柳条十字交叉编织。编柳空格内抛填20～40cm厚的块石。块石下设10～20cm厚的砾石层以利于排水和减少土壤流失。柳格平面尺寸为0.3m×

0.3m 或 1m×1m，厚度为 30～50cm。柳条发芽便成为保护性能较强的护坡设施。编柳时在岸坡上用铁钎开间距为 30～40cm、深度为 50～80cm 的孔洞。在孔洞中顺根的方向打入顶面直径为 5～8cm 的柳橛子，橛顶高出块石顶面 5～15cm。

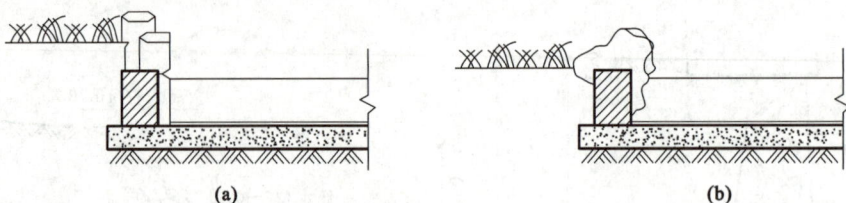

图 3-11　竹、木驳岸
(a) 塑松竹驳岸；(b) 塑山石驳岸

②　铺石护坡。铺石护坡是园林中常采用的护坡形式。护坡石料最好选用石灰岩、花岗石等顽石，且石材为 18～25cm 的长方形石料。要求石料比重大、吸水率小。为防止土壤从石头下面流失，块石下面需要设置倒滤层，并在护坡坡脚设挡板。护坡应留排水孔，每隔 25m 左右设一伸缩缝。如单层石铺石厚度为 20～30cm 时，垫层可采用 15～25cm。如水深在 2m 以上，则可考虑下部护坡用双层铺石。如上层厚 30cm，下层厚 20～25cm，砾石或碎石层厚 10～20cm。在不冻土地区的园林浅水缓坡岸，如风浪不大，则只需做单层块石护坡。有时还可用条石或块石干砌，如图 3-12 所示。坡脚支撑亦可相对简化。

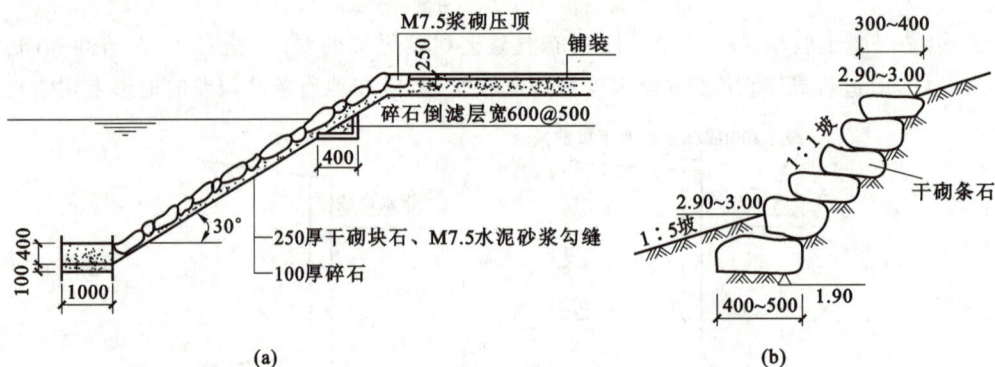

图 3-12　斜坡式干砌块石护坡
(a) 块石护坡（一）；(b) 块石护坡（二）

③　草皮护坡（图 3-13）。草皮护坡由低缓的草坡构成。由于护坡低浅，能够很好突出水体的平坦辽阔；而坡岸上青草绿茵，景色优美，因此这种护坡在园林湖池水体中应用十分广泛，岸坡土壤以轻亚黏土为佳。

④　卵石及其贝壳岸坡（图 3-14）。将大量的卵石、砾石与贝壳按一定级配与层次堆积于斜坡的岸边，既可适应池水涨落和冲刷，又带来自然风采。有时将卵石或贝壳粘于混凝土上，组成形形色色的花纹图案，能倍增观赏效果。

（6）岸坡施工（图 3-15）。

水体岸坡的施工材料和施工做法，由于岸坡的设计形式不同而有一定的差别。但在多数岸坡种类的施工中，也有一些共同的要求。现以砌石驳岸说明其施工要点。

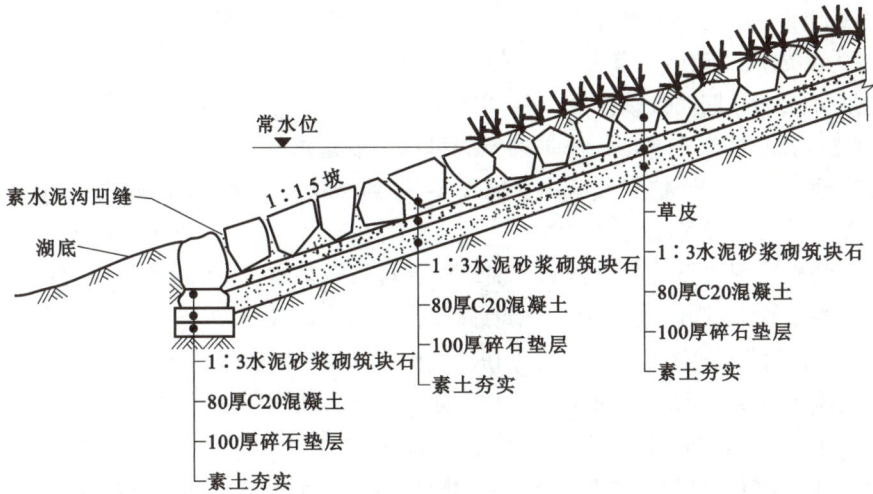

常水位

素水泥沟凹缝

湖底

1:1.5坡

草皮

1:3水泥砂浆砌筑块石
80厚C20混凝土
100厚碎石垫层
素土夯实

1:3水泥砂浆砌筑块石
80厚C20混凝土
100厚碎石垫层
素土夯实

图 3-13　草皮入水护坡

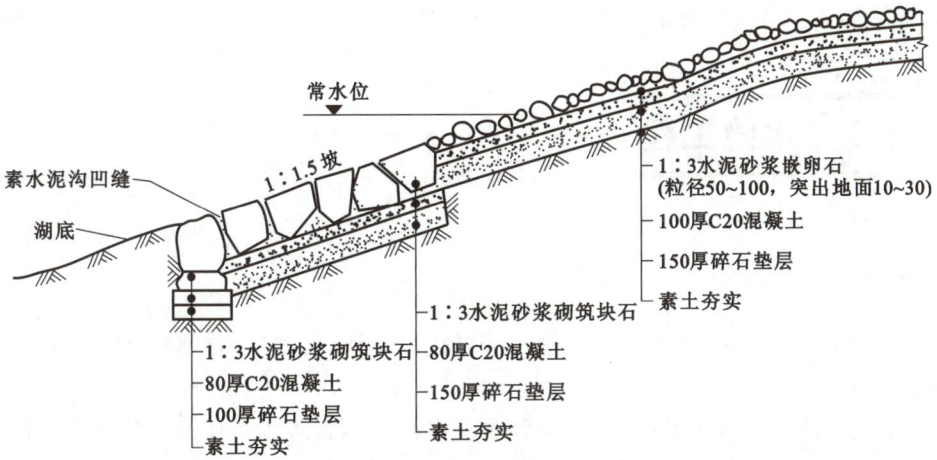

常水位

素水泥沟凹缝

湖底

1:1.5坡

1:3水泥砂浆嵌卵石
(粒径50~100,突出地面10~30)
100厚C20混凝土
150厚碎石垫层
素土夯实

1:3水泥砂浆砌筑块石
80厚C20混凝土
150厚碎石垫层
素土夯实

1:3水泥砂浆砌筑块石
80厚C20混凝土
100厚碎石垫层
素土夯实

图 3-14　卵石护坡

图 3-15　护坡工程

砌石驳岸施工工艺流程为:放线—槽夯—实地基—浇筑混凝土基础—砌筑岸墙—砌筑压顶。

① 准备岸坡施工前必须放干湖水,或分段堵截围堰,逐一排空;准备各类施工机具;复核图纸。

② 放线布点。放线应依据施工设计图上的常水位线来确定驳岸的平面位置,并在基础两侧各加宽 20cm 放线。具体可参考人工湖湖体施工。

③ 挖槽可人工开挖或机械挖掘。为了保证施工安全,挖方时要保证足够的工作面,对需要放坡的地段,务必按规定放坡。岸坡的倾斜可用木制边坡样板校正。

④ 夯实地基基槽。开挖完成后将基槽夯实,遇到松软的土层时,必须铺厚 15~17cm 灰土(石灰与中性土之比为 3:7)一层加固。

⑤ 浇筑基础采用块石混凝土基础。浇筑时要将块石垒紧,不得列置于槽边缘。然后浇灌 M15 或 M20 水泥砂浆,基础厚度 40~50cm,高度常为驳岸高度的 60%~80%。灌浆务必饱满,要渗满石间空隙。北方地区冬季施工时可在砂浆中加入 3%~5% 的 $CaCl_2$ 或 NaCl 进行防冻。

⑥ 砌筑墙体 M5 水泥砂浆砌块石。砌缝宽 1~2cm,要求岸墙墙面平整、美观,砂浆饱满、勾缝严密。每隔 10~25cm 设置伸缩缝,缝宽 3cm,用板条、沥青、石棉绳、橡胶、止水带或塑料等材料填充,填充时最好略低于砌石墙面。缝隙用水泥砂浆勾满。如果驳岸高差变化较大,应做沉降缝,宽 20mm。另外,也可在岸墙后设置暗沟,填置砂石来排除墙后积水,保护墙体。

⑦ 砌筑压顶。压顶宜用大块石(石的大小可视岸顶的设计宽度选择)或预制混凝土块砌筑。

3.1.2 水池工程

1. 水池的基本组成

水池的形态种类众多,形式多样,但它一般由池底、池壁、池顶、进水口、泄水口、溢水口和附属设施等部分组成。

(1)池底。池底是水池的最底面,起到承受水体压力和防止水体渗漏的作用。因此要求其既要有稳定的结构,又要有较强的防渗漏能力。池底可利用原有土石,亦可用人工铺筑砂土砾石或钢筋混凝土做成。其表面要根据水景的要求进行装饰。如图 3-16、图 3-17 所示。

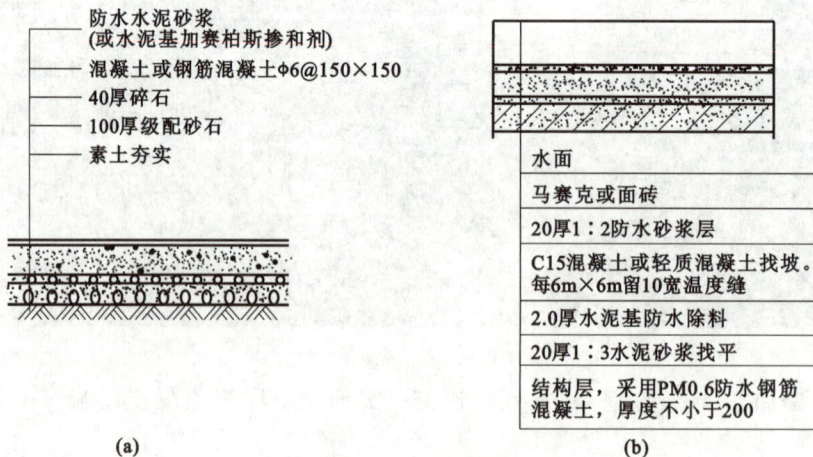

(a) 图:
防水水泥砂浆(或水泥基加赛柏斯掺和剂)
混凝土或钢筋混凝土Φ6@150×150
40厚碎石
100厚级配砂石
素土夯实

(b) 图:
水面
马赛克或面砖
20厚1:2防水砂浆层
C15混凝土或轻质混凝土找坡。每6m×6m留10宽温度缝
2.0厚水泥基防水涂料
20厚1:3水泥砂浆找平
结构层,采用PM0.6防水钢筋混凝土,厚度不小于200

图 3-16　池底构造做法

(a) 小型池底做法;(b) 架空层池底做法

图 3-17　池底施工

　　为保证不漏水,宜采用防水混凝土。为防止裂缝,应适当配置钢筋(有时要进行配筋计算)。大型水池还应考虑每 10～20m 必须设一伸缩缝,这些构造缝应设止水带,用柔性防漏材料填塞。伸缩缝做法如图 3-18 所示。

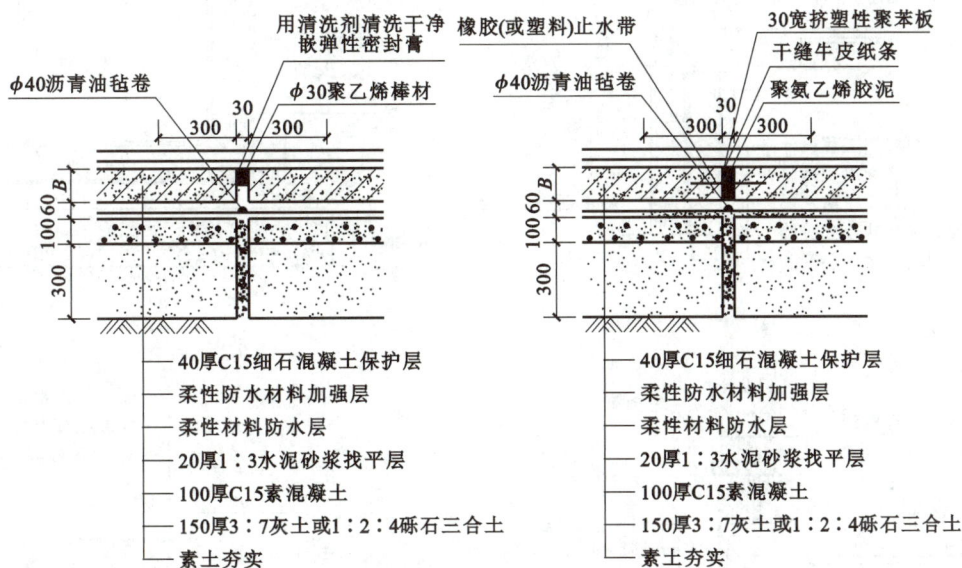

用清洗剂清洗干净
嵌弹性密封膏　橡胶(或塑料)止水带　　30宽挤塑性聚苯板
φ40沥青油毡卷　φ30聚乙烯棒材　φ40沥青油毡卷　干缝牛皮纸条
聚氨乙烯胶泥

— 40厚C15细石混凝土保护层
— 柔性防水材料加强层
— 柔性材料防水层
— 20厚1∶3水泥砂浆找平层
— 100厚C15素混凝土
— 150厚3∶7灰土或1∶2∶4砾石三合土
— 素土夯实

— 40厚C15细石混凝土保护层
— 柔性防水材料加强层
— 柔性材料防水层
— 20厚1∶3水泥砂浆找平层
— 100厚C15素混凝土
— 150厚3∶7灰土或1∶2∶4砾石三合土
— 素土夯实

图 3-18　伸缩缝做法

　　如果地下水位较高,池较深(如游泳池),池底钢筋混凝土底板必须考虑反浮力构造做法,采取加重量、向地下设拉杆或拉桩等方法。高地下水做法如图 3-19 所示。

　　(2)池壁。池壁起围护的作用,要求防漏水,与挡土墙受力关系相类似。其分为外壁和内壁,内壁做法同池底,并同池底浇筑为一整体。

　　(3)池壁壁面的装饰材料和装饰方式一般可与池底相同。池底、池壁的构造做法如图 3-20 所示。

　　(4)池顶。池顶的设计应突出水池边界线条和水体整体性,使水池结构更稳定。常用石材、钢筋混凝土等做压顶,石材挑出的长度受限,与墙体连接性差;用钢

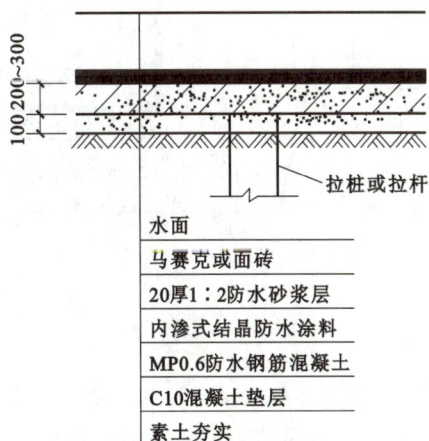

拉桩或拉杆

水面
马赛克或面砖
20厚1∶2防水砂浆层
内渗式结晶防水涂料
MP0.6防水钢筋混凝土
C10混凝土垫层
素土夯实

图 3-19　高地下水做法

筋混凝土做压顶,其整体性好。池壁顶的设计常采用压顶形式,而压顶形式常见的有六种,如图 3-21 所示,这些形式的设计都是为了使波动的水面很快地平静下来,以便能够形成镜面倒影。池岸压顶石的表面装饰常采用的方法有:水泥砂浆抹光面、斩假石饰面、水磨石饰面、釉面砖贴面、花岗石贴面、汉白玉贴面等,一般采用光面的装饰材料,较少做成粗糙表面。池岸外侧表面装饰做法很多,常见用水泥砂浆抹光面、斩假石面、水磨石面、豆石干粘饰面、水刷石饰面、釉面砖贴面、花岗石贴面等,其表面装饰材料可以用光面的,也可以用粗糙质地的。

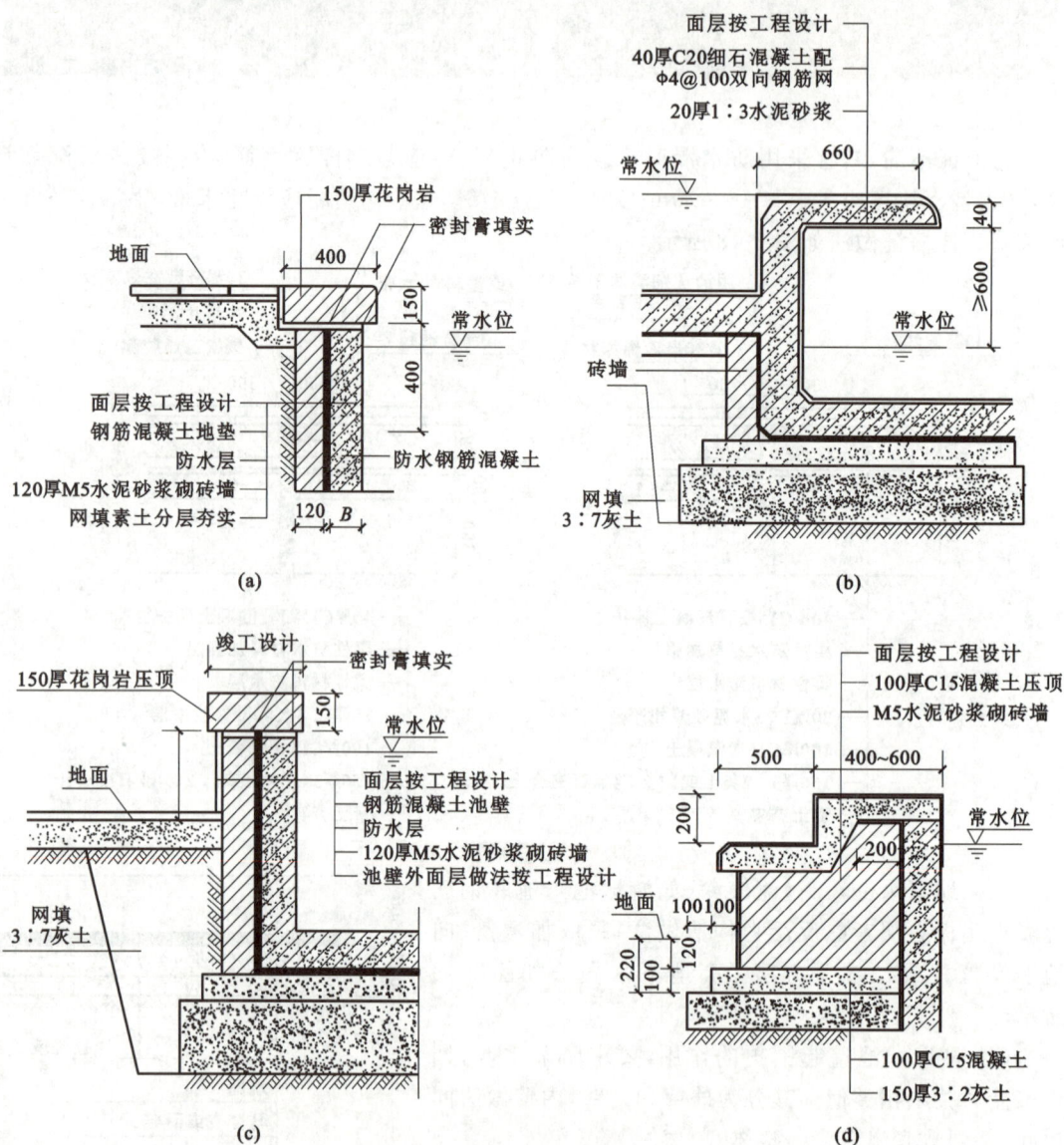

图 3-20　池底、池壁的构造做法
(a) 池顶与地面相平;(b) 池顶两侧有水位高差;(c) 池顶高于地面;(d) 池顶有外向台阶

　(5)进水口。水池的水源一般为人工水源(自来水等),为了给水池注水或补充水,应当设置进水口,进水口可以设置在隐蔽处或结合山石布置。进水口构造做法如图 3-22 所示。

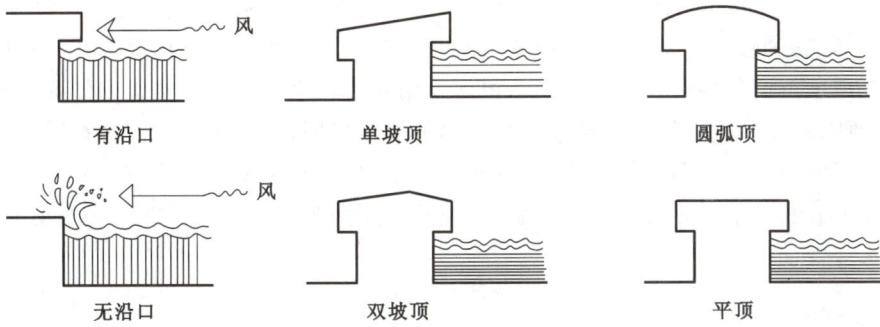

图 3-21 水池压顶形式

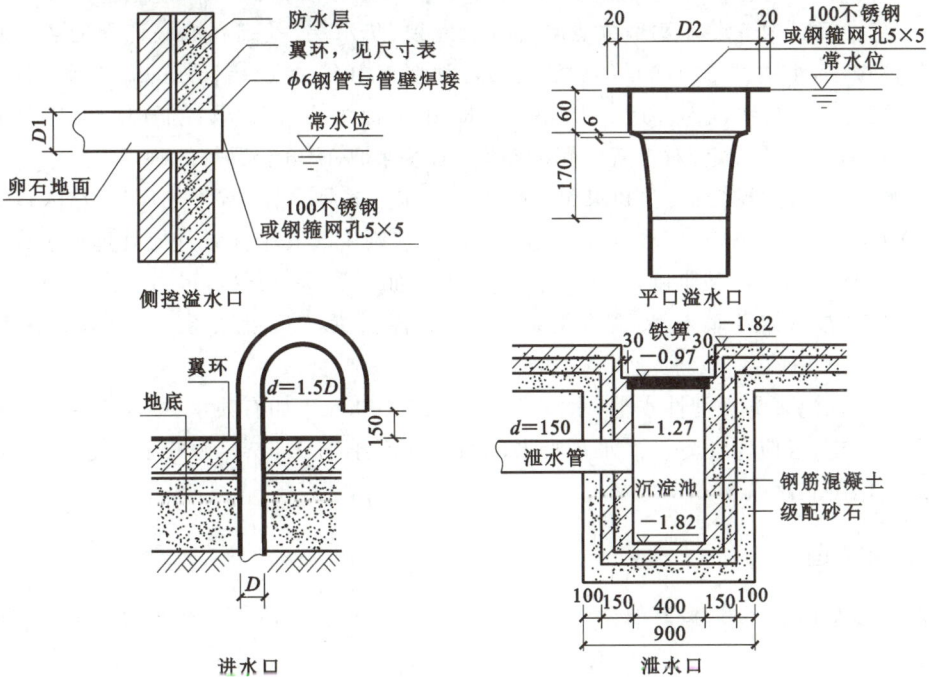

图 3-22 溢水口、进水口、泄水口构造做法

（6）泄水口。为便于清扫、检修和防止停用时水质腐败或结冰,水池应设泄水口。水池应尽量采用重力方式泄水,也可利用水泵的吸水口兼作泄水口,利用水泵泄水。泄水口的入口也应设格栅或格网,其栅条间隙和网格直径也以不大于管道直径的 1/4 为好,当然,也可根据水泵叶轮的间隙确定。泄水口构造做法如图 3-22 所示。

（7）溢水口。为防止水满后从池顶溢出到地面,同时为了控制池中水位,应设置溢水口。常用溢水口形式有堰口式、漏斗式、管口式、连通管式等,也可根据具体情况选择。大型水池若设一个溢水口不能满足要求,可设若干个,但应均匀布置在水池内。溢水口的位置应不影响美观,且便于清除积污和疏通管道。溢水口外应设格栅或格网,以防止较大漂浮物堵塞管道。格栅间隙或筛网网格直径应不大于管道直径的1/4。溢水口构造做法如图3-22所示。

管道穿池底和外壁时要采取防漏措施,一般是设置防水套管。在可能产生振动的地方,应设柔性防水套管。

2. 水池设计

（1）水池设计的内容。

水池设计的内容包括平面设计、立面设计、构造设计和管线设计几个部分。

① 平面设计。水池的平面设计主要是使水池与所在的环境风格、建筑、道路场地特征和视线关系等相协调统一。其主要包括表达水池的平面位置、尺度;与周边环境、建筑物、地上地下管线的距离尺寸和放线依据;水池与周边环境的高差关系;水池的岸顶、池底标高,以及水池底部的排水关系;进水口、排水口、溢水口的位置和管底标高;水泵坑的位置、尺寸、标高等。

② 立面设计。立面设计主要包括对水池的立面景观和高差变化,池顶与周边地形的结合关系和立面装饰。

③ 构造设计。构造设计就是对池岸、池底、池顶、防水层、基础和池底饰面的各层材料的厚度及具体做法,水生种植池的具体做法,池顶、池壁与山石、绿地结合处的做法等的确定。

④ 管线设计。管线设计包括对水池的进水、排水管线的布置,管径、管底标高、材料规格与种类、连接做法等的确定;对电气线路的布置、电线保护、配电装置等的确定。

（2）水池的形态、规模、尺寸和水深。园林中的水池多种多样,常为几何形,给人以特定的图案感,多用于规则式庭院、广场及建筑物的外环境装饰中。其平面设计应处理形态的方圆宽窄、曲直并与环境相呼应和协调,突出形态的点、线、面关系,形成空间张力。水池设计的尺寸与规模主要考虑整体环境与水池的关系、水池中各要素的尺度关系,以及人与水池的关系等。

园林中的水池多为观赏性水池,水深一般为 $30\sim100\text{cm}$。如有喷水,则应按照管道和设备的布置要求而定,且应保证淹没潜水泵吸水口的深度不小于 0.5m。为减小水池水深,可设置集水坑或使用卧式潜水泵。

3. 水池构造

水池的形态种类众多,按其修建材料和防水结构,一般分为刚性结构水池和柔性结构水池两种。

（1）刚性结构水池。刚性结构水池主要采用钢筋混凝土或砖石修建的水池,特点是使用寿命长、防漏性好,适用于大部分水池。

① 砖石结构水池(图3-23)。小型水池和临时性水池可采用砖石结构,但要用混凝土做基础,用防水砂浆砌筑和抹面,池底池壁常采用卵石、石材等贴面装饰。这种结构造价低廉,施工简单,但其防水和抗冻能力较差。为了防止漏水,可在池内再浇筑一层防水混凝土,然后用防水砂浆找平。

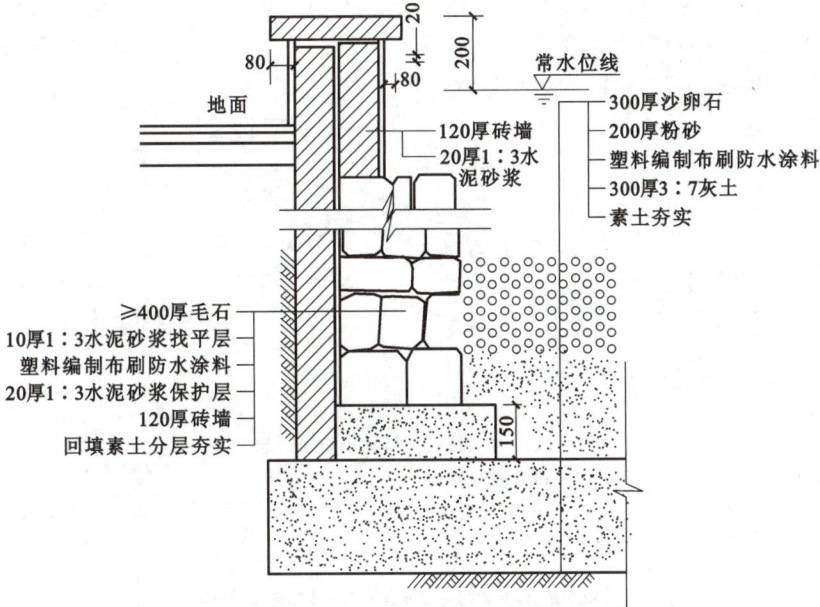

图 3-23　砖石结构水池图

② 钢筋混凝土结构水池(图 3-24)。这种结构的池壁池底采用现浇钢筋混凝土结构,抗沉降性能稳定,防水效果好,适用于大中型水池。为提高抗渗性能,宜采用水工混凝土,北方地区还应做防冻处理。大型水池应考虑伸缩缝和沉降缝。水池与管沟、水泵房等相连处也应设沉降缝并做同样的防漏处理。

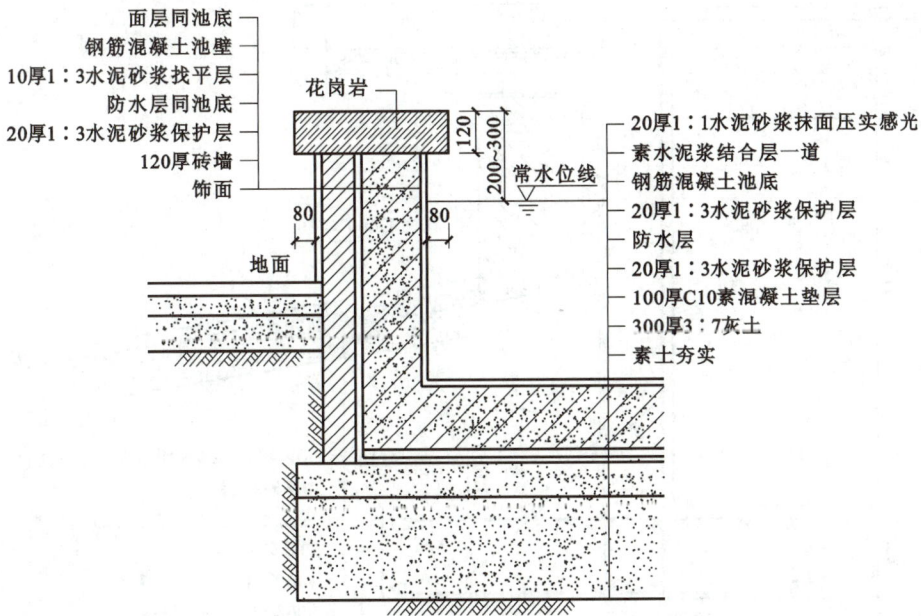

图 3-24　钢筋混凝土水池结构

(2) 柔性结构水池。柔性结构水池就是利用各种柔性衬垫薄膜材料做水池防水层。实际上,水池若是一味靠加厚混凝土和加粗加密钢筋网片是无济于事的,这只会导致工程造价的增加,尤其对北方水池的渗漏冻害,不如用柔性不渗水的材料做水池夹层为好。目前,在水池工程实践中常使用的柔性材料有玻璃布沥青席(图 3-25)、三元乙丙橡胶(EPDN)薄膜(图 3-26)、聚氯乙烯(PVC)衬垫薄膜、再生橡胶薄膜等几种。

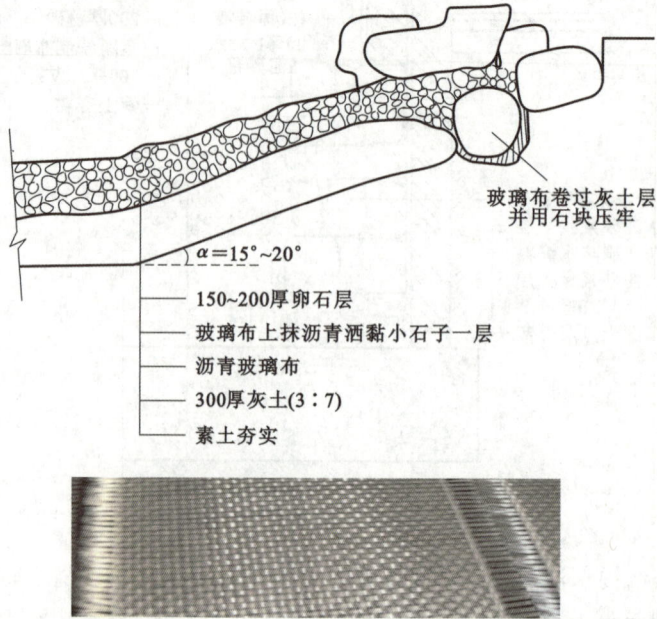

玻璃布卷过灰土层并用石块压牢

$\alpha = 15° \sim 20°$

150~200厚卵石层
玻璃布上抹沥青洒黏小石子一层
沥青玻璃布
300厚灰土(3∶7)
素土夯实

图 3-25　玻璃沥青水池构造

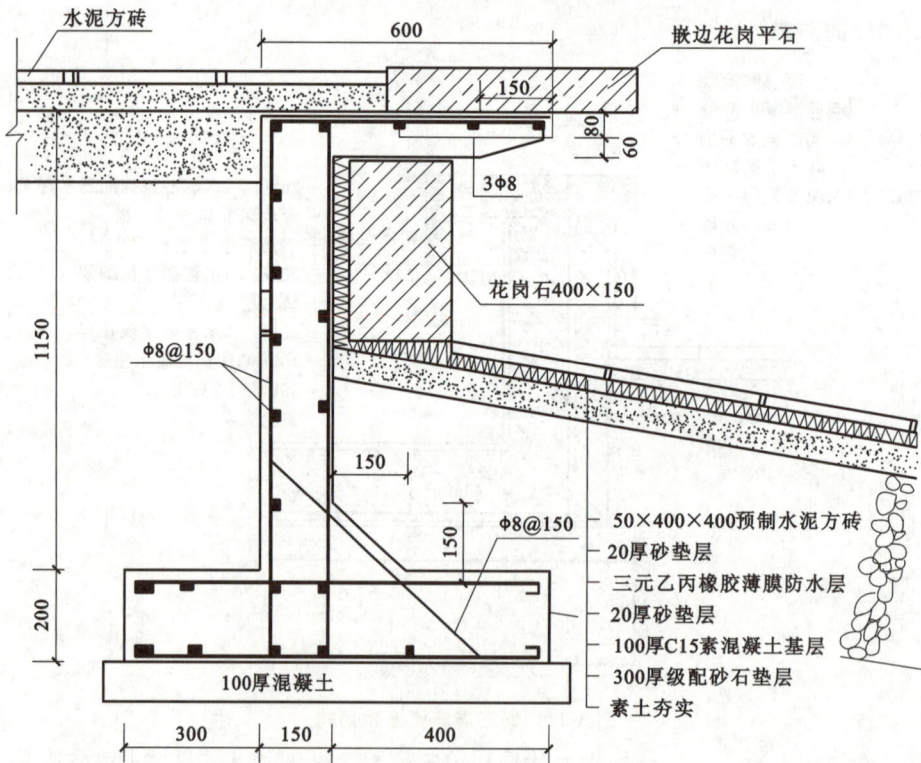

水泥方砖
600
嵌边花岗平石
150
80
60
3φ8
花岗石400×150
1150
φ8@150
150
150
φ8@150
50×400×400预制水泥方砖
20厚砂垫层
三元乙丙橡胶薄膜防水层
20厚砂垫层
100厚C15素混凝土基层
300厚级配砂石垫层
素土夯实
200
100厚混凝土
300 150 400

图 3-26　三元乙丙橡胶水池构造

① 材料。玻璃纤维布最好为中性,碱金属氧化物含量不超过 0.5%～0.8%,玻璃布孔目尺寸 8mm×8mm～10mm×10mm;矿粉用粒径不大于 9mm 的石灰石矿粉,无杂质;黏合剂,沥青调配好后再与矿粉配比:沥青 30%,矿粉 70%。

② 工序。先将沥青、矿粉分别加热到 100℃;然后将矿粉加入沥青锅内拌匀;再将玻璃纤维布放入拌和锅内,浸蘸均匀再慢慢拉出,并使黏结在布上的沥青层厚度控制在 2～3 mm,拉出后立即洒滑石粉,并用机械辊压均匀、密实。

③ 施工方法。将土基夯实,铺 300mm 厚灰土(3∶7),再将沥青席铺在其上,搭接长度为 50～100mm。同时用火焰喷灯熔焊牢,端头用块石压固牢,并随即洒铺小石屑一层。而后在表层散铺 150～200mm 厚卵石一层即可。

三元乙丙薄膜水池和橡胶薄膜水池,是对传统的钢筋混凝土水池材料的革新,前者已在新建的北京香山饭店水池中使用。三元乙丙防水布由北京建工研究所和保定市第一橡胶厂联合试制成功,其厚度为 0.3～5mm,能经受温度 40～80℃,扯断强度为 735N/mm²,施工方便,可以冷作,大大降低劳动强度。自重轻,不漏水,更适用于展览馆等临时性水池建筑,也适用于屋顶花园水池而不致增加屋顶层的负荷。

4. 水生植物种植池

在园林湖池边缘处、园路转弯处、游息草坪上或空间比较小的庭院内,适宜设置水生植物种植池。水生植物种植池也有规则式和自然式两种设计形式。

(1) 规则式水生植物种植池(图 3-27)。规则式水生植物种植池是用砖砌成或用钢筋混凝土做成池壁和池席。水生植物种植池与一般规则式水池最不同的是池底的设计,前者常设计为台阶状池底,而后者一般为平底。为适应不同水生植物对池内水深的需要,水池底要设计成不同标高的梯台形,而且梯台的顶面一般还应设计为槽状,以便填进泥土作为水生植物的栽种基质。

在栽植水生植物的过程中,要注意将栽入池底槽中或盆栽的水生植物固定好,根部要全埋入泥中,以免浮起来。在泥土表面还应浅浅地盖上一层小石子,把表土压住,这样有利于保持池水清洁。

小面积的水生植物种植池,其水深不宜太浅。如果水太浅,则池水的水量太少,在夏季强烈阳光长期暴晒下,水温将会过高。当水温超过 40℃时,植物便可能枯死。

(2) 自然式水生植物种植池(图 3-28)。自然式水生植物种植池并不砌筑池壁和池底,是就地挖土做成池塘。开辟自然式水生植物池,宜选地势低洼阴湿之处。首先挖地深 80～100cm,将水体平面挖成自然的池塘形状,将池底挖成几种不同高度的台地状,如图 3-28(a)所示。然后夯实池底,布置一条排水管引到池外,管口必须设置滤网,池子使用后,可以通过排水管排除大半的水,对水深有所控制。排水管布置好后,铺上一层厚 7cm 左右的砾石或卵石。在砾石层之上铺厚 5cm 的粗砂。最后在粗砂垫层上平铺肥沃泥土,厚度为 20～30cm。泥土可用一般腐殖土或泥炭土与菜园土混合而成,要求呈酸性。在池边,如果配置一些自然山石,半埋于土中,可以使水景景观显得更有野趣。

景观水池如图 3-29 所示。

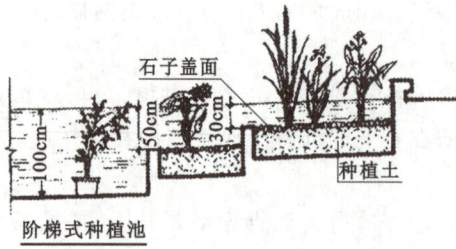

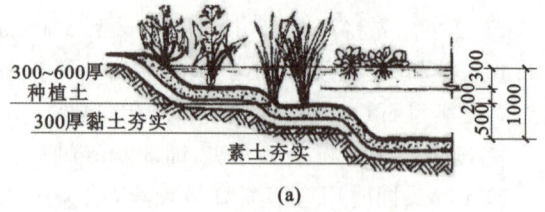

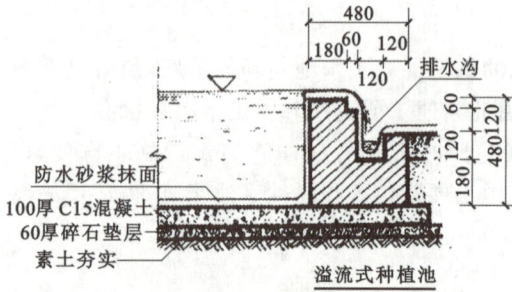

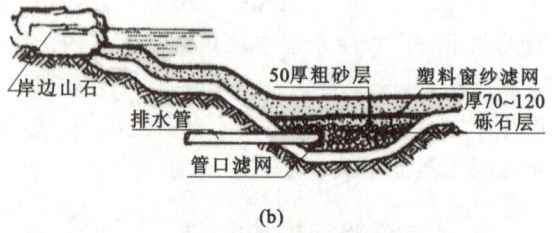

图 3-27　规则式水池种植

图 3-28　自然式水池种植

阶梯式种植池

石子盖面

种植土

50cm

30cm

100cm

300~600厚
种植土

300厚黏土夯实

素土夯实

200 300

500 1000

(a)

480

180 60 120

120

排水沟

60

120 480 120

180

防水砂浆抹面

100厚C15混凝土

60厚碎石垫层

素土夯实

溢流式种植池

岸边山石

排水管

管口滤网

50厚粗砂层

塑料窗纱滤网

厚70~120
砾石层

(b)

图 3-29　景观水池

3.1.3　湖池施工技术

1. 人工湖施工

（1）人工湖分项工程构成与工艺流程较为复杂。

（2）人工湖施工要点。

① 认真分析设计图纸,并按设计图纸确定土方量。

② 详细勘察现场,按设计线形定点放线,放线可用石灰、黄砂等材料。打桩时,沿湖池外缘 15～30cm 打一圈木桩,第一根桩为基准桩,其他桩皆以此为准。基准桩,即是湖体的池缘高度。桩打好后,注意保护好标志桩、基准桩,并预先规划好开挖方向及土方堆积方法。

③ 考察基址,渗漏状况好的湖底全年水量损失占水体积累的 5%～10%;一般湖底层占 10%～20%;较差的湖底层占 20%～40%,据此制定施工方法及工程措施。

④ 湖体施工区排水湖体施工范围内排水尤为重要,如水位过高,施工时可用多台水泵排水,也可通过梯级排水。由于水位过高,为避免湖底受地下水挤压而被抬高,必须特别注意地下水的排放。通常 15cm 厚的碎石层铺设整个湖底,上面再铺 5～7cm 厚砂子就足够了。如果这种方法还无法解决问题,就必须在湖底开挖环状排水沟,并在排水沟底部铺设带孔聚乙烯（PVC）管,四周用碎石填塞,以取得较好的排水效果。同时要注意开挖岸线的稳定,必要时用块石或竹木支撑保护,最好做到护坡或驳岸同步施工。通常,基址条件较好的湖底不做特殊处理,适当夯实即可;但渗透性较严重的必须采取工程手段。

⑤ 湖底做法应因地制宜,常见的做法有灰土层湖底、塑料薄膜湖底和混凝土湖底等,其中灰土层做法适用于大面积湖体,混凝土湖底适用于较小的湖体。

⑥ 驳岸处理。湖岸的稳定性对湖体景观有着特殊意义,应予以重视。先根据设计图严格将湖岸线用石灰放出,放线时应保证驳岸（或护坡）的实际宽度,并做好各控制基桩的标注。开挖后要用木条、板（竹）等支撑易崩塌之处,遇到洞、孔等渗漏性大的地方,要结合施工材料采用抛石、填灰土、三合土等方法处理。如岸壁土质良好,做适当修整后可进行后续施工。湖岸的出水口常设计成水闸,水闸应保证足够的安全性。

2. 水池施工

人工水池规模比人工湖小,多采用钢筋混凝土结构。现以钢筋混凝土水池为例讨论人工水景池施工。钢筋混凝土水池的施工工艺流程为:材料准备—场地放线—池面开挖—池底施工—浇筑混凝土池壁（预埋管线）—混凝土抹灰—表面装饰—给排水管安装—试水等。

（1）施工准备。

① 混凝土配料。基础与池底按水泥∶细砂∶粒料＝1∶2∶4 配料,所配的混凝土型号为 C20;池底与池壁按水泥∶细砂∶粒料（6～25mm）＝1∶2∶3 配料,所配的混凝土型号为 C15。

② 添加剂。混凝土中有时需要加入适量添加剂,常见的有 U 形混凝土膨胀剂、加气剂、氯化钙促凝剂、缓凝剂、着色剂等。

池底、池壁必须采用 425 号以上普通硅酸盐水泥,水灰比不大于 0.55,粒料直径不得大于 40cm,吸水率不大于 1.5%,混凝土抹灰和砌砖抹灰用 325 号水泥或 425 号水泥。

(2) 场地放线。根据设计图纸定点放线。放线时,水池的外轮廓应包括池壁厚度。为使施工方便,池外沿应各边加宽 50cm,用石灰或黄砂放出起挖线,每隔 5～10cm(视水池大小)打一小木桩,并标记清楚。方形(含长方形)水池,直角处要校正,最少打 3 个桩;圆形水池,应先定出水池的中心点,再用线绳(足够长)以该点为圆心、按设计半径(注意池壁厚度)画圆,用石灰标明,即可放出圆形轮廓。

(3) 池基开挖。根据现场施工条件确定挖方方法,可采用人工挖方,也可采用人工结合机械挖方。开挖时一定要考虑池底和池壁的厚度。如为下沉式水池,应做好池壁的保护。挖至设计标高后,池底应正平并夯实,再铺上一层碎石、碎砖作底。如果池底设有沉泥池,应结合池底开挖同时施工。

池基挖方会遇到排水问题,工程中常用基坑排水,这是既经济又简易的排水方法。此法是沿池基边挖成临时性排水沟,并每隔一定距离在池基外侧设置集水井,再通过人工或机械抽水排除,以确定施工顺利进行。

(4) 池底施工。池底现浇混凝土原则上一次浇筑完毕。先在底基上浇铺一层厚 5～15cm 的混凝土浆作为垫层,用平板振荡器夯实,保养 1～2d 后,在垫层面测定池底中心,再根据设计尺寸放线定出柱基及池底边线,画出钢筋布线,依线绑扎钢筋,紧接着安装柱基和池底外围的模板。钢筋的绑扎要符合配筋设计要求,上下层钢筋要用铁撑加以固定,使之在浇捣过程中不产生变化。混凝土的厚度根据气候条件而定:一般温暖地区厚 10～15cm,北方寒冷地区以厚 30～38cm 为好。池底浇筑不能留施工缝,施工间歇时间也不得超过混凝土的初凝时间,池底表面在混凝土初凝前要压实抹光。如混凝土在浇灌前产生初凝或离析现象,应在现场拌板上进行二次搅拌,方可入模浇捣。混凝土厚度在 20cm 以下的可用平板振动器,较厚的一般用插入式振动器捣实。为使池底与池壁紧密连接,池底与池壁连接处的施工缝可设置在基础上口 20cm 处。施工缝可留成台阶形,也可加金属止水片或遇水膨胀胶带。

(5) 浇筑混凝土池壁。浇筑混凝土池壁须用木模板定型,木模板要用横条固定,并要有稳定的承重强度。浇筑时,要趁池底混凝土未干时,用硬刷将边缘拉毛,使池底与池壁结合得甚好。池底边缘处的钢筋要向上弯入与池壁结合部,弯入的长度应大于 30cm,这种钢筋能最大限度地增强池底与池壁结合部的强度。

钢筋的绑扎,要预先准备好钢筋绑扎的工具,如铅丝钩、小扳手、撬工、折尺、色笔及 20～22 号铁丝(镀锌铁丝)等,并认真校对施工图,再根据施工图划出钢筋安置线。如钢筋品种较多,要在安装好的模板上标明各种型号的钢筋规格、形状和数量。绑扎池壁钢筋时,要让箍筋的接头交叉错排,垂直放置,箍头转角与竖向钢筋交叉点必须扎牢。绑扎箍筋时,铁线扣要相互呈八字形绑扎,竖向钢筋的弯钩应朝向混凝土内。使用双向钢筋网时,要在两层钢筋之间设置撑铁(钩)来固定钢筋的间距。绑扎钢筋网时,四周两行钢筋交叉点要扎牢,中间部分每隔一段相互呈梅花式绑扎。固定模板用的铁丝和螺栓不宜直接穿过池壁。当螺栓或套管必须穿过池壁时,应采取止水防漏措施,可焊接止水环。长度在 25m 以上的水池应设变形缝和伸缩缝。浇筑混凝土池壁要连续施工。浇筑时,要用木槌将混凝土浆捣实,不留施工缝。混凝土凝结后,应立即进行养护,并充分保持湿润,养护时间不少于 2 周。拆模时池壁表面温度与周围气温不得超过 15℃。

刚性结构水池防水层做法可根据水池结构形式和现场条件来确定。工程中为确保水池不渗漏,常采用防水混凝土与防水砂浆结合的施工方法。防水混凝土是用 C25 号硅酸盐水泥、中砂、卵石(粒径小于 40cm,吸水率小于 1.5%)、U.E.A 膨胀剂和水经搅拌而成混凝土。防水砂浆则是用 325 号普通硅酸盐水泥、砂(粒径小于 3mm,含泥量小于 3%)、外加剂(如硫酸钙减水剂、有机硅防水剂、水玻璃矾类促凝剂等)按一定比例混合而成。

水池内还必须安装各种管道,这些管道需通过池壁,因此务必采取有效措施防漏。管道的安装要结合池壁施工同时进行。在穿过池壁之处要预埋套管,套管上加焊止水环,止水环应与套管满焊严密。安装时先将管道穿过预埋套管,然后一端用封口钢板套管和管道焊牢,再从另一端将套管与管道之间的缝隙用防水油膏等材料填充后,用封口钢板封堵严密。

对于溢水口、泄水口的处理,其目的是维持一定的水位和进行表面排污,保持水面清洁。水口应设格栅。泄水口应设于水池池底最低处,并使池底有不小于 1% 的坡度。保养 1～2d后,就可根据设计要求进行水池整个管网的安装,可与抹灰工序进行平行作业。

(6)混凝土抹灰。混凝土抹灰在混凝土结构水池施工中是一道十分重要的工序,它能使池面平滑,易于保养。抹灰前应先将池内壁表面凿毛,不平处要铲平,并用水清洗干净。抹灰的灰浆要用 325 号或 425 号普通水泥配置砂浆,配合比为 1:2。灰浆中可加入防水剂或防水粉,也可加些黑色颜料,使水池更趋自然。抹灰一般在混凝土干后 1～2d 内进行。抹灰时,可在混凝土墙面上刷上一层薄水泥纯浆,以增加黏结力。通常先抹一层底层砂浆,厚 5～10mm;再抹第二层找平,厚 5～12mm;最后抹第三层压光,厚 2～3mm。池壁与池底结合处可适当加厚抹灰量,防止渗漏。如用水泥防水砂浆抹灰,可采用刚性多层防水层做法,此法要求在水池迎水面用五层交叉抹面做法(即每次抹灰方向相反),背水面用四层交叉抹面法。

(7)试水。水池施工所用工序全部完成后,可以进行试水。试水的作用的是检验水池结构的安全性及水池的施工质量。试水时应先封闭排水孔。由池顶放水,一般要分几次进水,每次加水深度视具体情况而定。每次进水都应从水池四周观察记录,无特殊情况可继续灌水直至达到设计水位标高。达到设计水位标高后,要连续观察 7d,做好水面升降记录,外表面无渗漏现象及水位无明显降落则说明水池施工合格。

水景现场施工如图 3-30 所示。

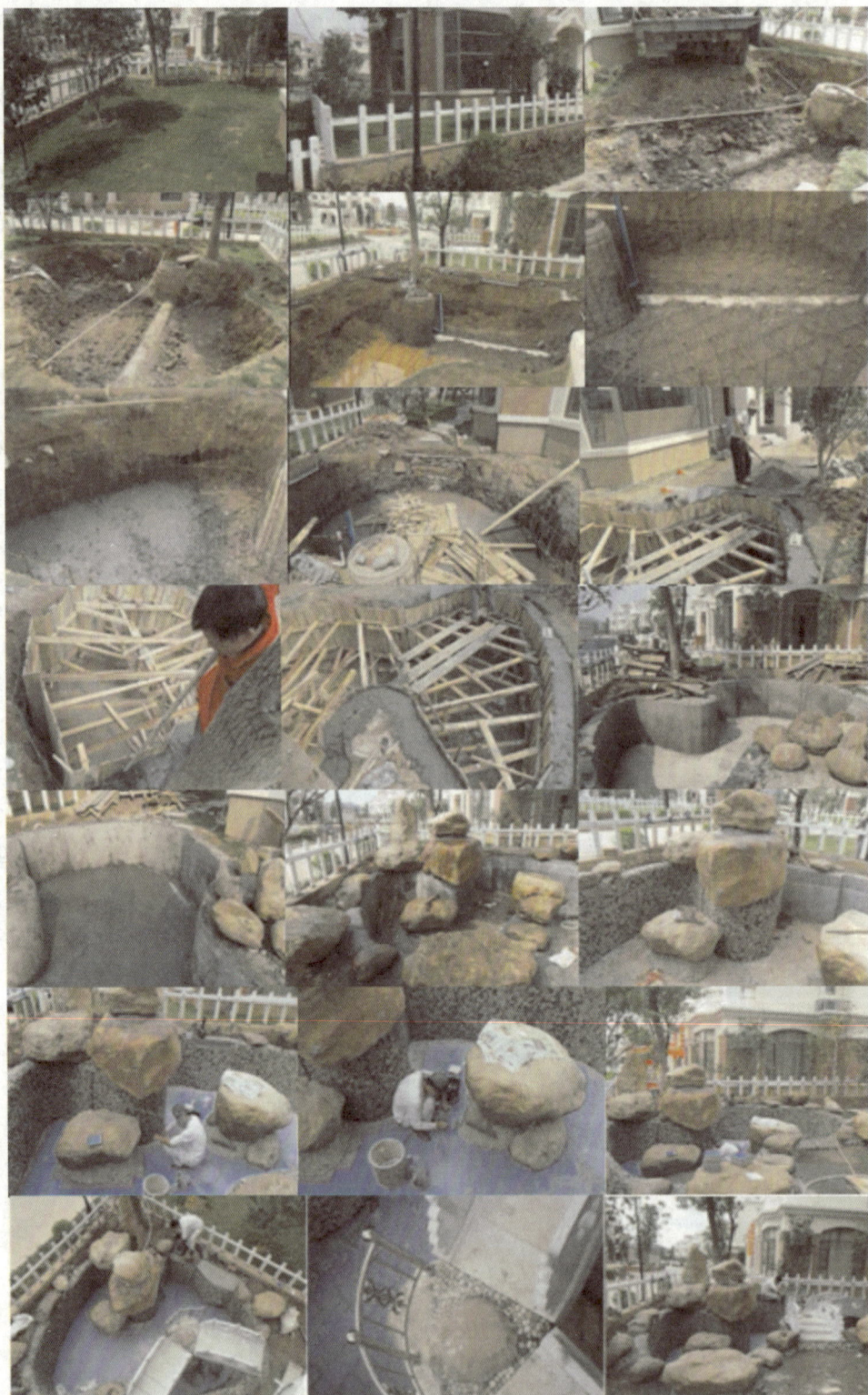

图 3-30　水景现场施工

3.2　溪涧工程

　　流水是受地形高差、坡岸、山石等因素的制约而形成的连续的带状动态水体。流水产生一种动感,在东方园林中是必不可少的组成部分。流水的形式多样,按照其规模和形态可分为河流、溪涧、水渠等,其中溪涧是园林流水中最常见的一种形式,是流水景观的典型代表。限于篇幅,主要以溪涧为例来讨论流水景观工程的设计和施工。

　　在园林中,人们常常对自然的溪涧进行优化改造,对水岸线、河道、景石等要素进行适度整治和建设。当环境中没有自然溪流时,根据设计需求建造溪涧,以满足人们的需求。这种专门处理和建造溪涧的建设工程,称为溪涧工程。

● 3.2.1　溪涧造景

　　溪、涧都是小型的带状水体。山间的流水为涧,夹在两山之间的水为溪,人们已习惯将溪、涧连在一起。溪与涧略有不同的是:溪的水底及两岸主要由泥土筑成,岸边多水草;涧的水底及两岸则主要由砾石和山石构成,岸边有少量水草。溪涧水景设计主要考虑其规模、平面形态、水岸线、缓急及其他景观要素和景观设施。溪流模式如图 3-31 所示。

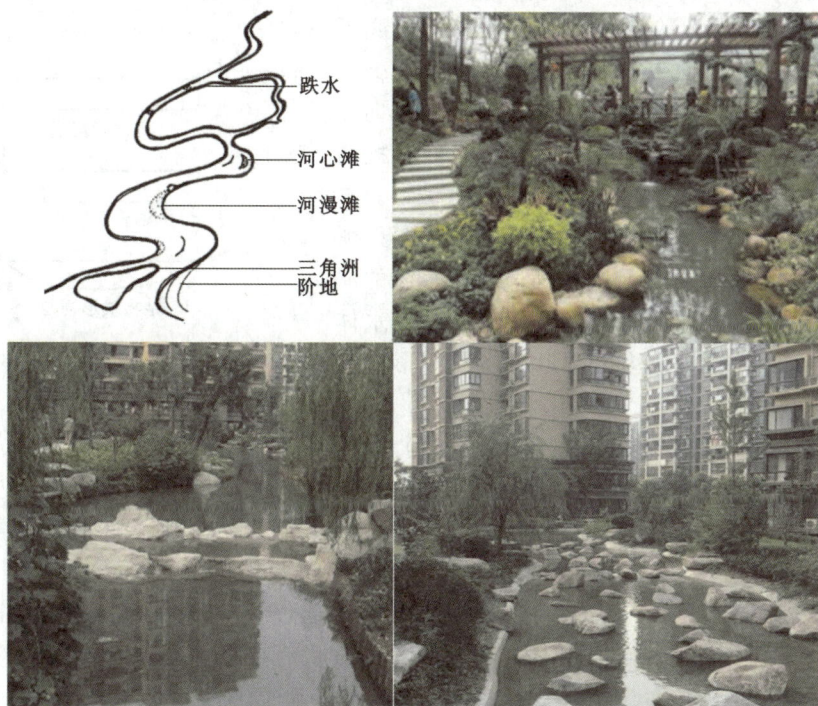

跌水
河心滩
河漫滩
三角洲
阶地

图 3-31　溪流模式图

1. 溪涧的平面形态

（1）溪涧平面线形。在平面线形设计中，溪涧走向宜曲折深远，宽度应开合收放，富于变化。溪涧宜曲不宜直，多弯曲以增长流程，显示源远流长，绵延不尽。溪涧弯曲一般采用"S"形或"2"字形，弯曲处须扩大，引导水体向下缓流。溪涧线形应流畅，回转自如，过曲则显得矫揉造作，过直则平淡无趣。但也有一些溪涧流水强调特殊的设计意图和装饰美感而采取夸张的平面形态，如我国传统造园中出现过的"曲水流觞"非常富有人文气息和古典韵味。

（2）溪涧宽度。溪流宽度从几十厘米到几米，变化幅度较大，应根据场地大小以及景观设计主题来确定。溪涧两条岸线的组合既要相互协调，又要有许多变化，要有开有合，有收有放，使水面富于宽窄变化。溪涧河道宽窄变化决定流速和流水的形态，如图 3-32 所示。

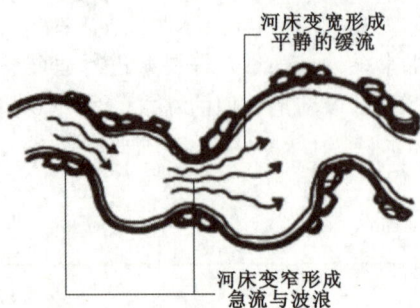

图 3-32　河道宽度对水流的影响

以溪涧水景闻名的无锡寄畅园八音涧，就是由带状水体曲折、宽窄变化而获得很好景观效果的范例。在涧的前端，有引水入涧和调节水量的水池，自水池而出的溪涧与相伴而行的曲径相互结合，流水忽而在小径之左，忽而又穿行到小径之右，宽窄弯曲，变幻无穷。

2. 溪涧的立面设计

溪涧在立面上要有高低变化，水流有急有缓，平缓的流水段具有宁静、平和、轻柔的视觉效果，湍急的流水段则容易泛起浪花和产生水声，更能引起游人的注意。溪涧的立面变化主要包括溪底形式、坡度和水深三个方面。

（1）溪底的形式。溪涧的形式即溪涧溪底纵向和横向的变化形式和坡度。常见的溪涧枯断面有抛物线形、方槽形、梯形、退台形等四种形式（图 3-33）。一般情况下，小型溪涧水面较窄且浅，常采用方槽形、弧线形的横断面形式，方便施工；如水面较宽、水深的溪涧可采用梯形、退台形的横断面形式；若溪涧的水体较深，在其亲水区域，应采用退台形的横断面形式或设置安全护栏。

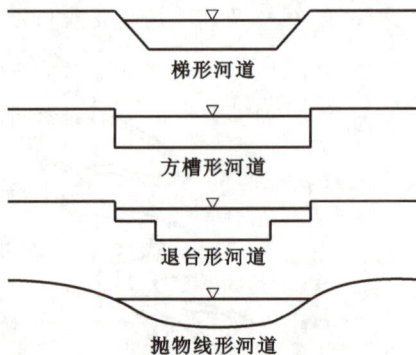

图 3-33　溪涧断面形式

溪底纵向变化有坡式和梯式两种（图 3-34）。坡式溪底多用于天然溪涧改造或坡度较小的溪涧，通过调节其坡度陡缓的变化来改变流水形态，但当没有补充水源时，则溪底肌理暴露。梯式溪底竖向呈阶梯状变化，每一梯级内坡度较小（必要的排水坡度），可通过滚水坝、跌水等来解决高差。梯式溪底的溪涧在没有补充水源时仍具有梯级的水面，可静态观赏，常用于居住区环境中。溪底的平坦和凹凸不平能产生不同的景观效果，如图 3-35 所示。

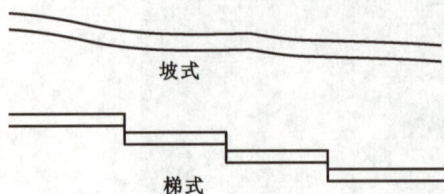

图 3-34　溪涧纵断面形式

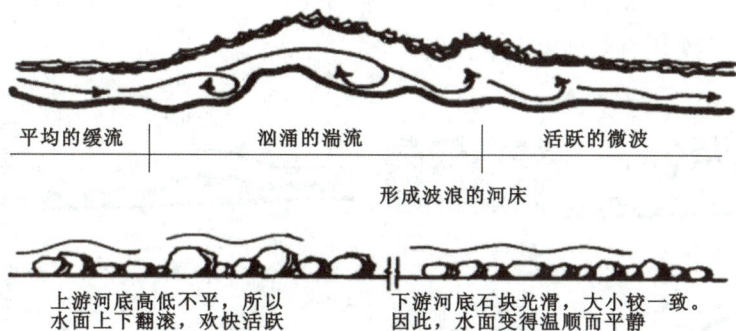

平均的缓流 | 汹涌的湍流 | 活跃的微波

形成波浪的河床

上游河底高低不平,所以 水面上下翻滚,欢快活跃 | 下游河底石块光滑,大小较一致。 因此,水面变得温顺而平静

图 3-35 河底对水流形态的影响

(2)坡度与水深。溪涧的坡度就是溪底的坡度。一般情况下,溪涧上游坡度宜大,下游坡度宜小。坡度大的地方摆放大块景石或圆石块,坡度小的地方摆放砾石或卵石。坡度的大小没有限制,可大至垂直 90°,小至 0.5%。在平地上其坡度宜小,在坡地上其坡度宜大,小型溪涧的坡度一般为 1%~2%,能让人感到流水趣味坡度是在 3% 内的变化。最大的坡度一般不超过 3%,因为超过 3% 河床会受到影响,所以当坡度超过 3% 时应采取工程措施。

通常情况下,溪涧的水深为 20~50cm,可涉入的溪流不深于 30cm,溪底底板应做防滑处理。

总之,溪涧的平面、立面变化将会使水景效果更加生动自然、更加流畅优美。

3. 附属要素

溪涧中有河心滩、三角洲、河漫滩,岸边和水中有岩石、矶石、滚水坝(滚槛)、汀步、小桥等;岸边有蜿蜒交错的小路。这些都属于溪涧的附属要素。

(1)滚水坝与汀步(图 3-36)。当采用水流速度较大的小溪时,采用滚水坝(滚槛)可以形成翻滚而下的一种急流状态,并产生音响效果,从而形成美丽的景观。汀步常出现在溪涧较窄处,联系两岸交通,有时也和滚水坝相结合出现。

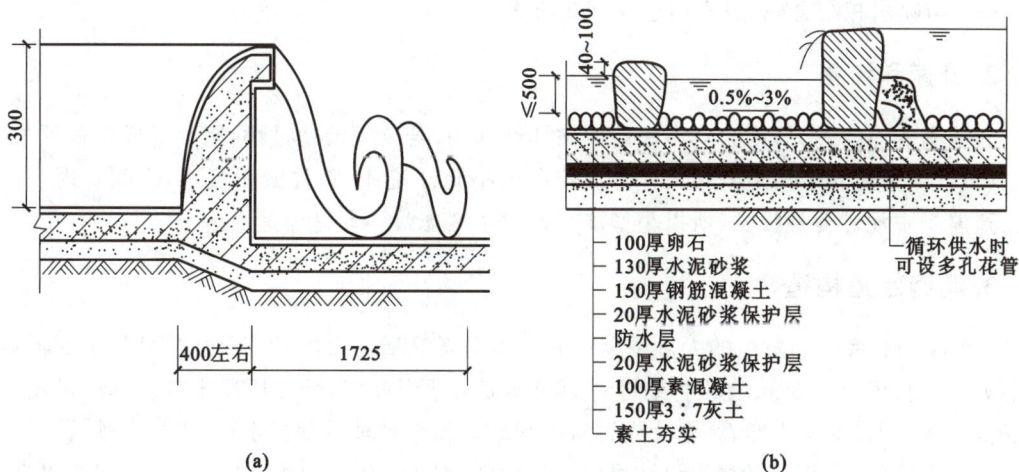

100厚卵石
130厚水泥砂浆
150厚钢筋混凝土
20厚水泥砂浆保护层
防水层
20厚水泥砂浆保护层
100厚素混凝土
150厚3:7灰土
素土夯实

循环供水时
可设多孔花管

(a) | (b)

图 3-36 滚水坝与汀步示意图

(a)滚水坝;(b)汀步

(2)溪涧景石。流水中置石的方式不同,水流也会产生不同的效果,如图 3-37 所示。在溪涧造景中常利用水中置石创造不同的水流形态。

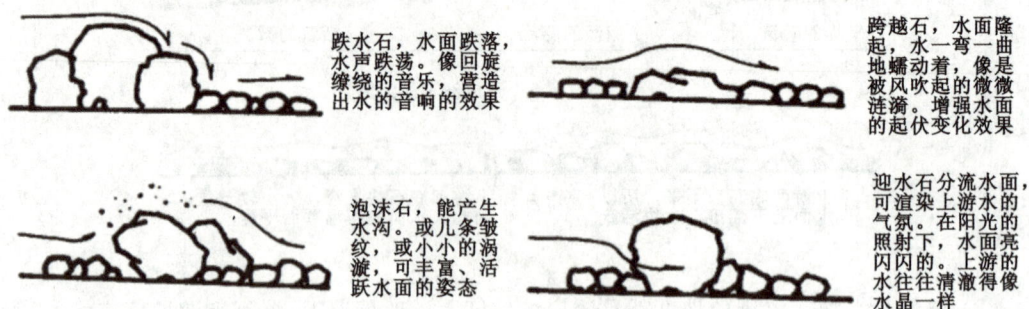

跌水石,水面跌落,水声跌荡。像回旋缭绕的音乐,营造出水的音响的效果

跨越石,水面隆起,水一弯一曲地蠕动着,像是被风吹起的微微涟漪,增强水面的起伏变化效果

泡沫石,能产生水沟。或几条皱纹,或小小的涡漩,可丰富、活跃水面的姿态

迎水石分流水面,可渲染上游水的气氛。在阳光的照射下,水面亮闪闪的。上游的水往往清澈得像水晶一样

图 3-37　不同景石的水流效果

● 3.2.2　溪涧的工程设计

溪涧的工程设计包括溪涧的流速和流量的确定,溪涧构造设计、溪涧的护岸设计几个方面。

1. 水源及其设置

园林中的溪涧流水多为循环用水,其水源可与瀑布、喷水或假山石隙中的泉水相连,只是出水口须隐蔽,方显自然。可采取以下几种方式来解决:

(1)将水引至山上,使其聚集一处成瀑布流下;或以岩石假山伪装,使水从石洞流出;或使水从石缝隙中流出。

(2)与喷水相结合,一般多用于规则式流水。

2. 流速和流量

若溪涧的流速过大,则会对溪底造成破坏性冲刷;若溪涧流速过小,则会形成淤积现象,因此,其设计流速应介于河道的最大允许流速和最小允许流速(临界淤积流速)之间。因为园林的人造溪涧中泥砂含量极少,所以小型溪涧通常不考虑最小允许流速。

3. 溪涧水道构造

(1)溪(涧)底。园林中的人造溪涧一般采用钢筋混凝土底板,板上加防水层,上面再做保护层处理。长度超过 30m 宜设伸缩缝。曲线溪流可适当放宽,缝多用避水带。溪底可用大卵石、砾石、水洗石、水洗小卵石、瓷片或石料等铺砌。如需种植苔藻或水草,需加入砂石。

(2)溪涧岸坡。溪涧的堤岸设计可参照湖池的驳岸处理。溪涧两边的堤岸一般都以 35°~45°为宜,因土质及堤岸的坚固程度而异。涧的山石堤岸为体现山间流水的效果可加大坡度,形成陡峭崖体。溪涧堤岸一般有土岸、石岸、水泥岸三种。溪底和溪流岸坡构造如图 3-38 所示。

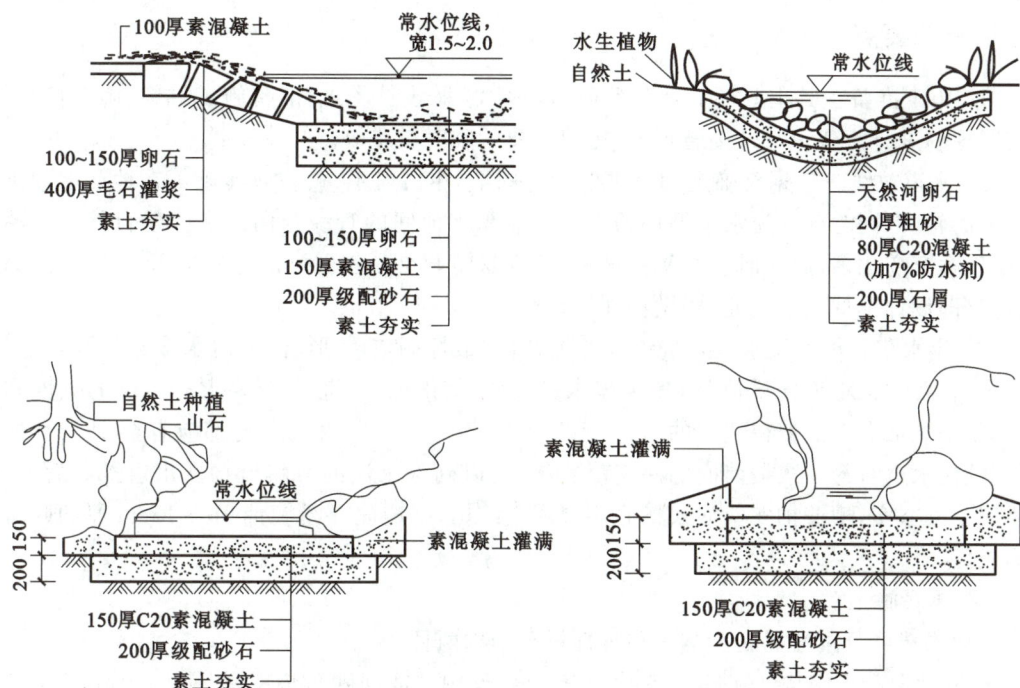

图 3-38　溪底和溪流岸坡构造

① 土岸。溪涧两岸坡度较小,在土壤的安息角范围内,为较黏重不会崩塌的土质,在岸边宜栽培草类或湿生植物,也可搭配矮灌木。

② 石岸。在土质松软或堤岸要求坚固的地方,岸坡可用河石堆砌,讲究自然情趣,切忌死板。

③ 水泥岸。为求堤岸的安全及永久牢固,可用水泥岸。规则式水泥岸,可磨平,用假斩石或用表层材料,如石材、马赛克、砖料等进行装饰;自然式水泥岸,宜在其表面做浆砌石砾或铺以置石,以增加美观和自然感。

4. 护岸处理

为了创造溪涧中湍流、急流、跌水、水纹等景观效果,或减少水流对岸堤的冲蚀破坏作用,溪涧的堤岸必须做工程处理。溪涧弯道处中心线弯曲半径一般不小于设计水面宽度的 5 倍。有铺砌的河道,其弯曲半径不小于水面宽度的 2.5 倍。在弯道迎水面,一般应做堤岸加固处理,如弯道超高、砌筑加固、护岸石等处理。弯道超高一般不小于 0.3m,最小不得小于 0.2m。

3.2.3　溪涧施工

1. 施工工艺流程

溪涧施工工艺流程为:施工准备—水道放线—流水槽开挖—溪底施工—槽壁施工—水道装饰—试水。

2. 施工要点

（1）施工准备。其主要环节是进行现场勘察，熟悉设计图纸，准备施工材料、施工机具等。对施工现场进行清理、平整，接通水电，搭建必要的临时设施等。

（2）水道放线。依据已确定的流水道设计图纸，用白粉笔、黄砂或绳子等在地面上勾画出流水道的轮廓，同时确定流水水循环的出水口和承水池间的管线走向。在营建自然式的溪道时，由于宽窄变化多，放线时应加密打桩量，特别是转弯点。各桩要标注清楚相应的设计高程，边坡点（即设计小型跌水之处）要做特殊标记。

（3）流水槽开挖。流水道要按设计要求开挖，最好掘成 U 形坑，因流水多数较浅，表层土壤较肥活，要注意将表土堆放好，作为流水植物种植用土。水道开挖要求有足够的宽度和深度，以便安装散点石。值得注意的是，一般流水在落入下一段水道之前都应有至少 7cm 的水深，故挖流水道时每一段最前面的深度都要深些，以确保水流的自然流畅。水道挖好后，必须将溪底基土夯实，槽壁拍实。如果槽底用混凝土结构，则应先在溪底铺 10～15cm 厚的碎石层作为垫层。

（4）溪底施工。

溪底构造可分刚性混凝土结构和柔性衬砌结构两种。

① 刚性混凝土结构。在碎石垫层上铺上砂子（中砂或细砂），垫层厚 2.5～5cm，盖上防水材料（EPDM、油毡卷材等），然后现浇混凝土（水泥标号、配比参阅水池施工），厚 10～15cm（北方地区可适当加厚），其上铺 M7.5 水泥砂浆约 3cm 厚，再铺素水泥浆 2cm 厚，按设计装饰上卵石或其他面材即可，如图 3-39 所示。

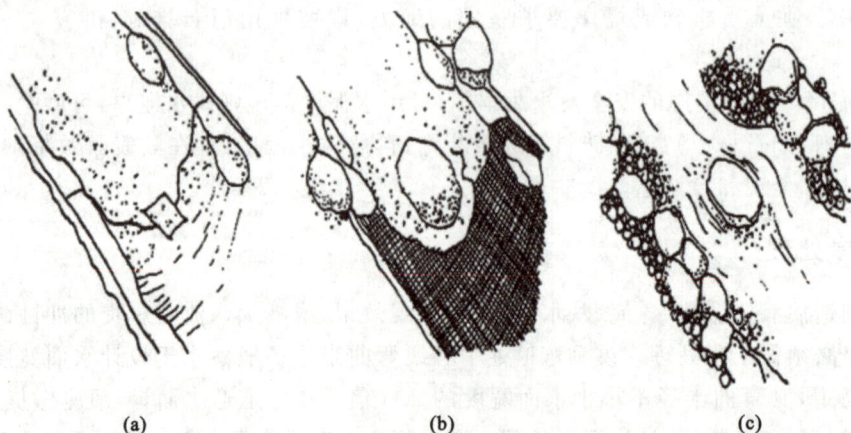

图 3-39　刚性水道施工示意图
(a) 挖好流水槽，铺设防水衬垫，然后铺设一层混凝土，并预留出植栽孔；
(b) 铺筑钢筋，然后铺设一层混凝土，并以相同材质的石块进行河道装饰；
(c) 进行植物栽植以及河岸的进一步装饰，然后放水

② 柔性衬砌结构。如果流水较小，水又浅，水道的基础土质良好，可直接在夯实的溪道上铺一层 2.5～5cm 厚的砂子，再将衬垫薄膜盖上。衬垫薄膜纵向的搭接长度不得小于 30cm，留于水道岸缘的宽度不得小于 20cm，并用砖、石等重物压紧。最后用水泥砂浆把石块直接粘在衬垫薄膜上，如图 3-40 所示。

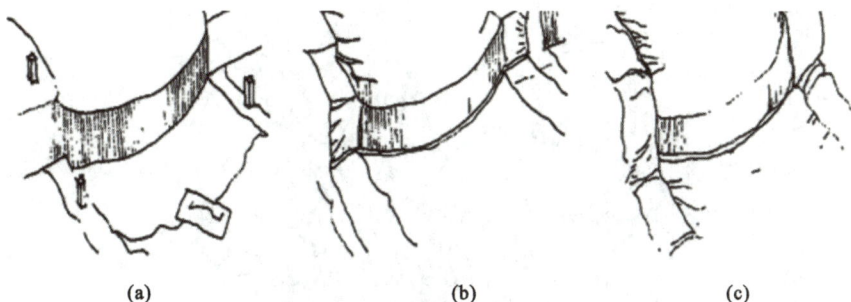

图 3-40　柔性溪流水道施工示意图
(a) 按设计挖好流水槽，并以阶梯形成一定的落差，以细砂铺底；
(b) 将柔性衬垫铺于墙内，确保接头处的叠接，不会产生漏水；
(c) 柔性衬垫以砂袋或者石块进行固定，再进行必要的装饰或植物栽植，然后放水

(5) 槽壁施工。流水槽壁可用大卵石、砾石、瓷砖、石料等铺砌处理，或仿自然，或体现人工装饰美感。和槽底一样，水道岸也必须设置防水层，防止流水渗漏。如果自然式溪流环境开阔、溪面宽、水浅，可将溪岸做成草坪护坡，坡度尽量平缓，临水处用卵石封边即可。

(6) 水道装饰。为使流水更富自然情趣或变化效果，可通过对溪床进行处理，如放置河石、进行规律性的突起等，使水面产生轻柔的涟漪或有规则的图案效果。另外，可按设计要求进行照明装饰、管网的安装，也可在岸边点缀少量景石，水滨配以水生植物，饰以小桥、汀步等小品。

(7) 试水。试水前应将水道全面清洁并检查管路的安装情况。而后打开水源，注意观察水流及岸壁，如达到设计要求，说明溪道施工合格。

3.3　瀑布工程

瀑布是流水景观的演变，是从河床横断面陡坡或悬崖倾泻而下的水，望之似垂布，故而得名。瀑布的落差越大，水量越大，气势也越大。园林瀑布的落水口位置较高，一般都在 2m 以上。若落水口太低，就没有瀑布的气势和景观特点，就不叫瀑布，而常被称为"跌水"。

● 3.3.1　瀑布造景设计

1. 瀑布的组成

天然瀑布形态虽然千变万化，但其基本组成却都一样，一般由上游水源、瀑布口、瀑身、瀑潭四个部分组成，见图 3-41。

(1) 上游水源。天然瀑布的水源来自江、河、溪、涧等自然水，经落水口跌入瀑潭，然后流走形成河流、溪流。

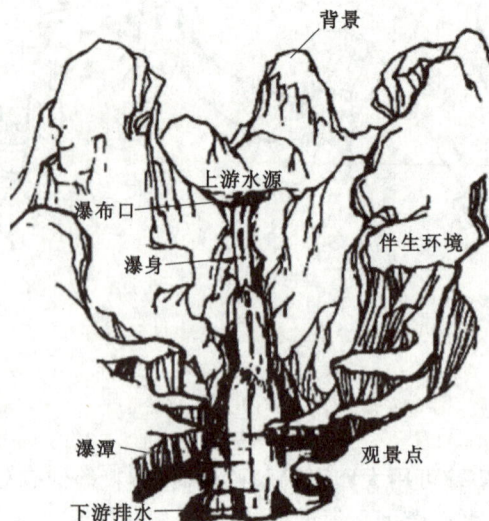

图 3-41 瀑布组成示意图

（2）瀑布口。其是指瀑布的出水口,就是河床断裂的崖顶或坡顶,通常由山石形成,它的形状直接影响瀑身的形态和景观的效果。

（3）瀑身。从出水口开始到坠入潭中止的这一段的水是瀑身,其是瀑布观赏的主体部分。水是没有形状的,瀑布的水造型除受出水口形状的影响外,更重要的是受瀑身所依附山体的造型的影响。所以瀑布的造型设计,实际上是根据瀑布水造型的设计要求进行山体造型设计和瀑布口设计。由水体和背后山石组成,集中体现瀑布水流的动态和音响效果。

（4）瀑潭。瀑布上跌落下来的水,在地面上形成一个深深的水坑,这就是瀑潭,又称盛水池。

2. 瀑布的形式

瀑布的形式多样,有布瀑、迭瀑、线瀑、直瀑、射瀑、泻瀑、分瀑、双瀑、偏瀑、侧瀑等十几种之多。瀑布落水的基本形态是由瀑布所依附的山体和瀑布口来确定的。瀑布种类的划分依据,一是可从流水的跌落方式来划分,二是可从瀑布口的设计形式来划分。

（1）按瀑布跌落方式分为直瀑、分瀑、迭瀑和滑瀑四种,如图 3-42 所示。

① 直瀑:直落瀑布。这种瀑布的水流是不间断地从高处直落下,直接落入其下的池、潭水面或石面;直瀑的落水能够造成声响喧哗,可为园林增添动态水声。

② 分瀑。由一道瀑布在跌落过程中受到中间物的阻挡,一分为二,再分成两道水流继续跌落而形成的瀑布,又称分流瀑布。这种瀑布的水声效果也比较好。

③ 迭瀑。也称迭落瀑布,是由很高的瀑布分为几迭,一迭一迭地向下落。迭瀑适宜布置在比较高的陡坡处,其水形变化较直瀑、分瀑都大一些,水景效果的变化也多一些,但水声要稍弱一点。

④ 滑瀑:滑落瀑布。其水流不是从瀑布口直落而下,而是顺着一个很陡的倾斜坡面向下滑落。斜坡表面所使用的材料质地情况决定着滑瀑的水景形象。斜坡若是光滑表面,则滑瀑如一层薄薄的透明纸,在阳光照射下显示出湿润感和水光的闪耀。坡面若是凸起点(或凹陷

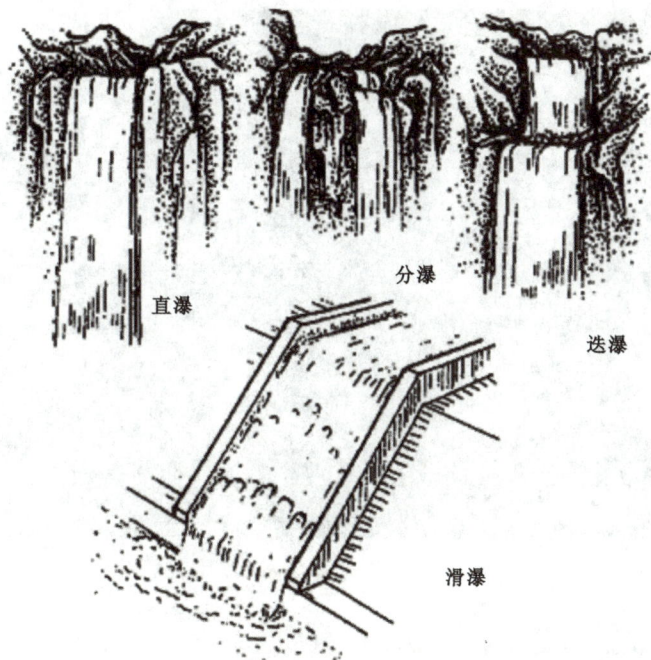

图 3-42　瀑布的表现形式(一)

点)密布的表面,水层在滑落过程中就会激起许多水花。斜坡面上的凸起点(或凹陷点)若做成规则排列的图形纹样,则所激起的水花也可以形成相应的图形纹样。

（2）按瀑布口的形式分为布瀑、带瀑和线瀑三种,如图 3-43 所示。

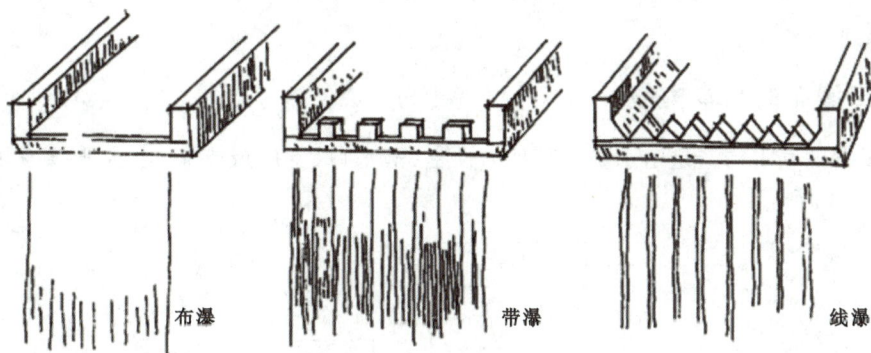

图 3-43　瀑布的表现形式(二)

①　布瀑:瀑布的水像一片又宽又平的布一样飞落而下。瀑布口的形状设计为一条水平直线。

②　带瀑:从瀑布口落下的水流,组成一排水带整齐地落下。瀑布口设计为宽齿状,齿排列为直线,齿间的间距全相等。齿间的小水口宽窄一致,相互都在一条水平线上。

③　线瀑:排线状的瀑布水流如同垂落的丝帘,这是线瀑的水景特色。线瀑的瀑布口设计为尖齿状。尖齿排列成一条直线,齿间的小水口也呈尖底状。

各种形式的瀑布景观如图 3-44 所示。

图 3-44 瀑布景观

3.3.2 瀑布的工程设计

园林中人工瀑布是对天然瀑布的模仿再现,利用动力将清水提升到一定高度,然后依靠水自身的重力向下跌落,形成瀑布水面。因此,瀑布的工程设计就是解决如何利用人造的工程措施来实现瀑布落水。

1. 人工瀑布的基本构造

人工瀑布的基本构造是由水源及其动力设备、落水口、支座或支架、承水池潭等几部分组成的,如图 3-45 所示。

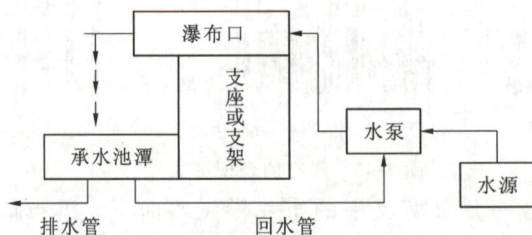

图 3-45 人工瀑布的基本模式与循环水流系统

（1）补充水源和动力设备。人工瀑布常采用循环水方式。补充水源和动力设备（水泵）相当于天然瀑布的上游水源。补充水源是瀑布水损耗的补充,动力设备（水泵）则将水抬升至一定的高度,以便跌落。补充水源是瀑布设计中首先要解决的问题,可以用城市给水系统的自来水,也可以用地下水。水质要求虽不太高,但一定要清澈、洁净、无色、无味。水量一定要充足,且必须设储水库,储水库应隐蔽不露。

水泵是提升水流到瀑布口的基本设备。大型瀑布的用水量大,应选用大流量的水泵,并且在瀑布后面或地下修建泵房构筑物。小型瀑布的水量较小,可以直接用潜水泵放进瀑布承水池潭内隐蔽处,取池水供给瀑布使用。

（2）瀑布支座。瀑布支座相当于天然瀑布所依附的山体,是人工瀑布的主体构筑物。瀑布支座形式最常见的有假山（石山）、承重墙体、金属杆体支架等几种,如图 3-46 所示。

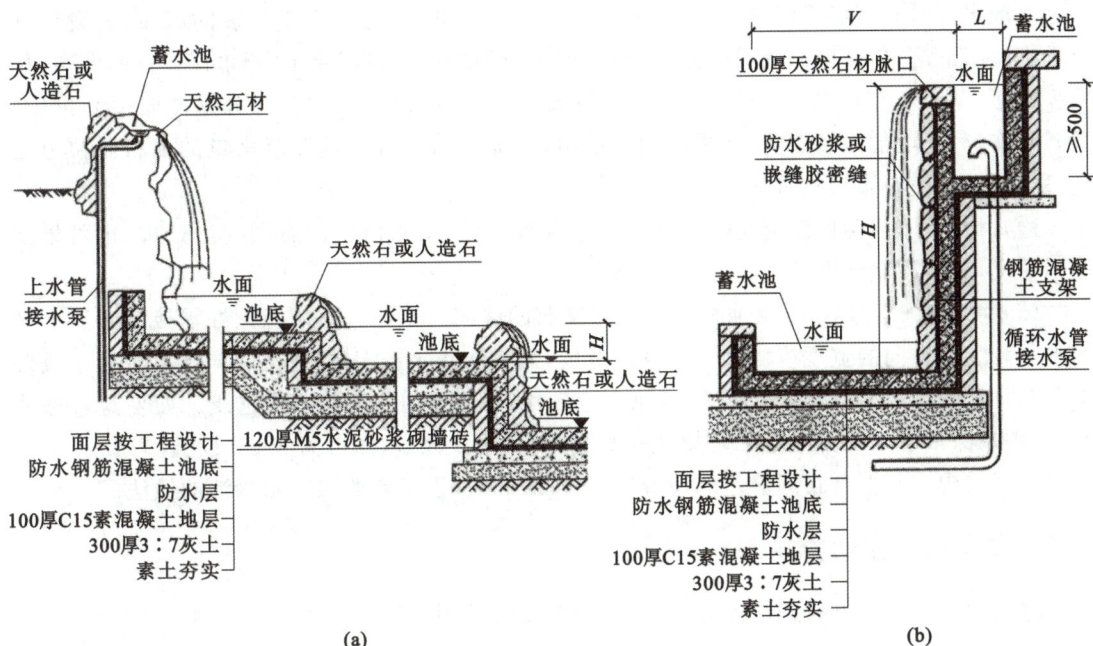

图 3-46　常见瀑布的构造
(a) 假山支架瀑布；(b) 钢筋混凝土支架瀑布

假山支座一般是以园林假山的悬崖部分来代替,给水管道可直接从石山内部上引到瀑布口。石山的崖壁不要太平整,壁面有一些沟槽皱褶最好。以砖石墙体为支座时,给水管也从墙内引上到瀑布口。墙顶应做成水槽状、瀑布水由水槽中溢出到瀑布口,可使水口水面平稳,有利于瀑布水形的完整。墙面的形状造型、材料质感等都按设计进行建造。瀑布衬墙宜用天然石料装饰,宜用灰色、黄褐色、黑色系列,不宜采用白色。在园景广场、公共建筑庭园和大厅等地,为了减小占地面积,也可用金属管材做成瀑布支架。尤其是随着 FRP 技术（玻璃纤维强化塑胶）的普及应用,金属管材作为支架的应用也越来越多。

（3）瀑布口。它直接决定瀑布的水形。上述布瀑、带瀑和线瀑的瀑布口形状,就是一般瀑布口可以采用的形状。

① 要求瀑布平滑时,堰口一定要平滑,不管是天然石料还是人工石料,皆应用水磨平、打光。当水膜要求很薄时,宜采用金属片、玻璃片等制作堰唇。如果水口边沿粗糙,水流就不能呈片状平滑地落下,而是散乱一团撒落下去。

② 堰顶要保证水流均匀,保证一定深度的水是稳定的必要手段,通常设置一个缓冲水池,从水管管口涌出的压力水,先在这个小池中消除水压,再以平稳的水态流到出水口去。设缓冲池的作用就是要保证瀑布水形的整齐和完整,一般宽度不小于 500mm 时,深度控制在 350～600mm 为宜。

（4）瀑身。瀑身设计是表现瀑布的各种水态和性格。瀑布水面高与宽的比例以 6∶1 为佳。落下的角度应由落下的形式及水量而定，最大为 90°。瀑布面应全部以岩石装饰其表面，内壁面可用 1∶3∶5 的混凝土，当高度及宽度较大时，应加钢筋。瀑布面内可装饰若干植物，在瀑布面外的上端及左右两侧宜多栽树木，使瀑布水势更为壮观。在现代都市环境中，瀑布的运用手法多姿多彩，不完全遵循这种比例。

一般水流沿垂直墙面滑落时，会做抛物线运动。因此对高差大、水量多的瀑布，若设计其沿垂直墙面滑落，应考虑抛物线因素，适当加大瀑潭的进深。对高差小、落水口较宽的瀑布，如减少水量，瀑流常呈幕帘状滑落，并在瀑身与墙体间形成低压区，致使部分瀑流向中心集中，"哗哗"作响，还可能割裂瀑身，需采取预防措施，如加大水量或对设置落水口的山石做拉道处理，凿出细沟，使瀑布呈丝带状滑落。

通常情况下，为确保瀑流能够沿墙体平稳滑落，常对落水口处山石做卷边处理，也可根据实际情况，对墙面做坡度处理。

（5）承水池（瀑潭）。承水池相当于天然瀑布的瀑潭。水池大小应能正好承接瀑布流下来的水，因此，它横向的宽度应略大于瀑身的宽度，而为防止水花四溅，它的纵向宽度应大于或等于瀑布宽度的 2/3。瀑布的落差越大，池水应越深；落差越小，池水则可越浅。如果是自然式石潭，则水深不小于 1.2m；如果是规则式水池，则可用浅池，水深可为 60cm 以上。

池底结构应根据瀑布的落差即瀑身的高 H 来确定，也可参照人工水景池的做法。

2. 瀑布用水量估算

瀑布用水量可按下式进行计算（堰口每米宽度估计用水量见表 3-3）。

$$Q = K \cdot B \cdot h^{2/3}$$

式中　Q——流量；

　　　B——堰宽；

　　　h——水膜厚；

　　　K——流量系数，$K = 107.1 + (0.177/h + 14.22h/D)$。

计算后再加 3% 的富余量。

表 3-3　　　　　　　　　　　　　　　　　堰口每米宽度估计用水量

瀑布落差/m	堰口水深/mm	用水量/(L/s)
0.30	6	3
0.90	9	4
1.50	13	5
2.10	16	6
3.00	19	7
4.50	22	8
7.50	25	10
＞7.50	32	12

3.4 喷泉工程

喷泉是水在受外力作用时形成的喷射现象,喷泉是城市环境中常见的水景形式,常应用于城市广场、公共建筑庭园、园林广场,或作为园林小品,广泛应用于室内外空间中。由于其造型多变、水声悦耳,深受人们青睐。喷泉工程就是设计、建造喷泉水景的一项专门工程。

● 3.4.1 喷泉类别与喷泉布置

1.喷泉的种类

喷泉有很多种类和形式,大体可以分为如下三类。

(1)水盘。水盘是西方园林中常用的水景,属于构筑物,有单层与多层之分。可用仿石材(钢筋混凝土)、石材、铸铁与铜制作。小到几十厘米高,大到数米高。水盘景观见图 3-47。

图 3-47 水盘景观

(2)池喷。池喷以水池为依托,喷水可采用单喷或群喷,并可与灯光、音乐结合起来,形成光控、音控喷泉。池喷景观见图 3-48。

图 3-48 池喷景观

（3）旱喷。旱喷俗称地埋式喷泉，又称隐形喷泉，其管线、水池或水渠隐藏于广场铺地之下，采用直流式喷头或可升降造型喷头，通过铺地预留孔喷水，不喷水时，还可作为集会、锻炼身体的场所，因而在城市广场、步行街等处得到广泛应用，但其造价高，维护和管理困难。旱喷景观见图 3-49。

图 3-49　旱喷景观

2. 喷泉的布置要点

在选择喷泉位置、布置喷水池周围的环境时，首先要考虑喷泉的主题与形式。所确定的主题与形式要与环境相协调，把喷泉和环境统一起来考虑，用环境渲染和烘托喷泉，以达到装饰环境的目的；或者借助特定喷泉的艺术联想来创造意境。

喷水池的位置一般多设于建筑广场的轴线焦点、端点和花坛群中，也可在庭院中、门口两侧位置、空间转折处、公共建筑的大厅内等室内外空间中布置一些喷泉小景。但应注意把喷泉安置在避风的环境中，以避免大风吹袭使喷泉水形被破坏和落水被吹出水池外。

喷水池的形式有自然式和规则式两类。喷水的位置可居于水池中心，组成图案；也可以偏于一侧或自由地布置。此外，要根据喷泉所在地的空间尺度来确定喷水的形式、规模及水池的大小和比例。

开阔的场地如车站前、公园入口、街道中心岛、水池等多选用规则式喷泉池。水池喷水要高，照明不要太华丽。狭长的场地如街道转角、建筑物前等处，水池多选用长方形或其变形。现代建筑如旅馆、饭店、展览会会场等，水池多为圆形、长方形等。喷泉的水量要大，水感要强烈，照明可以比较华丽。中国传统式园林的水池形状多为自然式，其喷泉形式比较简单，可做成跌水、涌泉、瀑布，以表现天然水态为主。热闹的场所如旅游宾馆、游乐中心，喷水水态要富于变化，色彩艳丽，如使用各种音乐喷泉等。寂静的场所如公园内的一些小局部，喷泉的形式自由，可与雕塑等各种装饰性小品结合，一般变化不宜过多，色彩也较朴素。

● 3.4.2　喷泉造型设计

1. 常用的喷头种类

喷头是喷泉的一个主要组成部分，它决定喷水的姿态。它的作用是把具有一定压力的水，经过喷嘴的造型，形成各种预想的、绚丽的水形。因此，喷头的形式、结构、制造的质量和外观等都对整个喷泉的艺术效果产生重要的影响。目前，国内外经常使用的喷头式样可以归结为以下几种类型。

（1）单射流喷头：喷泉中应用最广的一种喷头，是压力水喷出的最基本形式。它不仅可以单独使用，还可以组合、分布为各种阵列，形成各式各样的喷水水形图案。如图3-50所示。

（2）喷雾喷头：这种喷头内部装有一个螺旋状导流板，使水做圆周运动，水喷出后，形成细腻的弥漫的雾状水滴。每当天空晴朗，阳光灿烂，太阳光线与水珠表面和人眼之间连线的夹角为$36°\sim42°$时，干净清澈的喷水池水面上，就会伴随着朦胧的雾珠，呈现出色彩缤纷的彩虹。如图3-51所示。

图 3-50　单射流喷泉

图 3-51　喷雾喷头

（3）环形喷头：喷头的出水口为环形断面，即外实内空，使水形成集中而不分散的环形水柱。它以雄伟、粗犷的气势跃出水面，给人们带来一种积极向上的感觉。

（4）旋转喷头：它利用压力水由喷嘴喷出时的反作用力或其他动力带动回转器转动，使喷嘴不断地旋转运动，从而丰富了喷水造型，喷出的水花或欢快旋转或飘逸荡漾，形成各种扭曲线形。

（5）扇形喷头：这种喷头的外形很像扁扁的鸭嘴。它能喷出扇形的水膜或像孔雀开屏一样美丽的水花。

（6）多孔喷头：多孔喷头可以由多个单射流喷嘴组成一个大喷头，也可以由平面、曲面域半球形的带有很多细小孔眼的壳体构成喷头，它们能呈现出造型各异的盛开水花的形状。

（7）变形喷头：喷头形状的变化，使水花形成多种样式。变形喷头的种类很多，共同的特点是在出水口的前面有一个可以调节、形状各异的反射器。射流通过反射器，使水花形成不同的造型，从而形成各式各样、均匀的水膜，如牵牛花形、半球形、扶桑花形等。

（8）蒲公英型喷头：这种喷头是在圆球形壳体上，装有很多同心放射状喷管，并在每个管头上装有一个半球形变形喷头。因此，它能喷出像蒲公英一样美丽的球形或半球形水花。它可以单独使用，也可以几个喷头高低错落地布置，显得格外新颖、典雅。

（9）吸力喷头：此种喷头是利用压力水喷出时，在喷嘴的喷口处附近形成负压区。由于压差的作用，它能把空气和水吸入喷嘴外的环套内，与喷嘴内喷出的水混合后一并喷出。这时水柱的体积膨大，同时因为混入大量细小的空气泡，形成白色不透明的水柱。它能充分地反射阳光，因此光彩艳丽。夜晚如有彩色灯光照明，则更为光彩夺目。吸力喷头分为吸水喷头、加气喷头和吸水加气喷头。

（10）组合式喷头：由两种或两种以上形体各异的喷嘴，根据水花造型的需要，组合成一个大喷头，叫组合式喷头，它能够形成较复杂的花形。

各类喷头如图 3-52 所示。

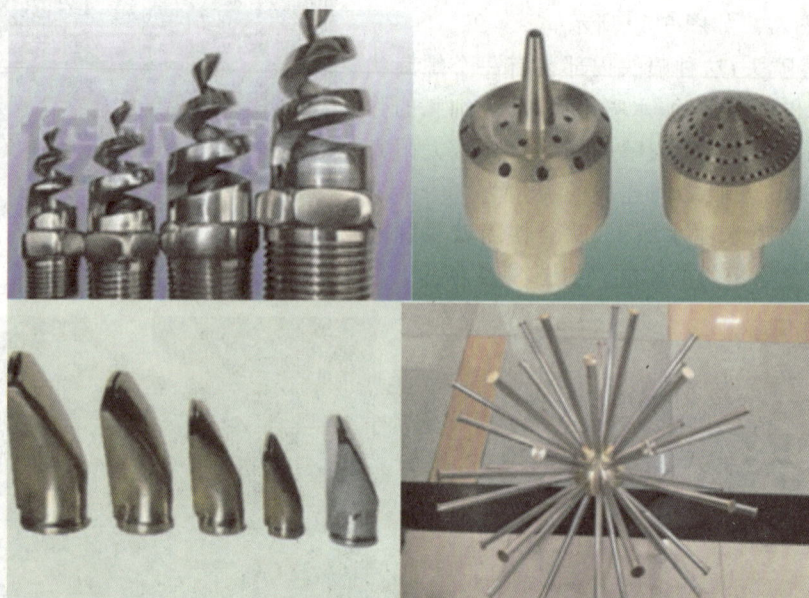

半球喷头   扁嘴喷头   玻光喷头   彩灯组合直流喷头

多分支直流喷头   花柱喷头   花柱喷头1   花柱喷头2

加气水柱喷头   可调直流喷头   牵牛花喷头   中心主喷喷头

图 3-52 喷头种类

2. 喷泉的水型设计

喷泉水型是由不同种类的喷头、喷头的不同组合与喷头的不同俯仰角度几个方面因素共同造成的。从喷泉水型的构成来讲，其基本构成要素，就是由不同形式喷头喷水所产生的不同水型要素,即水柱、水带、水线、水幕、水膜、水雾、水花、水泡等。而由这些水型要素按照设计的图样进行不同的组合,就可以构造出千变万化的水型来。水型的组合造型也有很多方式,既可以采用水柱、水线的平行直射、斜射、仰射、俯射,也可以使水线交叉喷射、相对喷射、辐状喷射、旋转喷射,还可以用水线穿过水幕、水膜,用水雾掩藏喷头,用水花点击水面等。从喷泉水流的基本形象来分,水型的组合形式有单射流、集射流、散射流和组合射流四种。

随着喷头设计的改进、喷泉机械的创新,以及喷泉与电子设备、声光设备等的结合,喷泉的自动化、智能化和声光化都将有更大的发展,将会带来更加美丽、更加奇妙和更加丰富多彩的喷泉水景效果。

目前,常见的喷泉水型样式已经比较多,新的水型也在陆续出现。在实际设计中,各种水型可以单独使用,也可以由几种水型相互结合起来用。在同一个喷泉池中,喷头越多,水型越丰富,就越能构成复杂和美丽的图案。

3. 喷泉的控制方式

喷泉喷射水量、喷射时间的控制和喷水图样变化的控制,主要有以下三种方式。

(1) 手阀控制:这是最常见和最简单的控制方式,在喷泉的供水管上安装手控调节阀,用来调节各管段中水的压力和流量,形成固定的喷水水姿。

(2) 继电器控制:通常用时间继电器按照设计时间程序控制水泵、电磁阀、彩色灯等的启闭,从而实现可以自动变换的喷水水姿。

(3) 音响控制:声控喷泉是利用声音来控制喷泉喷水型变化的一种自控泉。它一般由以下几个部分组成。

① 声电转换、放大装置:通常是由电子线路或数字电路、计算机组成。

② 执行机构:通常是由电磁阀来执行控制指令。

③ 动力设备:用水泵提供动力,并产生压力水。

④ 其他设备:主要有管路、过滤器、喷头等。

声控喷泉的原理是将声音信号转变为电信号,经放大及其他一些处理,推动继电器或其电子式开关,再去控制设在水路上的电磁阀的启闭,从而达到控制喷头水流通断的目的。这样,随着声音的变化,人们可以看到喷水宽窄、高矮和形态的变化。它能把人们的听觉和视觉结合起来,使喷泉喷射的水花随着音乐优美的变化旋律而翩翩起舞。这样的喷泉因此也被誉为“音乐喷泉”或“会跳舞的喷泉”。

3.4.3 喷泉的工程设计

1. 喷泉的给排水系统

喷泉的水源应为无色、无味、无有害杂质的清洁水。因此,喷泉除用城市自来水作为水源外,也可用地下水;其他如冷却设备和空调系统的废水也可作为喷泉的水源。

(1) 喷泉的给水方式。

喷泉的给水方式有下述四种。

① 由自来水直接给水(图 3-53):流量在 2～3L/s 以内的小型喷泉,可直接由城市自来水供水。使用后的水通过园林雨水管网排除掉。

② 泵房加压,水用后排掉(图 3-54):为了确保喷水有稳定的高度和射程,给水需经过特设的水泵房加压,喷出后的水仍排入雨水管网。

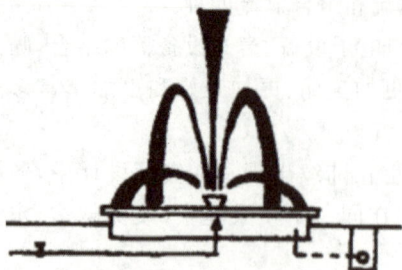

图 3-53　小型喷泉给水方式　　　　　图 3-54　小型加压喷泉供水

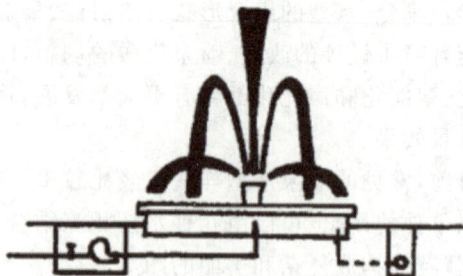

③ 泵房加压,循环供水(图 3-55):为了确保喷水具有必要、稳定的压力和节约用水,对于大型喷泉,一般采用循环供水。循环供水的方式可以设水泵房。

④ 潜水泵循环供水(图 3-56):将潜水泵直接放置于喷水池中较隐蔽处或低处,直接抽取池水向喷水管及喷头循环供水。这种供水方式的水量有一定限度,因此一般适用于小型喷泉。

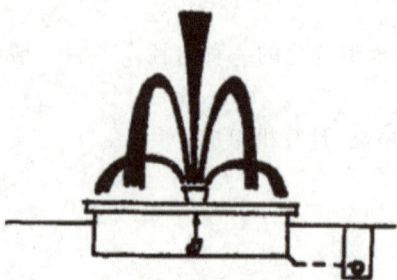

图 3-55　泵循环供水　　　　　　　图 3-56　潜水泵循环供水

(2) 喷泉管道布置。

喷泉池给排水系统的构成如图 3-57 所示,水池管线布置示意图如图 3-58 所示。喷泉管网主要由输水管、配水管、补给水管、溢水管和泄水管等组成。其布置要点如下。

① 在小型喷泉中,管道可直接埋在池底下的土中,在大型喷泉中,当管道多且复杂时,应将主要管道铺设在能通行人的专用管沟或共用沟内,在喷泉底座下设检查井。只有非主要管道才可直接铺设在结构物中或置于水池内。

② 为保持各喷头的水压一致,宜采用环状配管或对称配管,并尽量减小水头损失。环状配水管网多采用十字供水。

③ 由于喷水池中水的蒸发及在喷射过程中有部分水被风吹走等,造成喷水池内水量的损失,因此,在水池中应设补给水管。补给水管和城市给水管连接,并在管上设浮球阀或液位继电器,随时补充池内水量的损失,以保持水位稳定。

④ 为了防止因降雨使水上涨而设的溢水管,应直接接通园林内的雨水井,并应有不小于3%的坡度;在溢水口外应设拦污栅栏。

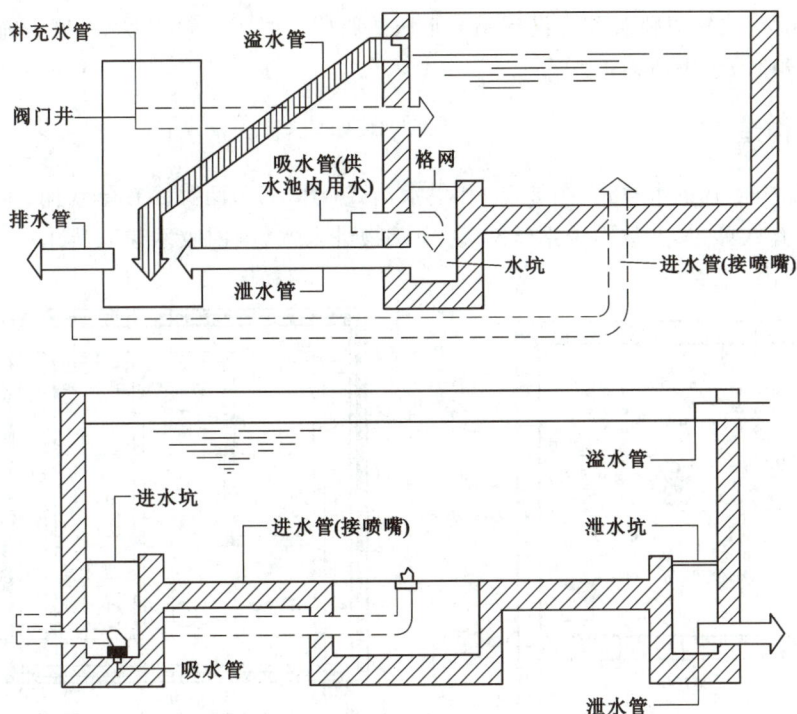

图 3-57　喷泉管道布置图

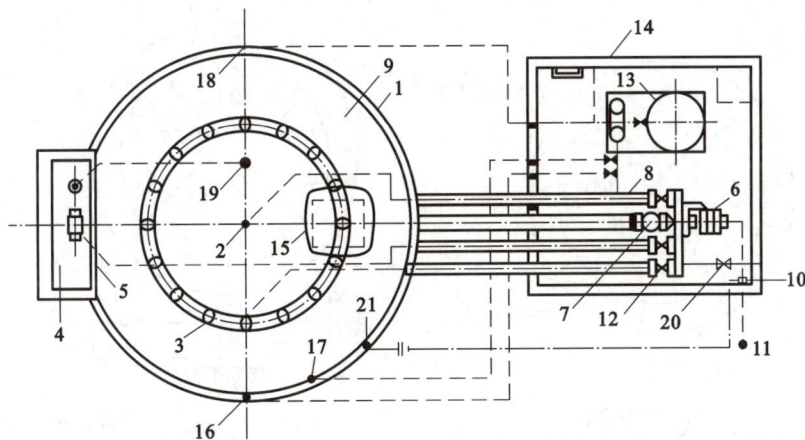

图 3-58　水池管线布置示意图

1—喷水池；2—加气喷头；3—装有直射流喷头的环状管；4—高位水池；5—堰；6—水泵；7—吸水滤网；
8—吸水关闭阀；9—低位水池；10—风控制盘；11—风传感计；12—平衡阀；13—过滤器；14—泵房；15—阻涡流板；
16—除污器；17—真空管线；18—可调眼球状进水装置；19—溢流排水口；20—控制水位的补水阀；21—液位控制器

⑤ 泄水管直通园林雨水管道系统，或与园林湖池、沟渠等连接起来，使喷泉水泄出后，作为园林其他水体的补给水，也可供绿地灌溉或地面洒水用，但需另行设计。

⑥ 在寒冷地区，为防冻害，所有管道均应有一定坡度，一般不小于2％，以便冬季将管道内的水全部排出。

⑦ 连接喷头的水管不能有急剧变化，如有变化，必须使管径由大逐渐变小，并且在喷头前必须有一段适当长度的直管，管长一般不小于喷头直径的 250 倍，以保持射流稳定。

⑧ 每个喷头或每组喷头前宜设有调节水压的阀门。对于高射程喷头,喷头前应尽量保持较长的直线管段或设整流器。

2. 旱喷构造

旱喷下部构造有集水池式(图 3-59)和集水沟式(图 3-60)两种。在集水沟、集水池中设集水坑,坑上应有铁箅,其上敷不锈钢丝网,防止杂物进入水管,回收水进入集水砂滤装置后,方可再由水泵压出。

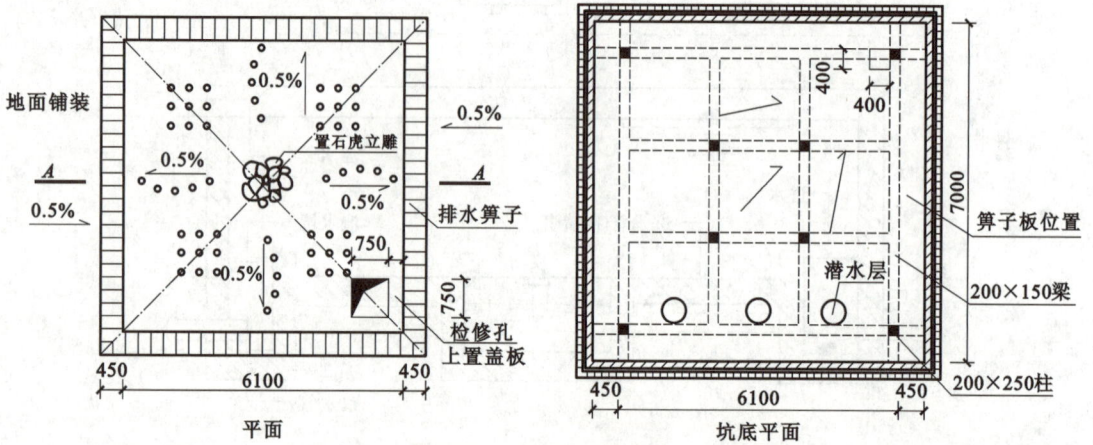

图 3-59　集水池式旱喷

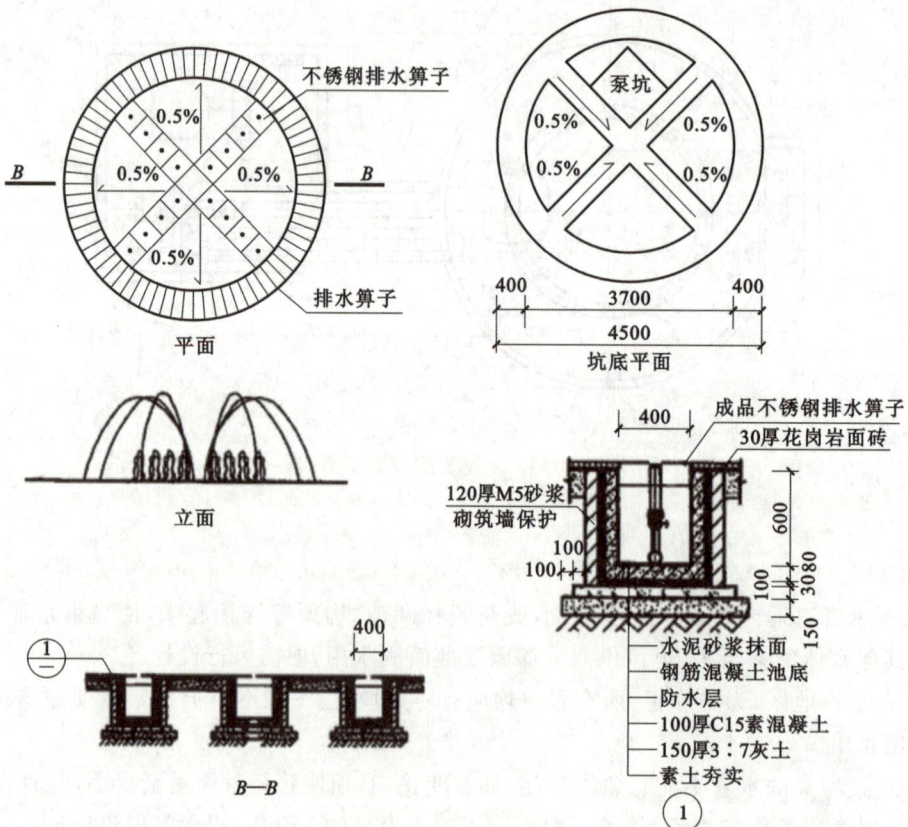

图 3-60　集水沟式旱喷

（1）喷射孔距离与喷出水柱高度有关。一般喷高 2m，间距为 1～2m。如喷出水柱高度为 4m 左右，横向可为 2～4m，纵向为 1～2m。

（2）所有喷水柱散落地上后，经 1% 坡面坡向集水口。水口可采用活动盖板，留 10～20mm 宽缝回流或采用算子。池顶或沟顶应采用预制混凝土板，以备大修、翻新。

（3）算有外露与隐蔽两种。外露算可采用不锈钢、铝合金、高强度塑料或铜质，直径 400～500mm，正中为直径 50～100mm 的喷射孔，周边为算。使用时往往与效果射灯一起安装。隐蔽算采用铸铁算，算上宜放不锈钢丝网，上面再铺卵石层，也可在算上虚放花岗岩板（不上人时）。

喷泉景观如图 3-61 所示。

图 3-61 喷泉景观

3.4.4　喷泉施工注意事项

喷泉工程的施工程序,一般是先按照设计将喷泉池和地下水泵房修建起来,并在修建过程中进行必要的给水排水主管道安装。待水池、泵房建好后,再安装各种喷水支管、喷头、水泵、控制器、阀门等,最后才接通水路,进行喷水试验和喷头及水型调整。除此之外,在整个施工过程中,还要注意以下问题。

（1）喷水池的地基若比较松软,或者水池位于地下构筑物（如水泵地下室）之上,则池底、池壁的做法应视具体情况,进行力学计算之后再做出专门设计。

（2）池底、池壁防水层的材料,宜选用防水效果较好的卷材,如三元乙丙防水布、氯化聚乙烯防水卷材等。

（3）水池的进水口、溢水口、泵坑等要设置在池内较隐蔽的地方。泵坑位置、穿管的位置宜靠近电源、水源。

（4）在冬季冰冻地区,各种池底、池壁的做法都要求考虑冬季排水出池,因此,水池的排水设施一定要便于人工控制。

（5）池体应尽量采用硬性混凝土,严格控制砂石中的含泥量,以保证施工质量,防止漏透。

（6）较大水池的变形缝间距一般不宜大于20m。水池设变形缝应从池底、池壁一直沿整体断开。

（7）变形缝止水带要选用成品,采用埋入式塑料或橡胶止水带。施工中浇筑防水混凝土时,水灰比要控制在3:5以内。每层浇筑均应从止水带开始,并确保止水带位置准确,嵌接严密、牢固。

（8）施工中必须加强对变形缝、施工缝、预埋件、坑槽等薄弱部位的施工管理,保证防水层的整体性和连续性。特别是在卷材的连接和止水带的配置等处,技术管理更要严格。

（9）施工中所有预埋件和外露金属材料,必须认真做好防腐、防锈处理。

● **工程实例** ●

现代旱喷施工实景图如下。

4 园路与场地工程

园林中的道路，即为园路。它是构成园林基本组成要素之一，包括道路、广场、游憩场地等一切硬质铺装。园路除了具有交通、导游、组织空间、划分景区等功能以外，还有造景功能，造景也是园林工程设计与施工的主要内容之一。

本章主要介绍园路工程、场地工程、园桥等方面的内容。

4.1 园路工程

5分钟
看完本章

4.1.1 园路的基础知识

1. 园路的概念

狭义上的园路是城市道路的延续，指绿地中的道路、广场各种铺装地坪，是贯穿全园的交通网络，是联系各景区、景点的纽带，是园林的骨架。广义上的园路还包括广场铺装场地、步石、汀步、桥、台阶、坡道、礓磉、蹬道、栈台、嵌草铺装等。园路景观如图4-1所示。

2. 园路的作用

园路是贯穿全园的交通网路，是联系若干个景区和景点的纽带，是组成园林风景的要素，并为游人提供活动和休息的场所。园路的走向对园林的通信、光照、环境保护也有一定的影响。因此无论从实用功能上，还是从美观方面，均对园路的设计有一定的要求。其具体功能如下。

（1）划分、组织空间。园林功能分区的划分多是利用地形、建筑、植物、水体或道路。对于地形起伏不大、建筑比重小的现代园林绿地，用道路围合、分隔不同景区则是主要方式。同时，借助道路面貌（线形、轮廓、图案等）的变化可以暗示空间性质、景观特点的转换以及活动形式的改变，从而起到组织空间的作用。尤其在专类园中，划分空间的作用十分明显。

（2）组织交通和导游。首先，经过铺装的园路能耐踩踏、碾压和磨损，可

图 4-1 园路景观

满足各种园务运输的要求,并为游人提供舒适、安全、方便的交通条件(图 4-2);其次,园林景点间的联系是依托园路进行的,为动态序列的展开指明了前进的方向,引导游人从一个景区进入另一个景区;最后,园路还为欣赏园景提供了连续的不同视点,可以取得"步移景异"的效果。

图 4-2 游步道景观

（3）提供活动场地和休息场所。在建筑小品周围、花坛、水旁、树下等处,园路可扩展为广场(可结合材料、质地和图案的变化),为游人提供活动和休息的场所。

（4）参与造景。园路作为空间界面的一个方面而存在,自始至终伴随着游人,它与山、水、植物、建筑等共同构成优美、丰富的园林景观。

① 渲染气氛,创造意境。意境绝不是某一独立的艺术形象或造园要素的单独存在所能创造的,它还必须有一个能使人深受感染的环境,共同渲染这一气氛。中国古典园林中园路的花纹和材料与意境相结合,有其独特的风格与完善的构图。

② 参与风景构造。通过园路的引导,将不同角度、不同方向的地形地貌、植物群落等园林景观一一展现在眼前,形成一系列动态画面,即所谓的"步移景异",此时园路也参与子风景的构图,即因景得路。再者,园路本身的曲线、质感、色彩、纹样、尺度等与周围环境协调统一,都是园林中不可多得的风景要素。如图 4-3 所示。

图 4-3 园路景观样式

③ 影响空间比例。园路的每一块铺料的大小以及铺砌形状的大小和间距等,都能影响整个园林空间的视觉比例。形体较大、较开展,会使一个空间产生一种宽敞的尺度感;而形体较小、较紧缩,则使空间具有压缩感和亲密感。例如,在原路面上铺装中加入第二类铺装材料,能明显地将整个空间分割为较小部分,形成更易被感受的副空间。

④ 统一空间环境。在园路设计中,其他要素会在尺度和特性上有着很大差异,但在总体布局中,处于共同的铺装地面中,相互之间便连接成整体,在视觉上统一起来。

⑤ 构成空间个性。园路的铺装材料及其图案和边缘轮廓,具有构成和增强空间个性的作用,不同的铺装材料和图案造型,能形成和增强不同的空间感,如细腻感、粗犷感、宁静感、亲切感等。并且,丰富而独特的园路可以创造视觉趣味,增强空间的独特性和可识性。

（5）组织排水。道路可以借助其路缘或边沟组织排水。一般园林绿地都高于路面,方能实现以地形排水为主的原则。道路汇集两侧绿地径流之后,利用其纵向坡度即可按预定方向将雨水排除。

3. 园路的分类

（1）根据构造形式,园路可分为路堑型(图 4-4)、路堤型(图 4-5)和特殊型(图 4-6),包括步石、汀步、蹬道、攀梯等。

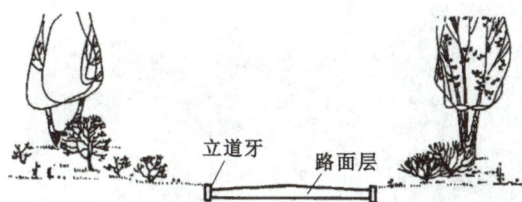

图 4-4 路堑型园路

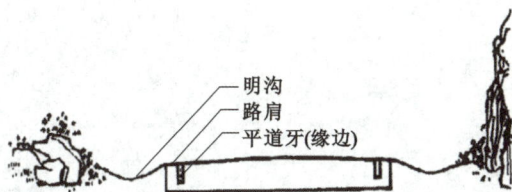

图 4-5 路堤型园路

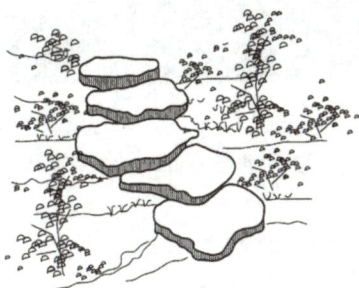

图 4-6 特殊型园路

（2）根据路面铺装材料、结构特点，园路可分为以下几类（图 4-7）。

① 整体路面：包括水泥混凝土路面和沥青混凝土路面。

② 块料路面：包括各种天然块石或各种预制块料铺装的路面。

③ 碎料路面：用各种碎石、瓦片、卵石等组成的路面。

（3）根据路面的耐久性，园路可分为以下几类。

① 临时性园路：由煤屑、三合土等组成的路面，可分为灰土路、渣土路、粒料路。

② 永久性园路：包括水泥混凝土路面和沥青混凝土路面等。

图 4-7 园路景观

（4）根据使用功能，园路可分为以下几类。

① 主干道（图 4-8）：联系公园主要出入口、园内各功能分区、主要建筑物和主要广场，成为全园道路系统的骨架，是游览的主要线路，多呈环形布置。其宽度视公园性质和游人容量而定，一般为 3.5～6.0m。

图 4-8   主干道

② 次干道：主干道的分支，是贯穿各功能分区、联系重要景点和活动场所的道路。宽度一般为 2.0～3.5m。

③ 游步道（图 4-9）：各景区内连接各个景点、深入各个角落的游览小路。宽度一般为 1～2m。

图 4-9   游步道

4.1.2   园路的平面线形设计

园路的平面线形设计应充分考虑造景的需要，以达到蜿蜒起伏、曲折有致的效果；应与地形、水体、植物、建筑物、铺装场地及其他设施相结合，形成完整的风景构图，创造连续展示园林景观的空间或欣赏前方景物的透视线；应尽可能地利用原有地形，以保证路基稳定和减少土方工程量。

园路规划有曲线的方式（图 4-10），也有规则直线的方式，形成两种不同的园林风格。采用一种方式的同时，也可以用另一种方式补充。平曲线设计包括确定道路的宽度、平曲线半径和曲线加宽等。如上海杨浦公园整体是自然式的，而入口一段是规则式的；复兴公园则相反，雁荡路、毛毡大花坛是规则式的，而后面的山石瀑布是自然式的。

图 4-10 曲线道路

（1）园路的宽度。

路宽依公园游人容量、流量、功能及活动内容等因素而定。因此，园路可分为主要园路、次要园路、游步道和小径四级。

① 主要园路是联系园内各个景区、主要风景点和活动设施的道路。它是园林内大量游人所要行进的路线，必要时可通行少量管理用车，应考虑能通行卡车、大型客车，宽度为 4～6m，一般最宽不超过 6m。

② 次要园路是主要园路的辅助道路，设在各个景区内，是各景区内部的骨架，联系各个景点。考虑园路交通的需要，应能通行小型服务用车及消防车等，路面宽度常为 2～4m。

③ 游步道主要供散步休息、引导游人深入园林各个角落，如山上、水边、林中、花丛等。多曲折自由布置，考虑两人行走，其宽度一般为 1.2～2.5m。

④ 小径在园林中是园路系统的末梢，是联系园景的捷径，也是最能体现艺术性的部分。它以优美婉转的曲线构图成景，与周围的景物相互渗透、吻合，极尽自然变化之妙。小径不超过 1m，只能供一个人通过。

游人及各种车辆的最小运动宽度见表 4-1。

表 4-1　　　　　　　　游人及车辆的最小运动宽度表

交通种类	最小宽度/m	交通种类	最小宽度/m
单人	≥0.75	小轿车	2.00
自行车	0.6	消防车	2.06
三轮车	1.24	卡车	2.05
手扶拖拉机	0.84～1.5	大轿车	2.66

（2）线型种类。

① 直线：在规则式园林绿地中，多采用直线形园路。因其线型平直、规则，方便交通。

② 圆弧曲线：道路转弯或交汇时，考虑行驶机动车的要求，弯道部分应采用圆弧曲线连接，并具有相应的转弯半径。

③ 自由曲线：曲率不等且随意变化的自然曲线。在以自然式布局为主的园林游步道中多

采用此种线形,可随地形、景物的变化而自然弯曲,柔顺、流畅和协调。

(3)平曲线半径的选择。

当道路由一段直线转到另一段直线上去时,其转角的连接部分均采用圆弧形曲线,这种圆弧的半径称为平曲线半径,如图 4-11 所示。

考虑园路的功能和艺术的要求,如为了增加游览程序,组织园林自然景色,使园路在平面上有适当的曲折,让游人欣赏到变化的景色,产生"步移景异"的效果。在自然园路设计中,单一弧形路容易产生无限的感觉。安静休息区道路宜曲不宜直,直则无趣,如留园后部有一条长而直的路,是个败笔。园路的曲折要有一定的目的,随"意"而曲,曲得其所,但道路的迂回曲折应有度,不可以为曲折而曲折,矫揉造作,让游人多走冤枉路。

(4)曲线加宽。

汽车在弯道上行驶,由于前后轮的轮迹不同,前轮的转弯半径大,后轮的转弯半径小。因此,弯道内侧的路面要适当加宽。转弯半径越小,加宽值越大。一般加宽值为 2.5m,加宽延长值为 5m。如图 4-12 所示。

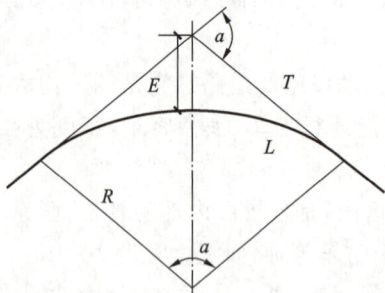

图 4-11　平曲线图

T—切线长,m;E—曲线外距,m;L—曲线长,m;
a—路线转折角度;R—平曲线半径,m

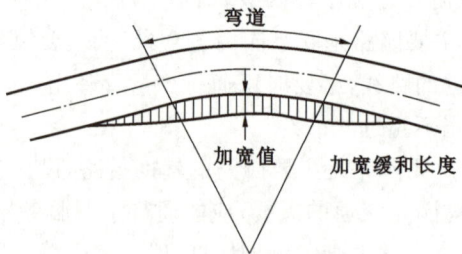

图 4-12　曲线加宽图

4.1.3　园路的竖向设计

园路的竖向设计包括道路的纵横坡度、弯道、超高等。园路既有交通功能,又有导游性质,也是园林景观构成的一部分,所以园路设计的交通功能应从属于游览要求。园路的设计要考虑地形要求及景点的分布等因素,如经过山丘、水体等的园路要因地制宜,地势较陡的山路需要盘旋而上,以减缓坡度。

(1)园路纵断面设计的要求。

① 是否满足园林造景需要,园路使景色更美,而非破坏风景。

② 园路的设计要符合设计规范,包括园路的半径、纵坡、加宽、曲线长度等。

③ 道路中心线高程应与城市道路有合理的衔接。

(2)园路的纵横坡度。

园路的坡度设计要求在保证路基稳定的情况下,尽量利用原有地形,以减少土方量。但坡度受路面材料、路面的横坡和纵坡只能在一定范围内变化等因素的限制,一般园路的纵坡度为

3‰~8‰,纵坡度为12°时,道路需要采取防滑措施。0~3‰为常用坡度,当坡度为12°~35°时应设台阶,在35°~40°之间除了要加台阶外还应设有休息平台,那么到60°时还需要加扶手,而休息平台应有重复,60°~90°时还应有攀梯。道路横坡坡度一般为1‰~5‰,纵坡小时横坡可大些。

园路类型不同,对纵、横坡的要求也不同。主要园路纵坡坡度宜小于8‰,横坡坡度宜小于3‰。颗料路面横坡坡度宜小于4‰,纵、横坡不得同时无坡度。山地公园的园路纵坡坡度应小于12‰,超过12‰应做防滑处理。主园路不宜设置梯道,必须设置梯道时,纵坡坡度宜小于36‰。次要园路纵坡坡度宜小于18‰,纵坡坡度超过15‰时路面应做防滑处理;超过18‰,宜按台阶、梯道设计,台阶踏步不得少于两级,台阶宽为30~38cm,高为10~15cm。游步道坡度超过12°(20‰)时为了便于行走,可设台阶。台阶不宜连续使用过多,如地形允许,经过1~20级设一平台,使游人有喘息、观赏的机会。

园路的设计除考虑以上原则外,还要注意交叉路口的相连以避免冲突,出入口的艺术处理,如图4-13所示,与四周环境的协调,地表的排水,对花草树木的生长影响等。

图4-13 园路艺术

(3) 竖曲线。

当道路上下起伏时,在起伏转折的地方,由一条圆弧连接,这条圆弧是竖向的,工程上把这样的弧线称为竖曲线,如图4-14所示,竖曲线应考虑行车安全。

(4) 弯道与超高。

当汽车在弯道上行驶时,产生的横向推力称为离心力。为了防止车辆向外侧滑移,抵消离心力的作用,就要把路的外侧抬高。道路外侧抬高为超高。超高与道路半径及行车速度有关,一般为2‰~6‰。如图4-15所示。

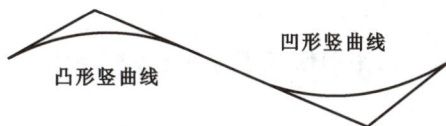

图4-14 竖曲线图

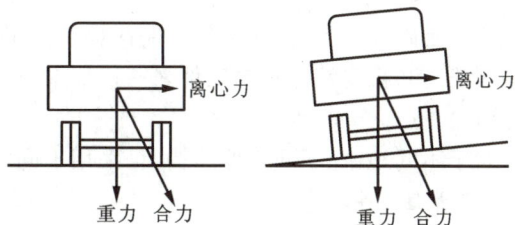

图4-15 机动车转弯受力分析

供残疾人使用的园路在设计时的要求如下。

① 路面宽度不宜小于 1.2m，回车路段路面宽度不宜小于 2.5m。

② 道路纵坡一般不宜超过 4%，且坡长不宜过长，在适当距离应设水平路段，且不应有阶梯。

③ 应尽可能减小横坡。

④ 坡道坡度为 1/20～1/15 时，其坡长一般不宜超过 9m；每逢转弯处，应设不小于 1.8m 的休息平台。

⑤ 园路一侧为陡坡时，为防止轮椅从边侧滑落，应设 10cm 高以上的挡石，并设扶手栏杆。

⑥ 排水沟箅子等不得突出路面，并注意不得卡住车轮和盲人的拐杖。

4.1.4 园路的结构设计

1.园路的结构

园路一般由路面、路基和道牙等部分组成。

（1）路面。

园路路面层结构如图 4-16 所示。

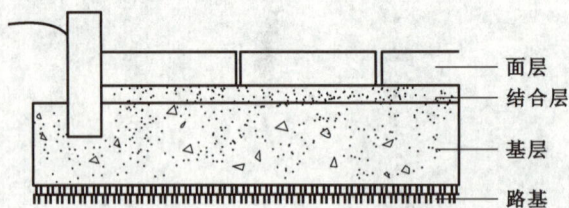

图 4-16 路面层结构图

① 面层。

面层是路面最上面的一层，它直接受人流、车辆和大气因素等的影响，如烈日、严冬、风、雨等。因此要求坚固、平稳、耐磨，有一定的粗糙度，少尘土，便于清扫。

② 结合层。

采用块料铺筑面层时，在面层和基层之间的一层，用于结合、找平、排水而设置的一层。

③ 基层。

一般在土基之上，起承重作用。它承受由面层传下来的荷载，又把荷载传给路基。因此，基层要有一定的强度，一般选用碎（砾）石、灰土或各种矿物废渣等筑成。

（2）路基。

路基是路面的基础，它不仅为路面提供一个平整的基面，承受路面传下来的荷载，也是保证路面强度和稳定性的重要条件之一。如果路基的稳定性不好，应采取措施，以保证园路的使用寿命。

对于不同地区、不同土壤结构，可采用不同的施工方法来确保路基的强度和稳定性。

（3）附属工程。

① 道牙（缘石）。

道牙是安置在路面两侧，使路面与路肩在高程上起衔接作用，并能保护路面，便于排水的一项设施。道牙一般分为立道牙和平道牙两种,如图 4-17 所示,立道牙一般为 50m 长,平道牙可用机砖砌筑。

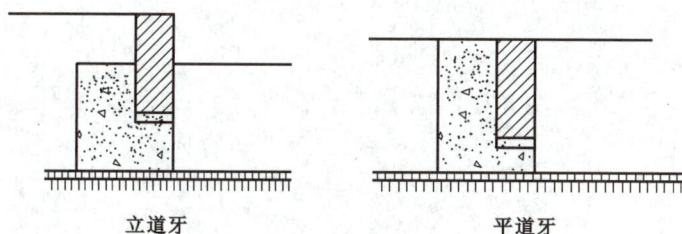

立道牙   平道牙

图 4-17 道牙分类

② 台阶、蹬道、礓礤和种植池。

a.台阶(图 4-18)。当路面坡度超过 12°时,为了便于行走,在不通行车辆的路段上,可设台阶。台阶的宽度与路面相同,每节的高度为 12～17cm,宽度为 30～38cm。一般台阶不连续使用,如地形许可,每隔 10～18 级应设一段平坦的地段,给游人提供恢复体力的地点。为了有利于排水,每级台阶应有 1%～2% 的向下的坡度。

图 4-18 台阶

b.蹬道(图 4-19)。在地形陡峭的地段,可结合地形或利用露岩设置蹬道。当其纵坡坡度大于 60% 时,应做防滑处理,并设扶手栏杆等,以确保游人行走安全。

c.礓礤(图 4-20)。在坡度较大的地段上,一般当纵坡坡度超过 15% 时,本应设置台阶,但为了能通行车辆,将斜面做成锯齿形坡道,称为礓礤。

d.种植池。在路边或广场上栽种植物,一般应留种植池,种植池的大小应由所栽植物的要求而定,在栽种高大乔木的种植池上应设保护栏。

2. 园路常见"病害"及其原因

园路的"病害"是指园路破坏的现象。一般常见的病害有裂缝凹陷、啃边、翻浆等。

(1) 裂缝凹陷。造成裂缝凹陷的原因:一是基层处理不当,太薄,出现不均匀沉降,造成路基不稳定而发生裂缝凹陷;二是地基湿软,在路面荷载超过土基的承载力时会造成这种现象,如图 4-21 所示。

图 4-19　蹬道

图 4-20　礓磋

图 4-21　裂缝凹陷

（2）啃边。啃边主要产生于道牙与路面的接触部位。当路肩与基土结合不够紧密,不稳定、不坚固时,道牙外移或排水坡度不够及车辆的啃蚀,使道路损坏,并从边缘起向中心发展,这种破坏称为啃边,如图 4-22 所示。

图 4-22　啃边

（3）翻浆。在季节性冰冻地区，地下水位高，特别是对于粉砂性土基，由于毛细管的作用，水分上升到路面下，冬季气温下降，水分在路面下形成冰粒，体积增大，路面就会出现隆起现象，到春季上层冻土融化，而下层尚未融化，这样使得土基变成湿软的橡皮状，路面承载力下降，这时如果车辆通过，就会导致路面下陷，邻近部分隆起，并将泥土从裂缝中挤出来，使路面破坏，这种现象称为翻浆，如图 4-23 所示。另外，造成翻浆的原因还有基土不稳定和地下水位高，基土排水不良。因此要加强基层基土的强度、承载力和降低地下水位。

图 4-23　翻浆

3. 园路结构设计的原则、要求

（1）就地取材，低材高用。

园路修建的经费在整个园林建设投资中占有很大的比例。为了节省资金，在园路修建设计时应尽量使用当地材料、建筑废料及工业废渣等。因此，园路结构设计应经济、合理，因地制宜，就地取材。

（2）薄面、稳基、强基土。

稳定的路基对延长园路的使用寿命具有重大意义，面层要求坚固、平稳且耐磨等，这也可减少资金的投入。

4. 材料选择

（1）面层可以选择块料或做成整体路面。

（2）结合层选择砂浆、灰砂浆、混合砂浆、水泥砂浆等。

（3）基层使用灰土较多。

● 4.1.5　园路装饰设计

将园路作为景的一部分来创作，在园林中用纹样来衬托，可美化环境、增加园林特色。园路铺装在园林工程中非常重要，园路装饰设计也是体现园路特色很重要的一个部分。园林道路的铺装，首先要满足功能要求，要求坚固、平稳、耐磨、防滑和易于清扫；其次要满足园林在丰富景色、引导游览和便于识别方向的要求；最后应服从整个园林的造景艺术，力求做到功能与艺术效果的统一。

1. 园路装饰设计的内容和方法

（1）园路装饰设计的内容。

① 园路的纹样和设计图案。即从艺术的角度、与周围景物配合的关系来确定纹样，进行图案设计。

② 材料的选择。图案纹样设计好之后，要根据图案纹样来确定它所使用材料的材质、材质结构的做法。这里主要指色彩的搭配、尺度以及它们之间的组合变化，色彩要与周围景物相协调。从结构上来说，选择材料还要考虑材料的强度及表面的处理形式，材料的耐久性、粗糙度以及环保的特性。

（2）园路装饰设计的方法。

① 用图案进行地面装饰。利用不同形状的铺砌材料，构成具象或抽象的图案纹样，以获得较好的视觉效果。

② 用色块进行地面装饰。选择不同颜色的材料构成铺地图案，利用大块面的变化进行地面的装饰，以获得赏心悦目的视觉效果。

③ 用材质变化装饰地面。用所使用的材料构成的线条在地面上形成一些花纹进行地面装饰。不同材质的铺装材料相结合，不仅能构成美丽的图案，还能使铺地具有层次感和质感。

2. 园路装饰设计的要求

（1）要与周围环境相协调，在面层设计时，有意识地根据不同主题的环境，采用不同的纹样、材料色彩及质感来增强景观效果。

（2）满足园路的功能要求。虽说园路也是园林景观构成的一部分，但它主要的功能还是交通，是游人活动的场地，也就是说园路要有一定的粗糙度，还要减少地面的反射。因此在进行铺装设计时不能为了追求景观效果而忽略了园路的使用功能。

（3）园路路面应具有装饰性，在满足园路实用功能的前提下以不同的纹样、质感、尺度、色彩来装饰园林，满足不同的风格和时代要求。

（4）路面的装饰设计应符合生态环保的要求，包括使用的材料本身有害性、施工工艺的环保、采用的结构形式对周围自然环境的影响等。

3. 园路装饰的形式

装饰的园路不但能将园林中不同的景区联系起来，而且作为一个重要的构园要素，也可成为观赏的焦点。用适当的铺装材料可以将无特色的小空间变成一个特色景观。一般常用的铺装材料有石材、砖、砾石、混凝土、木材、可回收材料等，不同的材料有不同的质感和风格。根据路面铺装材料、结构特点，可以把园路路面的铺装形式分为三大类，即整体路面铺装、块料路面铺装、粒料和碎料装饰。

（1）整体路面铺装。

整体路面铺装常见的有沥青混凝土和水泥混凝土两种。

① 沥青混凝土路面铺装。

用沥青混凝土铺筑成的路面平整、干净，路面耐压、耐磨，适用于行车、人流集中的主要园路。但沥青路面色调较深，不易与园林周围的环境相协调，在园林中使用效果不够理想。近年来，由于新材料、新工艺的不断涌现，出现了彩色沥青混凝土路面，如图 4-24 所示，较好地活跃了环境的气氛。

沥青路面图

沥青混凝土
路面施工视频

图 4-24　沥青混凝土路面

② 水泥混凝土路面铺装。

水泥混凝土可塑性强，可采用多种方法来做表面处理以形成各种各样的图案、花纹。常用的方法有表面处理和贴面装饰。其中，表面处理是直接在水泥混凝土的表面，在面层做各种各样的面层处理，其方法有抹平、硬毛刷或耙齿表面处理、滚轴压纹、彩色水泥抹平、水磨石饰面、压模处理。另外，贴面装饰是以水泥混凝土做基层，在基层上利用其他材料做贴面进行地面装饰。水泥混凝土路面如图 4-25 所示。

清原水泥
路面施工视频

图 4-25　水泥混凝土路面

（2）块料路面铺装。

块料路面（图 4-26）是用石材、混凝土、烧结砖、工程塑料等预制整形板材，块料作为结构面层，其基层常使用灰土、天然砾石、级配砂石等。预制的块料的大小、形状，除了要与环境、空间相协调，还要适用于自由曲折的线形铺砌；其表面粗细适度，粗要可使儿童车、高跟鞋在其行上行走，细不致让行人雨天滑倒、跌伤；使用不同材质块料铺砌，色彩、质感、形状等要对比强烈。

图 4-26　块料路面

石材是所有铺装材料中最自然的一种，其耐磨性和观赏性都较高。如有自然纹理的石灰岩、层次分明的砂岩、质地鲜亮的花岗岩，即便是没有经过抛光打磨，由它们铺装的地面都容易被人们所接受。用石材预制的块料所铺设的园路，既能满足使用要求，又符合人们的审美要求。

混凝土造价低廉，铺设简单，可塑性强，耐久性也很高。用混凝土可预制成各种块料，通过一些简单的工艺，如染色技术、喷漆技术、蚀刻技术等，可描绘出各种美丽的图案，让它符合设计要求。

（3）粒料和碎料装饰。

① 散置粒料路面。使用砂或卵石，粒径在 20mm 以下。

② 花街铺地。花街铺地是我国古代园林铺地的代表，以砖瓦、碎石、瓦片等废料、碎料，组成图案精美、色彩丰富的各种花纹地面。如冰裂纹、席纹、长八方、攒六方、四方冰景、十字海棠等。

③ 卵石嵌花路面（图 4-27）。卵石的价格低廉，使用广泛。卵石景观在自然界中随处可见，在规则式园林中卵石也能创造出极其自然的景观效果，它们一般用于连接各景观等。卵石是自然的铺装材料，目前在现代园林景观中广泛应用。通常利用卵石铺成各种图案纹样构成

园景,另外,用卵石铺设的园路,让人们在游览的同时可以进行足底按摩。例如,以深色(或较大的)卵石为界线,以浅色(或较小的)卵石填入其间,拼填出鹿、鹤、麒麟等形状,或拼填出"平升三级"等吉祥如意的图形,当然还有"暗八仙"或其他形象。总之,可以用这种材料铺成各种形象生动的地面。

图 4-27 卵石嵌花路面

④ 透水路面。把天然石块和各种形状的预制水泥混凝土块,铺成各种花纹,铺筑时在块料间留 3~5mm 的缝隙,填入土壤,然后种草。

⑤ 步石(图 4-28)、汀步。步石是指在草地上用一至数块天然石块或预制成各种形状的铺块,不连续地自由组合来越过草地。每块步石都是独立的,彼此之间互不干扰,因此对于每块步石的铺设都应稳定、耐久。步石的平面形状有多种,如圆形、长方形、正方形或不规则形状等。汀步是园路越过水面的部分,可利用不连续的石材等越过水面。汀步既是水中道路,又是点式渡桥,其聚散不一,游人在其上行走,可增加游览乐趣。

图 4-28 步石

⑥ 其他装饰形式:台阶、礓礤、木栈台、盲道(图 4-29)等。

台阶是园林中联系高差而设的一种特殊园路。它除使用功能外,还有美化装饰的作用,特别是它的外形轮廓富有节奏感,也可与其他构园要素一起构成园景。如可与花台、大树等结合形成景观。

图 4-29   园路盲道

在园林铺装中,木材铺装显得典雅、自然,因此木材在栈台、栈桥、亲水平台等应用中列为首选。由木材铺设的地面,能够强化由其他材料构成的景园铺装。木质铺装最大的优点就是能够给人以柔和、亲切的感觉,在园林中多用于休息区放置桌椅的地方,与坚硬冰冷的石质材料相比,它的优势就更加明显了。

● 4.1.6 园路施工

园路的施工是园林总平面施工的一个重要组成部分,园路工程的重点在于控制好施工面的高程,并注意与园林其他设施的有关高程相协调。施工中,园路路基和路面基层的处理只要达到设计要求的牢固和稳定性即可,而路面面层的铺地,则要更加精细,更加强调质量方面的要求。

1. 园路施工工艺过程

施工前的准备→测量放线→准备路槽→铺筑基层→铺筑结合层→面层铺筑→道牙施工。

2. 园路施工方法

（1）施工前的准备。

① 施工前有关人员熟悉图纸，然后对沿路现状进行调查，了解施工路面来确定施工方案。

② 道路施工材料用量大，须提前进行预制、加工、订货及采购工作。由于施工现场范围狭窄，不可能现场堆积储存，必须按计划做好材料调运工作。

③ 由于施工场地狭窄，施工期间挖出的大量面层垃圾不能现场存放，必须事先选择临时弃土场或指定地点堆放。

（2）测量放线。

根据图纸比例，放出道路中心线和道牙边线，其中在转弯处按路面设计的中心线，在地面上每 15～50m 放一中心桩，在弯道的曲线上应在曲头、曲中和曲尾各放一中心桩，并在各中心桩上写明桩号，再以中心桩为准，根据路面宽度定边桩，最后放出路面的平曲线。

（3）准备路槽。

认真熟悉施工图纸，按设计路面的宽度，每侧放出 20cm 挖槽，路槽的深度应比路面的厚度小 3～10cm，具体根据基土情况而定，清除杂物及槽底整平，可自路中心线向路基两边做 2%～4% 的横坡。然后进行路基压实工作，选择压实机械，各种压实机械的最大有效压实厚度不同，对不同土质，碾压行程次数也不同，具体采用时还应根据试压结果确定。一般情况下，对砂性土以振动式机具压实效果最好，夯击式次之，碾压式较差，对于黏性土则以碾压式和夯击式较好，而振动式较差甚至无效。此外，压实机具的单位压力不应超过土的强度极限，否则会立即引起土基破坏。路槽做好后，在槽底上洒水使其潮湿，然后用夯实机械从外向里夯实两遍，夯实机械应先轻后重，以适应逐渐增长的土基强度，碾压速度应先慢后快，以免松料被机械推走。

（4）铺筑基层。

根据设计要求准备铺筑的材料，并对使用材料进行测量，以保证使用材料符合设计及施工要求。在铺筑灰土基层时，摊铺长度应尽量延长，以减少接槎，灰土基层实厚一般为 15cm，由于土壤情况不同而在 21～24cm 范围内变化。灰土摊铺一定程度后开始碾压，碾压应在接近最佳含水量时进行，以"先轻后重"为原则，先用轻碾稳压，碾压 1～2 遍后马上检查表面平整度和高程，边检查边铲补，如必须找补，应将表面翻板至少 10cm 深，用相同配比的灰土找补后再碾压，压至表面坚实、平整，无起皮、波浪等现象。

（5）铺筑结合层。

面层和基层之间，铺垫水泥砂浆结合层，是基层的找平层，也是面层的黏结层。一般用 M7.5 水泥、白灰、砂混合砂浆或 1∶3 白灰砂浆。砂浆摊铺宽度应大于铺装面 5～10cm，已拌好的砂浆应当日用完。也可用 3～5cm 的粗砂均匀摊铺而成。特殊的石材料铺地，如整齐石块和条石块，结合层采用 M10 水泥砂浆。

（6）面层铺筑。

详见 4.2.2 节"广场工程施工"中的"面层施工"。

（7）道牙施工。

道牙基础宜与路床同时填挖碾压，以保证有整体的均匀密实度。道牙要放平稳、牢固，控制好标高。道牙在安装时，注意控制其缝宽为 1cm，并应注意接缝处要对齐，然后用水泥砂浆勾缝，道牙接口处应以 1:3 水泥砂浆勾凹缝，凹缝深 5mm，道牙背后应用白灰土夯实，其宽度为 50cm，厚度为 15cm，密实度在 90% 以上即可。

3. 特殊地质及气候条件下的园路施工

一般情况下园路施工是在温暖干爽的季节进行，理想的路基应当是砂性土和砂质黏土。但有时施工活动无法避免雨季和冬季，路基土壤也可能是软、杂填土或膨胀土等不良类型，在施工时就要求采取相应措施以保证工程质量。

（1）不良土质路基施工。

① 软土路基：先将泥炭、软土全部挖除，使路堤筑于基地或尽量换填渗水性土，也可采用抛石挤淤法、砂垫层法等对地基进行加固。

② 杂填土路基：可选用石表面挤实法、重锤夯实法、振动压实法等方法使路基达到相应的密实度。

③ 膨胀土路基：膨胀土是一种易产生吸水膨胀、失水收缩两种变形的高液性黏土。对这种路基，应先尽量避免在雨季施工，挖方路段也先做好路堑堑顶排水，并通报"正在施工期内不得沿坡面排水"；还要注意压实质量，最宜用重型压路机在最佳含水量条件下碾压。

④ 湿陷性黄土路基：这是一种含易溶盐类、遇水易冲蚀、崩解、湿陷的特殊性黏土。施工中关键是做好排水工作，对地表水应采取拦截、分散、防冲、防渗、远接远送的原则，将水引离路基，防止黄土受水浸而湿陷；路堤的边坡要整平拍实；基底采用重机碾压、重锤夯实、石灰桩挤密加固或换填土等，以提高路基的承载力和稳定性。

（2）特殊气候条件下的园林施工。

① 雨季施工。

a. 雨季路槽施工：先在路基外侧设排水设施（如明沟或辅以水泵抽水）及时排除积水。雨前应选择因雨水易翻浆处或低洼处等不利地段先行施工，雨后要重点检查路拱和边坡的排水情况，路基渗水与路床积水情况，注意及时疏通被阻塞、溢满的排水设施，以防积水倒流。路基因雨水造成翻浆时，要立即挖出或填石灰土、砂石等，刨挖翻浆要彻底干净，不留隐患。所需处理的地段最好在雨前做到"挖完、填完、压完"。

b. 雨季基层施工：当基层材料为石灰土时，降水对基层施工影响最大。施工时，应首先注意天气预报情况，做到"随拌、随铺、随压"；其次注意保护石灰，避免被水浸或成膏状；最后对于被水浸泡过的石灰土，在找平前应检查含水量，如含水量过大，应翻拌晾晒达到最佳含水量后才能继续施工。

c. 雨季路面施工：对水泥混凝土路面施工，应注意水泥的防雨、防潮，已铺筑的混凝土严禁雨淋，施工现场应预备轻便、易挪动的工作台雨篷；对于被雨淋过的混凝土要及时进行补救处理。此外，要注意排水设施的畅通。如为沥青路面，要特别注意天气情况，尽量缩短施工路段，各工序紧凑衔接，下雨或面层的下层潮湿时均不得摊铺沥青混合料。对未经压实即遭雨淋的沥青混合料必须全部清除，更换新料。

② 冬季施工。

a.冬季路槽施工：应在冰冻之前进行现场放样，做好标记；将路基范围内的树根、杂草等全部清除。如有积雪，在修整路槽时先清除地面积雪、冰块，并根据工程需要与设计要求决定是否刨去冰层。严禁用冰土填筑，且最大松铺厚度不得超过 30cm，压实度不得低于正常施工时的要求，当天填方的土务必当天碾压完毕。

b.冬季面层施工：沥青类路面不宜在 5℃ 以下的温度环境中施工，否则要采取以下工程措施：运输沥青混合料的工具须配有严密覆盖设备以保温；卸料后应用苫布等及时覆盖；摊铺宜于上午 9 时至下午 4 时进行，做到"三快两及时"（快卸料、快摊铺、快搂平，及时找细、及时碾压）；施工做到定量、定时，集中供料，避免接缝过多。

水泥混凝土路面或以水泥砂浆做结合层的块料路面，在冬季施工时应注意提高混凝土（或砂浆）的拌和温度（可用加热水、加热石料的方法）；并注意采取路面保温措施，如选用合适的保温材料（常用的有麦秸、稻草、塑料薄膜、锯末、石灰等）覆盖路面。此外，应注意减少单位用水量，控制水灰比在 0.54 以下，混料中加入合适的速凝剂；混凝土搅拌站要搭设工棚，最后可延长养护和拆模时间。

4.2　场地工程

● 4.2.1　广场概述

1.广场的分类

（1）交通集散广场。

交通集散广场（图 4-30）人流量较大，主要功能是组织和分散人流，如公园的出入口广场，在功能方面应处理好停车、售票、值班、入园、出园、候车等的相互关系，以便于集散的安全、迅速；另外，在园林景观构图上，应使其造型具有园林风貌，富有艺术感染力，以吸引游人。

图 4-30　交通集散广场

（2）游憩活动广场。

游憩活动广场（图 4-31）在园林中经常运用，它可以是草坪、疏林以及各式铺装地，外形轮廓为几何形或塑形曲线，也可以与花坛、水池、喷泉、雕塑、亭廊等园林小品组合而成，主要用于游人游览、休息、儿童游戏、集体活动等。如提供集体活动，其广场宜布置在开阔、阳光充足、风景优美的草坪上；如供游人游憩之用，则宜布置在周围景观丰富的地方，并可结合一些园林小品供游人休息、观赏。

图 4-31　游憩活动广场

（3）生产管理广场。

生产管理广场主要供园务管理、生产的需要之用，如堆场、晒场、停车场（图 4-32）等。它的布局应与园务管理专用出入口、苗圃等有较方便的联系。

图 4-32　停车场

2. 广场的平面形状

广场的平面形状多为规则的几何形，通常以长方形为主。长方形广场较易与周围地形及建筑物相协调，所以被广泛采用。正方形广场的空间方向性不强，空间形象变化少，因此不常被采用。从空间艺术上的要求来看，广场的长度不应大于其宽度的 3 倍；当长宽比为 4∶3、3∶2 或 2∶1 时，艺术效果比较好。平面形状在工程设计之前的规划阶段一般已经明确，在实际操作中应着重把握的是其与实际地形相结合，必要时在细部进行微调。

3. 广场装饰的设计

（1）广场装饰设计的原则。

① 整体统一原则。

地面铺装的材料、质地、色彩、图纹等，都要协调统一，不能有割裂现象，要坚持突出主体，主次分明。在设计中,至少应有一种铺装材料占有主导地位,以便能与附属的材料在视觉上形成对比和变化,以及暗示地面上的其他用途。这种占主导地位的材料,还可贯穿于整个设计的不同区域,以便形成统一性和多样性。

② 简洁实用原则。

铺装材料、造型结构、色彩图纹的采用不要太复杂,应适当简单一些,以便于施工。同时要满足游人舒适地游览散步的需要,光滑质地的材料一般来说应占较大比例,以较朴素的色彩衬托其他设计要素。

③ 形式与功能统一的原则。

铺地的平面形式和透视效果与设计主题相协调,烘托环境氛围。透视与平面图存在许多差异性,在透视中,平行于视平线的铺装线条,强调了铺装面的宽度,而垂直于视平线的铺装线条,则强调了其深度。

(2) 广场装饰的手法。

① 图案式地面装饰:用不同颜色、不同质感的材料和铺装方式,在地面做出简洁的图案和纹样。图案纹样应规则对称,在不断重复的图形线条排列中创造生动的韵律和节奏。采用图案式手法铺装时,应注意图案线条的颜色要偏淡、偏素,绝不能浓艳。除了黑色以外,其他颜色都不要太深太浓。对比色的应用要掌握适度,色彩对比不能太强烈。在地面铺装中,路面质感的对比可以比较强烈,如磨光的地面与露骨料的粗糙路面,就可以相互靠近,形成强烈对比。

② 色块式地面装饰:地面铺装材料可选用 3～5 种颜色,表面质感也可以有 2～3 种表现;广场地面不做图案和纹样,而是铺装成大小不等的方形、三角形及其他形状的色块。色块之间的颜色对比可以强一些,所选颜色也可以比图案式地面更加浓艳一些。但是,路面的基调色块一定要显眼,在面积、数量上一定要占主导地位。

③ 线条式地面装饰:地面色彩和质感处理,是在浅色调、细质感的大面积底色基面上,以一些主导性的、特征性的造型线条为主进行装饰。这些造型线条的颜色底色深,也要更鲜艳一些,质地常常也比基面粗,比较容易引人注目。线条的造型有直线形、折线形,也有放射状、旋转型、流线型,还有长短线组合、曲直线穿插、排线宽窄渐变等富于韵律变化的生动形象。

④ 阶台式地面装饰:将广场局部地面做成不同材料质地、不同形状、不同高差的宽台形或宽阶形,使地面具有一定的竖向变化,又使某些局部地面从周围地面中独立出来,在广场上创造出一种特殊的地面空间。例如,在广场上的雕塑位点周围,设置具有一定宽度的凸台形地面,就能够为雕塑提供一个独立的空间,从而可以很好地突出雕塑作品。又如,在坐椅区、花坛区、音乐广场的演奏区等地方,通过设置凸台式地面来划分广场地面,突出个性空间,还可以很好地强化局部地面的功能特点。将广场水景池周围地面设计为几级下行的阶梯,使水池成为下沉式的,水面更低,观赏效果将会更好。总之,宽阔的广场地面中如果有一些竖向变化,则广场地面的景观效果一定会有较大的提高。

4. 广场竖向设计

广场竖向设计要有利于排水,保证铺地地面不积水。为此,任何广场在设计中都要有不小于 0.3% 的排水坡度,而且在坡面下端要设置雨水口、排水管或排水沟,使地面有组织地排水,组成完整的地上、地下排水系统。铺地地面坡度也不宜过大,过大则影响使用。一般坡度为 0.5%～5% 较好,最大坡度不得超过 8%。

竖向设计应当尽量做到减少土石方工程量,节约工程费用。最好做到土石方就地平衡,避免土方二次转运,减少土方用工量。设计中还应注意兼顾铺地的功能作用,要有利于功能作用的充分发挥。例如,广场上的坐椅休息区,其地坪设计高出周围20～30mm,呈低台状,就能够保证下雨时地面不积水,雨后马上可以再供使用,广场中央设计为大型喷泉水池时,采用下沉式广场形式(图4-33),降低广场地坪,就能够最大限度地发挥喷泉水池的观赏作用。

图4-33　下沉式广场

4.2.2　广场工程施工

广场工程的施工程序基本上与园路工程相同。但由于广场上往往存在花坛、草坪、水池等地面景物,因此,它又比一般的道路工程内容更复杂。下面从广场的施工准备、场地平整与找坡、面层施工3个方面介绍广场的施工问题。

1. 施工准备

(1) 材料准备。

准备施工机具、基层和面层的铺装材料,以及施工中需要的其他材料;清理施工现场。

(2) 场地放线。

按照广场设计图所绘施工坐标方格网,将所有坐标点测设在场地上并打桩定点。然后以坐标桩点为准,根据广场设计图,在场地地面上放出场地的边线,主要地面设施的范围线和挖方区、填方区之间的零点线。

(3) 地形复核。

对照广场竖向设计图,复核场地地形。各坐标点、控制点的自然地坪标高数据,有缺漏的要在现场测量补上。

2. 场地平整与找坡

(1) 挖方与填方施工。

挖方与填方工程量较小时,可用人力施工;工程量较大时,应进行机械化施工。预留作草坪、花坛及乔灌木种植地的区域,可暂时不开挖。水池区域要同时挖到设计深度。填方区的堆填顺序,应当是先深后浅;先分层填实深处,后填实浅处。每填一层就夯实一层,直到设计标高处。挖方过程中挖出的适宜栽植的肥沃土壤,要临时堆放在广场外边,以后再入花坛种植地中。

(2)场地平整与找坡。

挖、填方工程基本完成后,对挖、填出的新地面要进行整理。要铲平地面,使地面平整度变化限制在2cm以内。根据各坐标桩标明的该点填、挖高度数据和设计的坡度数据,对场地进行找坡,保证场地内各处地面都基本达到设计坡度。土层松软的局部区域还要做地基加固处理。

(3)连接处理。

根据场地周边与建筑、园路、管线等的连接条件,确定边缘地带的竖向连接方式,调整连接点的地面标高。还要确认地面排水口的位置,调整排水沟管底部标高,使广场地面与周围地坪的连接更自然,并将排水、通道等方面的矛盾降到最低。

3. 面层施工

(1)水泥路面的装饰施工。

水泥路面装饰的方法有很多种,要按照设计的路面铺装方式来选用合适的施工方法。常见的施工方法及其施工技术要领主要包括以下几个方面。

① 普通抹灰与纹样处理。

用普通灰色水泥配制成1:2或1:2.5水泥砂浆,在混凝土面层浇筑后尚未硬化时进行抹面处理,抹面厚度为10~15mm。当抹面层初步收水、表面稍干时,再用下面的方法进行路面纹样处理。

a. 滚花:用钢丝网做成的滚筒,或者用模纹橡胶裹在直径300mm的铁管外做成的滚筒,在经过抹面处理的混凝土面板上滚压出各种细密纹理。滚筒长度在1m以上为好。

b. 压纹:利用一块边缘有许多整齐凸点或凹槽的木板或木条,在混凝土抹面层上紧挨着压下,一面压一面移动,就可以将路面压出纹样,起到装饰作用。用这种方法时要求抹面层的水泥砂浆含砂量较高,水泥与砂的配合比可为1:3。

c. 锯纹:在新浇的混凝土表面,用一根直木条如同锯割一般来回动作,一面锯一面前移,即能够在路面锯出平行的直纹,既有利于路面防滑,又有一定的路面装饰作用。

d. 刷纹:最好使用弹性钢丝做成刷纹工具。刷子宽450cm,刷毛钢丝长100mm左右,木把长12~15m。用这种钢丝在未硬的混凝土面层上可以刷出直纹、波浪纹或其他形状的纹理。

② 彩色水泥抹面装饰。

水泥路面的抹面层所用水泥砂浆,可通过添加颜料而调制成彩色水泥砂浆,用这种材料可做出彩色水泥路面。彩色水泥调制中使用的颜料,需选用耐光、耐碱、不溶于水的无机矿物颜料,如红色的氧化铁红、黄色的柠檬铬黄、绿色的氧化铬绿、蓝色的钴蓝和黑色的炭黑等。不同颜色的彩色水泥及其所用颜料见表4-2。

表4-2　　彩色水泥的配制

调制水泥色	水泥及其用量	颜料及其用量
红色、紫砂色水泥	普通水泥500g	铁红20~40g
咖啡色水泥	普通水泥500g	铁红15g、铬黄20g
橙黄色水泥	白色水泥500g	铁红25g、铬黄10g
黄色水泥	白色水泥500g	铁红10g、铬黄25g

调制水泥色	水泥及其用量	颜料及其用量
苹果绿色水泥	白色水泥 1000g	铬绿 150g、钴蓝 50g
青色水泥	普通水泥 500g	铬绿 0.25g
	白色水泥 1000g	钴蓝 0.1g
灰黑色水泥	普通水泥 500g	炭黑适量

③ 彩色水磨石饰面。

彩色水磨石地面是用彩色水泥石子浆罩面,再经过磨光处理而做成的装饰性路面。按照设计,在平整、粗糙、已基本硬化的混凝土路面面层上,弹线分格,用玻璃条、铝合金条(或铜条)做分格条。然后在路面刷上一道素水泥浆,再用 1:1.50~1:1.25 的彩色水泥细石子浆铺面,厚度为 8~15mm。铺好后拍平,表面用滚筒滚压实,待出浆后再用抹子抹平。用作水磨石的细石子,如果采用方解石,并用普通灰色水泥,做成的就是普通水磨石路面;如果用各种颜色的大理石碎屑,再与不同颜料的彩色水泥配制在一起,就可做成不同颜色的彩色水磨石地面,如图 4-34 所示。彩色水泥的配制可参考表 4-2 的内容。水磨石的开磨时间应以石子不松动为准,打磨好后将泥浆冲洗干净。待稍干时,用同色水泥浆涂擦一遍,将砂眼和脱落的石子补好。第二遍用 100~150 号金刚石打磨,第三遍用 180~200 号金刚石打磨,方法同前。打磨完成后洗掉泥浆,再用 1:20 的草酸水溶液清洗,最后用清水冲洗干净。

图 4-34 彩色水磨石

④ 露骨料饰面。

采用这种饰面的混凝土路面和混凝土铺砌板,其混凝土应该用粒径较小的卵石配制。混凝土露骨料主要采用刷洗的方法,在混凝土浇好后 2h 内就应进行处理,最迟不超过浇好后的 8~16h。刷洗工具一般为硬毛刷子和钢丝刷子。刷洗应当从混凝土板块的周边开始,要同时用充足的水把刷掉的泥砂洗去,把每一粒暴露出来的骨料表面都清洗干净。刷洗后 3d 内,再用 10% 的盐酸水洗一遍,使暴露的石子表面色泽更明净,最后还要用清水把残留盐酸完全冲洗掉。

(2)片块状材料的地面砌筑。

片块状材料做路面面层,在面层与道路基层之间所用的结合层做法有两种:一种是用湿性的水泥砂浆、石灰砂浆或混合砂浆作为结合材料,另一种是用干性的细砂、石灰粉、灰土(石灰和细土)、水泥粉砂等作为结合材料或垫层材料。

① 湿法砌筑。

用厚度为 5～15mm 的湿性结合材料,如用 1∶2.5 或 1∶3 水泥砂浆、1∶3 石灰砂浆、M2.5 混合砂浆或 1∶2 灰泥浆等,垫在路面面层混凝土板上面或垫在路面基层上面作为结合层,然后在其上砌筑片状或块状贴面层。砌块之间的结合以及表面抹缝,亦用这些结合材料。以花岗石、釉面砖、陶瓷广场砖、碎拼石片、马赛克等片状材料贴面铺地,都采用湿法铺砌。用预制混凝土方砖、砌块或黏土砖铺地,也可以用这种砌筑方法。

② 干法砌筑。

以干粉砂状材料作为路面面层砌块的垫层和结合层。这样的材料常见的有干砂、细砂土、1∶3 水泥干砂、3∶7 细灰土等。砌筑时,先将粉砂材料在路面基层上平铺一层,用干砂、细土作垫层时厚 30～50mm,用水泥砂、石灰砂、灰土作结合层时厚 25～35mm,铺好后挫平。然后按照设计的砌块、砖块拼装图案,在垫层上拼砌成路面面层。路面每拼装好一小段,就用平直的木板垫在顶面,以铁锤在多处振击,使所有砌块的顶面都保持在一个平面上,这样可将路面铺装得十分平整。路面铺好后,再用干燥的细砂、水泥粉、细石灰粉等撒在路面上并扫入砌块缝隙中,使缝隙填满,最后将多余的灰砂清扫干净。以后,砌块下面的垫层材料将慢慢硬化,使面层砌块和下面的基层紧密地结合在一起。适宜采用这种干法砌筑的路面材料主要有石板、整形石块、混凝土铺路板、预制混凝土方砖和砌块等。传统古建筑庭院中的青砖铺地、金砖墁地等地面工程,也常采用干法砌筑。如图 4-35 所示。

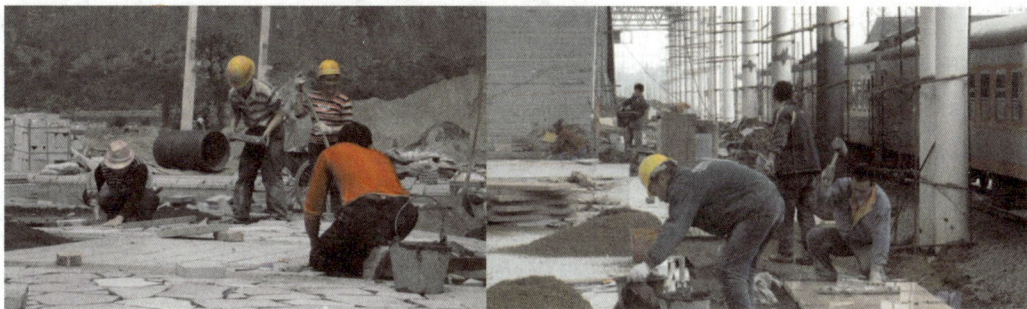

图 4-35 干法砌筑施工

(3) 地面镶嵌与拼花。

施工前,要根据设计的图样,准备镶嵌地面用的砖石材料。设计有精细图形的,先要在细密质地的青砖上放好大样,再细心雕刻,做好雕刻花砖,施工中可嵌入铺地图案中。要精心挑选铺地用的石子,挑选出的石子应按照不同颜色、不同大小、不同形状分类堆放,铺地拼花时才能方便使用。

施工时,先要在已做好的道路基层上铺垫一层结合材料,厚度一般为 40～70mm。垫层结合材料主要用 1∶3 石灰砂、3∶7 细灰土、1∶3 水泥砂等,用干法砌筑或湿法砌筑都可以,但干法砌筑更为方便一些。在铺平的松软垫层上,按照预定的图样开始镶嵌拼花。一般用立砖、小青瓦瓦片来拉出线条、纹样和图形图案,再用各色卵石、砾石镶嵌作花,或者拼成不同颜色的色块,以填充图形大面。然后,进一步修饰和完善图案纹样,并尽量整平铺地,即可定型。定型后的铺地地面,仍要将水泥干砂、石灰干砂撒布其上,并扫入砖石缝隙中填实。最后,除去多余的水泥石灰干砂,清扫干净;再用细孔喷壶对地面喷洒清水,稍使地面湿润即可,不能用大水冲击或使路面有水流淌。完成后养护 7～10d。

（4）嵌草路面的铺砌。

无论是用预制混凝土铺路板、实心砌块、空心砌块，还是用顶面平整的乱石、整形石块或石板，都可以铺装成砌块嵌草路面，如图 4-36 所示。

图 4-36　嵌草路面

施工时，先在整平压实的路基上铺垫一层栽培壤土作为垫层。壤土要求比较肥沃，不含粗颗粒物，铺垫厚度为 100～150mm。然后在垫层上铺砌混凝土空心砌块或实心砌块，砌块缝中半填壤土，并播种草籽。

实心砌块的尺寸较大，草皮嵌种在砌块之间预留的缝中。草缝设计宽度可在 20～50mm 之间，缝中填土达砌块的 2/3 高。砌块下面用壤土作垫层并起找平作用，砌块要铺装得尽量平整。实心砌块嵌草路面上，草皮形成的纹理是线网状的。

空心砌块的尺寸较小，草皮嵌种在砌块中心预留的孔中。砌块与砌块之间不留草缝，常用水泥砂浆粘接。砌块中一孔填土亦为砌块的 2/3 高；砌块下面仍用壤土作垫层找平，使嵌草路面保持平整。空心砌块嵌草路面上，草皮呈点状而有规律地排列。要注意的是，空心砌块的设计制作，一定要保证砌块的结实坚固和不易损坏，因此其预留孔径不能太大，孔径最好不超过砌块直径的 1/3。

采用砌块嵌草铺装的路面，砌块和嵌草是道路的结构面层，其下面只能有一个壤土垫层，在结构上没有基层，只有这样的路面结构才有利于草皮的存活与生长。

4.3　园桥工程

● 4.3.1　园桥的分类

（1）平桥。

平桥有木桥、石桥、钢筋混凝土桥等，乔木平整，结构简单，平面形状为一字形。桥边常不做栏杆或只做矮护栏。桥体的主要结构部分是石梁、钢筋混凝土直梁或木梁，也常见直接用平整石板、钢筋混凝土板做桥面而不用直梁的。

（2）平曲桥。

基本情况和一般平桥相似，但桥的平面形状不为一字形，而是左右转折的折线形。根据转折数，可分为三曲桥、五曲桥、七曲桥、九曲桥等。桥面转折多为 90°直角，但也可采用 120°钝角，偶尔还可用 150°转角。三曲桥桥面设计为低而平的效果最好。

（3）拱桥。

拱桥是园林中造景用桥的主要形式。常见的有石拱桥和砖拱桥，也少有钢筋混凝土拱桥。其材料易得，价格便宜，施工方便；桥体的立面形象比较突出，造型可有很大变化；并且圆形桥孔在水面的投影也十分好看。因此，拱桥在园林中应用极为广泛。

（4）亭桥、廊桥。

在桥面较高的平桥或拱桥上修建亭子，就做成亭桥。亭桥是园林水景中常用的一种景物，它既是供游人观赏的景物点，又是可停留其中向外观景的观赏点。廊桥与亭桥相似，也是在平桥或平曲桥上修建观赏性建筑，只不过其建筑是采用长廊的形式。廊桥的造景作用和观景作用与亭桥一样。

（5）吊桥、浮桥。

吊桥是以钢索、铁链为主要结构材料（在过去则有用竹索或麻绳的），将桥面悬吊在水面上的一种园桥形式。这类吊桥吊起桥面的方式又有两种：一是全用钢索铁链吊起桥面，并作为桥边扶手；二是在其上部用大直径钢管做成拱形支架，从拱形钢管上等距地垂下钢制缆索，吊起桥面。吊桥主要用在风景区的河面上或山沟上面。将桥面架在整齐排列的浮筒（或舟船）上，可构成浮桥。浮桥适用于水位常有涨落而又不便人为控制的水体中。

（6）栈桥与栈道。

架长桥为直路，是栈桥和栈道的根本特点。严格来讲，这两种园桥并没有本质上的区别，只不过栈桥更多的是独立设置在水面上或地面上，而栈道则更多地依傍在山壁或岸壁。

（7）汀步。

汀步是一种没有桥面、只有桥墩的特殊的桥，或者可以说是一种特殊的路，是采用线状排列的步石、混凝土墩、砖墩或预制的汀步构件布置在浅水区、沼泽区、沙滩上或草坪上形成的能够行走的通道。

4.3.2　园桥的功能

（1）联系园林水体两岸上的道路。

园桥使园路不至于被水体阻断，由于它直接伸入水面，能够集中视线就自然而然地成为某些局部环境的标识点，因此园桥能够起到导游作用，可作为导游点进行布置。低而平的长桥、栈桥还可以作为水面的过道和水面游览线，把游人引到水上，拉近游人与水体的距离，使水景更加迷人。

（2）园桥与水中堤、岛一起对水面空间进行分隔。

园林规划手法的应用中，常采用园桥与水中堤、岛一起对水面空间进行分隔，增加水景的层次，增强水面形状的变化和对比，从而使水景效果更加丰富多彩。园桥对水面的分隔有它自己的独特之处，即隔而不断、断中有连、又隔又连，具有虚实结合的分隔特点。这种分隔有利于隔开水面在空间上相互交融和渗透，增加景观的内涵深度，创造迷人的园林意境。如图 4-37 所示。

图 4-37　园桥

（3）园桥本身有很多种艺术造型，为一种重要景物。

在园林水景的组成中，园桥可以作为一种重要景物，与水面、桥头植物一起构成完整的水景形象。园桥本身也有很多种艺术造型，具有很强的观赏特性，可作为园林水体中的主要景点。

4.3.3　园桥的结构形式

园桥的结构形式随其主要建筑材料的不同而有所不同。例如，钢筋混凝土园桥和木桥的结构常用板梁柱式，石桥常采用拱券式或悬臂梁式，铁桥常采用桁架式，吊桥常用悬索式等，这都说明建筑材料与桥的结构形式是密切相关的。

（1）板梁柱式。

以桥柱或桥墩支撑桥体重量，以直梁按简支梁方式两端搭在桥柱上，梁上铺设桥板作为桥面。在桥孔跨度不太大的情况下，也可不用桥梁，直接将桥板两端搭在桥墩上，铺成桥面。桥梁、桥面板一般用钢筋混凝土预制或现浇；如果跨度较小，也可用石梁或石板。

（2）悬臂梁式。

悬臂梁式，即桥梁从桥孔两端向中间悬挑伸出，在悬挑的梁头盖上短梁或桥板，连成完整的桥孔。这种方式可以增大桥孔的跨度，以便于桥下行船。石桥和钢筋混凝土桥都可能采用悬臂梁式结构。

（3）拱券式。

桥孔由砖石材料拱券而成，桥体主要通过圆拱传递到桥墩。单孔桥的桥面一般也是拱形，因此它基本上都属于拱桥。三孔以上的拱券式桥,其桥面多数做成平整的路面形式,但也常有把桥顶做成半径很大的微拱形桥面。

(4)悬索式。

悬索式,即一般索桥的结构方式。以粗长的悬索固定在桥的两头,底面由若干根钢索排成一个平面,其上铺设桥板作为桥面;两侧各有一根至数根钢索从上到下竖向排列,并由许多下垂的钢丝绳相互串联一起,下垂钢丝绳的下端则吊起桥板。

(5)桁架式。

用铁制桁架作为桥体。桥体杆件多为受拉或受削减轴力构件,这种杆件取代了弯矩产生的条件,使构件的受力特性得以充分发挥。杆件的结点多为铰接。

4.3.4　园桥的施工

(1)施工准备。

工程施工前,必须对设计文件、图纸、资料进行现场研究和核对;查明文件、图纸、资料是否齐全,如果发现图纸、资料欠缺、错误、矛盾,必须向业主提出补全和更正。如果发现设计与现场有出入,必要时应进行补充调查。小桥涵开工前应依据设计文件和任务要求编制施工方案,其中包括编制依据、工期要求、材料和机具数量、施工方法、施工力量、进度计划、质量管理等。同时应编制施工组织设计,使施工方案具体化,一般小桥涵的施工组织设计可配合路基施工方案编制。

(2)施工前测量。

① 对小桥涵中线位置桩、三角网基点桩、水准点桩及其测量资料进行检查、核对,如果发现木桩标志不足,有移动现象或测量精度不足,应按规定要求精度进行补测或重新核对,并对各种控制进行必要的移设或加固。

② 补充施工需要的桥涵中线桩、墩台位置桩、水准基点桩及必要的护桩。

③ 当地下有电缆、管道或构造物靠近开挖的桥涵基础位置时,应对这些构造物设置标桩。监理工程师应当检查承包商确定的桥涵位置是否符合设计位置,如果发现有可疑之处,应要求承包商提供测量资料,检查测量的精度,必要时可要求承包商复测。

(3)园桥基础施工。

园桥的结构物基础根据埋置深度分为浅基础和深基础,小桥涵常用的基础类型是天然地基上的浅基础,当设置深基础时常采用桩基础。基础所用的材料大多为混凝土或钢筋混凝土结构,石料丰富的地区也常用石砌基础。

扩大基础的施工一般采用明挖的方法,当地基土质较为坚实时,可采取放坡开挖,否则应做各种坑壁支撑;在水中开挖基坑时,应预先修筑围堰,将水排干,然后开挖基坑。明挖扩大基础的主要施工内容包括定位放样、基坑开挖、基坑排水、基底处理与圬工砌筑。

① 定位放样。

基坑开挖前,需进行基础的定位放样,即将设计图上的基础位置准确地设置到桥址位置上。基坑各定位点的标高及开挖过程中标高检查应按一般水准测量方法进行。

② 基坑开挖。

基坑开挖应根据土质条件、基坑深度、施工期限以及有无地表水或地下水等因素采用适当的施工方法。

③ 基坑排水。

a. 集水坑排水法。集水坑底宽不小于 0.3m、纵坡坡度为 0.1‰～0.5‰,一般设在下游位置,坑深应大于进水龙头高度,并用荆笆、竹篾、编筐或木笼围护,以避免泥砂堵塞吸水龙头。

b. 井点排水法。当土质较差,有严重流砂现象,地下水位较高,挖基较深时,坑壁不易稳定。用普通排水方法很难解决,这时可采用井点排水法。

(4) 基底处理。

天然地基基础的基底土壤好坏对基础、墩台及上部结构的影响很大,一般应进行基底的处理工作。

(5) 圬工砌筑。

在基坑中砌筑基础圬工,可分为无水砌筑、排水砌筑及水下灌筑三种情况。基础圬工用料应该在挖基完成前准备好,以确保能及时砌筑基础,防止基底土壤变质。

● **工程实例** ●━━━━━━━━━━━━━━━━━━━━━━━━━━━

园路施工实景图如下。

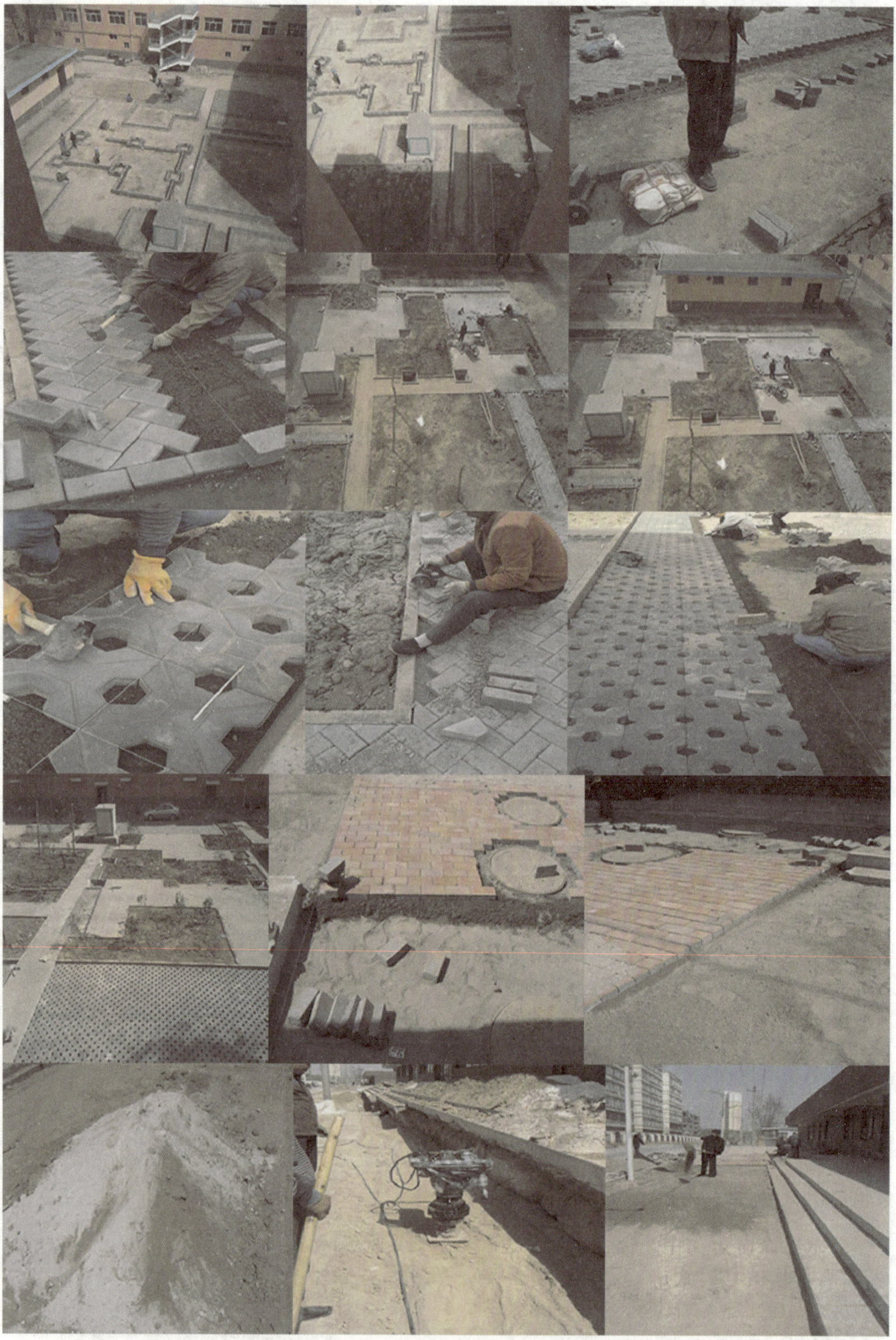

5 石景工程

山石是我国传统园林四大造园要素之一,具有悠久的历史,形成了风格独特的园林体系,如图 5-1 所示。假山作为中国传统山水园林的基本骨架,对园林景观组合、功能空间划分起到十分重要的作用。石景作为一种自然要素,可以将人工美融合到体现自然美的园林环境中,因此得以在现代园林中广泛应用。

图 5-1 江南三大名石

5.1 概 述

5 分钟
看完本章

● 5.1.1 石景的基础知识

石景在传统园林中主要以假山和置石来表现,现代园林又常以人工塑石的手法营造。假山是指用人工堆起来的山;人们通常所说的假山实际上包括假山和置石两个部分。假山是以造景游览为主要目的,充分地结合其他多方面的功能作用,以土、石等为材料,以自然山水为蓝本并加以艺术的提炼和夸张,用作人工再造的山水景物的通称。置石是以山石为材料做独立性或附属性的造景布置,主要表现山石的个体美或局部的组合而不具备完整的山形。

一般来说,假山的体量大而集中,可供观赏也可游览,使游人有置身于自然山林之感。置石则主要以观赏为主,结合一些功能方面的作用,体量较小而分散。假山因材料不同可分为土山、石山和土石相间的山。我国岭南的园林中早有灰塑假山的工艺,后来逐渐发展成为用水泥塑的置石和假山,成为假山工程的一种专门工艺。

石景的类别和特点见表5-1。

表5-1　　　　　　　　　　　　　　石景的类别和特点

类别	特点
土山	① 以土壤作为基本堆山材料; ② 在陡坎、陡坡处有块石作护坡、挡土墙或蹬道,但一般不用自然山石在山上造景; ③ 占地面积往往很大,是构成园林基地地形和基本景观背景的重要因素; ④ 在实际造园中,常常利用建筑垃圾堆积成山,外覆土壤
石山	① 以山石为主要堆山材料,只在石间空隙处填土配植植物,造价较高; ② 主要用于庭园、水池等空间比较闭合的环境中,或者作为瀑布、喷泉的山体应用
带石土山（土包石）	① 主要堆山材料为土壤,只在土山的山凹、山麓点缀有岩石,在陡坎或山顶部分用自然山石堆砌成悬崖绝壁景观,一般还有山石做成的梯级和蹬道; ② 可以做得高度较高,但用地面积较小; ③ 多用在面积较大的庭园中
带土石山（石包土）	① 山石多用在山体的表面,由石山墙体围成假山的基本形状,墙后则用泥土填实; ② 占地面积较小,山的特征却最为突出; ③ 适宜营造奇峰、悬崖、深峡、崇山峻岭等多种山地景观; ④ 在中国古典园林中最为常见
人工塑石	① 在岭南园林中较早出现,经不断发展,成为一种专门的假山工艺; ② 采用石灰、砖、水泥等非石质性材料经人工塑造而成; ③ 可分为塑石和塑山两类; ④ 根据骨架材料不同,可分为砖结构骨架塑山和钢丝网结构骨架塑山

5.1.2　石景的功能

石景有以下几个方面的功能:一是作为自然山水园林的主景和地形骨架;二是作为园林划分空间和组织空间的手段;三是运用山石小品作为点缀园林空间和陪衬建筑、植物的手段;四是作为室外自然式的家具或器设,在室外用自然山石做石桌、石几、石凳、石栏等,既不怕日晒夜露,又可结合造景,山石还用作室内外楼梯(称为云梯)、园桥、汀石等。

石景的这些功能与作用都是和造景密切结合的;它们可以因高就低,并与园林中其他造景要素如建筑、道路、植物等组成各式各样的园景,使人工建筑物和构筑物自然化,减少建筑物某些平板、生硬的线条的缺陷,增加自然、生动的气氛。

5.1.3　石景材料

我国幅员辽阔,地质情况变化多端,石材丰富,如湖石、房山石、灵璧石、宣城白、英石、黄石、青石、石笋、木化石、松皮石、石珊瑚等。如图5-2所示。

图 5-2　园林石材

5.1.4　假山置石的布局形式

1. 置石

置石分为特置、对置、散置、山石器设。

2. 与植物相结合的山石布置——山石花台

山石花台的造型强调自然、生动。施工时重点注意山石花台的平面轮廓,立面轮廓要有起伏变化,其断面和细部要伸缩,有虚实和藏露的变化等。

3. 同园林建筑相结合的置石

山石同园林建筑结合的形式有山石踏跺和蹲配、抱角和镶隅、粉壁置石、回廊转折处的廊间置石、窗前置石——"无心画"和云梯等,如图 5-3 所示。

图 5-3 园林置石

5.2 假山的结构和施工

5.2.1 假山结构设计

假山的外形虽然千变万化,但就其基本结构而言还是和建造房屋有共通之处,即分基础、中层和收顶三部分。

1. 假山基础设计

假山基础设计要根据假山类型和假山工程规模而定。人造土山和低矮的石山一般不需要基础,山体直接在地面上堆砌。高度在 3m 以上的石山,就要考虑设置适宜的基础。一般来说,高大、沉重的大型石山,需选用混凝土基础或块石浆砌基础;高度和重量适中的石山,可用灰土基础或桩基础。几种基础的设计要点如下。

(1)混凝土基础。混凝土基础从下至上的构造层次及其材料做法是:最底下是素土地基,应夯实;素土夯实层之上可做一个砂石垫层,厚 30~70cm;垫层上面即为混凝土基础层。混凝土层的厚度及强度,陆地上选用不低于 C10 的混凝土,水中采用 C15 水泥砂浆浆砌块石,混凝土的厚度,陆地上为 10~20cm,水中基础约为 50cm。水泥、砂和碎石配合的质量比为1:2:6~1:2:4。如遇高大的假山,酌情增加其厚度或采用钢筋混凝土替代砂浆混凝土。毛石应选未经风化的石料,用 150 号水泥砂浆砌,砂浆必须填满空隙,不得出现空洞和缝隙。如果基础为较软弱的土层,要对基土进行特殊处理。

(2)浆砌块石基础。假山基础可用 1:2.5 或 1:3 水泥砂浆砌一层块石,厚度为 300mm;水下砌筑所用水泥砂浆的比例则应为 1:2。块石基础层下可铺 300mm 厚粗砂作为找平层,地基应做夯实处理。

(3)灰土基础。基础的材料主要是用石灰和素土按 3:7 的比例混合而成。每铺一层厚度为 30cm 的灰土,再夯实到 15cm 厚,则该灰土称为一步灰土。设计灰土基础时,要根据假山高度和体量来确定采用几步灰土。一般高度在 2m 以上的假山,其灰土基础可设计为一步素土加两步灰土。2m 以下的假山,则可按一步素土加一步灰土设计。

(4)桩基。古代多用直径 10~15cm,长 1~2m 的杉木桩或柏木桩做桩基,木桩下端为尖头状。现代假山的基础已基本不用木桩桩基,只在地基土质松软时偶尔有采用混凝土桩基的。做混凝土桩基,先要设计并预制混凝土桩,其下端仍应为尖头状。直径可比木桩基大一些,长度可与木桩基相似,打桩方式也可参照木桩基。

2. 假山山体结构设计

假山山体结构设计是指假山山体内部的结构设计。山体内部的结构形式主要有以下四种。

(1)环透式结构:采用环透结构的假山,其山体孔洞密布,穿眼嵌空,显得玲珑剔透。各种造型与其造山石材和造山手法相关。环透式假山的石材多为太湖石和石灰岩风化形成的怪石,这些山石的天然形状就是多孔洞的。石面多孔洞与穴窝,孔洞形状多为通透的不规则圆形,穴窝则为锅底状或不规则形状。山石的面皴纹多环纹和曲线,石形显得婉转柔和。在叠山手法上,为了突出太湖石类的环透特征,一般多采用拱、斗、卡、安、搭、连、飘、扣曲、做眼等手法。这些手法能够很方便地做出假山的孔隙、洞眼、穴窝和环纹、曲线及通透形象,其具体的施工做法可参见假山施工。透漏型假山一般采用环透式结构来构造山体。

(2)层叠式结构:假山结构若采用层叠,则假山立面的形象就具有丰富的层次感,一层山石叠砌为山体,山形朝横向伸展,或是敦实厚重,或是轻盈飞动,容易获得多种生动的艺术效果。在叠山方式上,层叠式假山又可分为水平层叠、斜面层叠两种。水平层叠要求每块山石都采用水平状态叠砌,假山立面的主导线条都是水平线,山石向水平方向伸展。斜面层叠要求山石倾斜叠砌成斜卧状、斜升状;石的纵轴与水平线形成一定夹角,角度在 10°~30°之间,最大不超过 45°。

（3）竖立式结构：这种结构形式可以造成假山挺拔、雄伟、高大的艺术形象。山石全都采用立式砌叠，山体内外的沟槽及山体表面的主导皴纹线，都是从下至上竖立着的，因此整个山势呈向上伸展的状态。根据山体结构的不同竖立状态，这种结构形式又分直立结构与斜立结构两种。

（4）填充式结构：一般的土山、带土石山和个别的石山，或者在假山的某一局部山体中，都可以采用这种结构形式。这种假山的山体内部是由泥土、废砖石或混凝土材料填充起来的，因此其结构上的最大特点就是填充的做法。

3. 假山山洞结构设计

根据结构受力不同，假山山洞的结构形式主要有梁柱式结构、挑梁式结构、券拱式结构三种。假山洞的结构也有互通之处，如北京乾隆花园的假山洞在梁柱式的基础上，选拱形山石为梁，另外有些假山洞局部采用挑梁式等。一般来讲，黄石、青石等呈墩状的山石宜采用梁柱式结构，天然的黄石山洞也是沿其相互垂直的节理面崩落、坍陷而成；湖石类的山石，以太湖石（图5-4）为代表宜采用券拱式结构，具有长条而呈薄片状的山石应当以挑梁式结构为宜。假山洞结构要领是防垮塌、防渗漏。为使假山洞具有自然逼真的外观，在设计时应从以下几方面入手：

图 5-4 太湖石

（1）假山洞的布置。在布置假山洞时，首先应使洞口的位置相互错开，由洞外观洞内，似乎洞中有洞。洞口要宽大，洞口以内的洞顶与洞壁要有高低和宽窄变化，洞口的形状既要不违反所用石种的石性特征，又要使其具有生动自然的变化性。假山洞的洞道布置，在平面上要有曲折变化，做到宽窄相济，开合变化。

（2）洞壁的设计。洞壁设计的关键在于处理好壁墙和洞柱之间的关系。如墙式洞壁的构成，要根据假山山体所采用的结构形式来设计。如果整个假山山体是采用层叠式结构，那么山洞洞壁石墙也应采用这种结构。山石一层一层不规则地层叠砌筑，直到达到预定的洞顶高度，这就做成了墙柱式洞壁。墙柱式洞壁的设计关系洞柱和柱间石山墙两种结构部分。

（3）洞底设计。洞底可铺设不规则石片作为路面，在上坡和下坡处则设置块石阶梯。洞内路面宜有起伏，并应随着山洞的弯曲而弯曲。在洞内宽敞处，可在洞底设置一些石笋、石球、石柱，以丰富洞内景观。如果山洞是按水洞形式设计的，则应在洞内适当地点挖出浅池或浅沟，用小块山石铺砌成石泉池或石涧。石涧一般应布置在洞底一侧的边缘，平面形状宜蜿蜒曲折，还可从一侧转到另一侧。

（4）山洞洞顶设计。一般条形假山石的长度有限，大多数条石的长度都在 1～2m 之间。如果山洞设计为 2m 左右宽度，则条石的长度就不足以直接用作洞顶石梁，这就要采用特殊的方法才能做出洞顶来。洞顶的常见做法有盖梁、挑梁和拱券三种结构方式。

4. 假山山顶结构设计

假山山顶结构设计直接关系整个假山的艺术形象，是假山立面上最突出、最能集中视线的部位。根据假山山顶形象特征，可将假山顶部的基本造型分为峰顶、峦顶、崖顶和平山顶等四个类型。

5.2.2 掇山施工

1. 石料准备

（1）选石要求。叠石造山无论其规模，都是由一块块形态、大小各异的山石拼叠而成。但选石时要遵循自然山川的形成规律，达到以下要求。

① 同质。掇山用石，其品种、质地、石性要一致。如果石料的质地不同，品种不一，必然与自然山川岩石构成不同，同时不同石料的石性特征不同，强行将不同石料混在一起拼叠组合，必然是乱石一堆。

② 同色。即使是同一种石质，其色泽相差也很大，如湖石类中，有黑色、灰白色、褐黄色、发青色等。黄石有淡黄、暗红、灰白等色泽变化。所以，同质石料的拼叠在色泽上也应一致才好，如图 5-5 所示。

图 5-5　园林假山

③ 接形。将各种形状的山石外形互相组合拼叠起来,既有变化又浑然一体,这就叫作"接形"。在叠石造山中,用石不应一味地追求石料块形大。但石料的块形太小也不好,块形小,人工拼接的石缝就多,接缝一多,山石拼叠不仅费时费力,而且在观感上易显得破,同样不可取。

正确的接形除了石料的选择要有大小、长短等变化外,石与石的拼叠面应力求形状相似,石形互接,讲究就势顺势,如向左则先用石造出左势,如向右则先用石造出右势;欲高先接高势,欲低先出低势。

④ 合纹。纹是指山石表面的纹理脉络。当山石拼叠时,合纹不仅指山石原来的纹理脉络的衔接,还包括外轮廓的接缝处理。

(2) 石料的选购。石料的选购是在相地设计后,根据假山造型规划设计的大体需要而确定的。依据山石产地、石料的形态特征,想象先行拼凑哪些石料可用于假山的何种部位,按要求通盘考虑山石的形状与用量。在遵循"是石堪堆"原则的基础上,尽量采用施工当地的石料,这样方便运输,减少假山堆叠的费用。石料有新、旧和半新半旧之分。采自山坡的石料,由于暴露于地面,经常年风吹雨打,天然风化明显,此石叠石造山,易得古朴美的效果。而从土中扒出来的石料,表面有一层土锈,用此石堆山,需经长期风化剥蚀后,才能达到旧石的效果。有的石头一半露出地面,一半埋于地下,则为半新半旧之石。

选购石料时有通货石和单块峰石之别。通货石是指不分大小、好坏,混合出售之石。选购通货石无须一味求大、求整,应根据掇山需要而定,石料过大过整,在拼叠时将使山石造型过于平整规则而显得呆板;石料过小过碎,将增加堆叠劳动量和拼接数量,即使拼叠再好,也难免有人工痕迹。所以,选择石料应当大小搭配,对主观赏面没有损坏的破损石料,也可选用。在实际叠石造山时,大多数情况下山石只有一个面向外,其他的面叠包在山体之中不可见。当然,如能尽量选择没有破损的山石料是最好的,至少可以多几个面供具体施工时选择和合理使用。总之,选择石料的原则大体上是:大小搭配,形态多变,对堆叠同一座假山,要求石质、石色、石纹、石性等基本特征统一。

单块峰石造型以单块成形,四面均可观赏者为极品,三面可观赏者为上品,前后两面可观赏者为中品,一面可观赏者为末品。根据假山山体的造型与峰石安置的位置综合考虑选购一定数量的峰石。园林置石如图 5-6 所示。

图 5-6 园林置石

(3) 石料的分类。石料到达施工工地后,应分块平放在地面上以供"相石"之需。同时,按大小、好坏、掇山使用顺序将石料分门别类,有秩序地排列放置。一般可按如下方法进行:

① 单块峰石应放在最安全、不易磕碰的地方。按施工造型的程序,峰石多是最后使用的,

故应放于离施工场地稍远一点的地方,以防止其他石料在使用吊装的过程中与之发生碰撞而造成损坏。

② 其他石料可按其不同的形态、作用和施工造型的先后顺序合理安放。如拉底时先用的,可放在前面;用于封顶的,可放在后面;石色纹理接近的放置一处,可用于大面的放置一处等。

③ 要使每一块石料最具形态特征和最具观赏性的一面朝上,以便施工时不须翻动就能辨认取用。

④ 石料要根据将要堆叠的大致位置沿施工工地四周有次序地排放,2～3块为一排,呈竖向条形。条与条之间须留有较宽的通道,以供搬运石料和人员行走需要。

⑤ 从叠石造山的最佳观赏点到山石拼叠的施工场地,一定要保证其空间地面平坦、无障碍物。观赏点又叫作"定点"位置,每堆叠一块石料,都应从堆叠山石处退回"定点"的位置上进行"相形",以保证叠石造山主观赏面不偏向、走形。

⑥ 每一块石料的摆放都力求单独,即石与石之间不能挤靠在一起,更不能成堆放置。

2. 假山结构配件

(1) 平稳设施和填充设施。为了安置底面不平的山石,在找平山石以后,于底下不平处垫一至数块控制平稳和传递重力的垫片,称为"刹"或"重力石""垫片"。山石施工术语有"见缝打刹"之说。"刹"要选用坚实的山石,在施工前就打成不同大小的斧头形以备随时选用。打刹一定要找准位置,尽可能地用数量最少的刹而求得稳定。打刹后用手推拭一下以检验其是否稳定。至于两石之间不着力的空隙也要用石皮填充。假山外围每做好一层,都要用石皮和灰浆填充其中,凝固后便形成一个整体。

(2) 铁活加固设施。其常用熟铁或钢筋制成。用于山石稳定前提下的加固。铁活要求用而不露,因此不易发现。常用的有以下几种。

银锭扣为生铁铸成,有大、中、小三种规格。主要用以加固山石间的水平联系。先将石头水平向接缝作为中心线,再按银锭扣大小划线凿槽打下去。其上接山石而不外露。

铁爬钉用熟铁制成,用以加固山石水平向及竖向的连接。

铁扁担多用于加固山洞,作为石梁下面的垫梁。铁扁担的两端成直角上翘,翘头略高于所支承石梁两端。

马蹄形吊架和叉形吊架见于江南一带。扬州清代宅园"寄啸山庄"的假山洞底,由于用花岗石做石梁只能解决结构问题,外观极不自然。用这种吊架从条石上挂下来,吊架上再安放山石,便接近自然山石的外貌。

常见假山安装构件如图5-7所示。

3. 施工机具准备

能正确、熟练地运用一整套适合于各种规模和类型的叠石造山的施工工具和机械设备,是保证叠石造山工程施工安全、施工进度和施工质量的极其重要的前提。假山施工工具分为手工工具和机械工具两大类,现分述如下。

(1) 手工工具。如铁铲、箩筐、镐、钯、灰桶、瓦刀、水管、锤、杠、绳、竹刷、脚手地撬棍、小抹子、毛竹片、钢筋夹、木撑、三角铁架、手拉葫芦等。

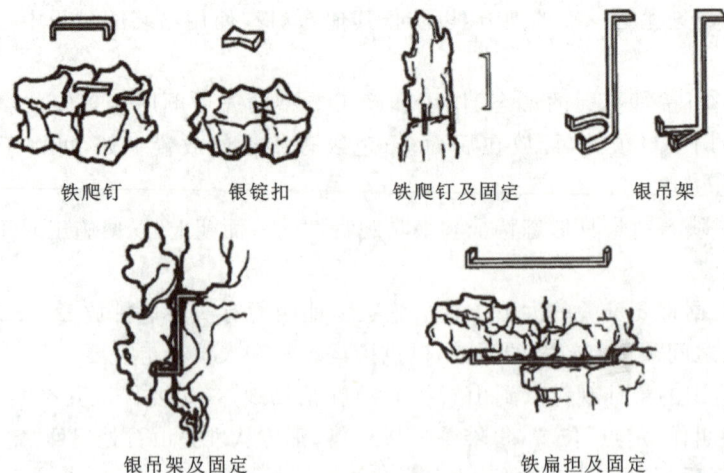

铁爬钉　　　　银锭扣　　　　铁爬钉及固定　　　　银吊架

银吊架及固定　　　　　　　　铁扁担及固定

图 5-7　常见假山安装构件

① 铁锤。主要用于敲打山石或取山石的刹石和石皮。刹石用于垫石,石皮用于补缝。最常用的锤是单手锤,敲打山石或取刹石、石皮。石纹是石的表面纹理脉络,而石丝则是石质的丝路。石纹有时与石丝同向,有时不同向。所以要认真观察待敲打的山石,找准丝向,而后顺丝敲剥。另外,在山石拼叠使用刹石时,一般不用锤头直接敲打刹石,而用锤柄顶端或木榔头敲打,以防敲碎刹石。

② 竹刷。主要用于山石拼叠时水泥缝的扫刷,应在水泥完全凝固前即进行扫刷缝口,也可在刚做完的缝口处用毛排刷蘸清水扫刷。

③ 棕绳(或麻绳、钢丝)。用于搬运山石。用棕绳或麻绳捆绑山石进行吊装和搬运,其优点是扒滑、结实,只要不沾水,则比较柔软,易打结扣。尼龙化纤绳虽结实,但伸缩性较大。钢丝绳结实,但结扣较难打。山石不是随意捆吊的,要根据山石在堆叠时放置的角度和位置进行捆吊。还要尽量使捆绑山石的绳子不能在山石拼叠时被石料压在下面,要便于吊装后能将绳索顺利抽出。绳子的结扣要易打,又要好松好解,不能松开滑掉,要越抽越紧,即山石自身越重,绳扣越紧。如图 5-8 所示。

图 5-8　石材套结方式

④ 小抹子。小抹子是做山石拼叠缝口的水泥接缝的专用工具。

⑤ 毛竹片、钢筋夹、撑棍与木刹。其主要用于临时性支撑山石,以利于山石的拼接、堆叠和做缝,待混凝土凝固后或山石稳固后再行拆除。

⑥ 脚手架与跳板。除了常用于山石的拼叠做缝外,做较大型的山洞或山石的拱券需要用脚手架与跳板再加以辅助操作,这是一种比较安全有效的方法。

(2)机械工具。假山堆叠需要的机械包括混凝土机械、运输机械和起吊机械。小型堆山和叠石用手拉葫芦就可完成大部分工程,而对于一些大型的叠石造山工程,吊装设备尤显重要,合适的起重机械可以完成所有的吊装工作。起重机械种类较多,在假山施工中,常用的有汽车起重机、手拉葫芦和电动葫芦。

叠石造山作为传统的技艺,历史上都是以人抬肩扛的手工操作进行施工的。现在,虽然吊装机械设备的使用代替了繁重的体力劳动,但其他的手工操作部分却仍然离不开一些传统的操作方式及有关工具。

4. 掇山施工过程

(1)工艺流程。

制作模型—施工放线—挖槽—基础施工—拉底—中层施工—扫缝—收顶与做脚—检查验收—使用保养。

(2)假山模型制作。

① 熟悉图纸。图纸包括假山底层平面图、顶层平面图、立体图、剖面图及洞穴、结顶等大样图。

② 按 1:50~1:20 的比例放大底层平面图,确定假山范围及各山景的位置。

③ 选择、准备制作模型材料。可选择石膏、水泥砂浆、橡皮泥或泡沫塑料等可塑材料。

④ 制作假山模型。根据设计图纸尺寸要求,结合山体总体布局、山体走向、山峰位置、主次关系和沟壑、洞穴、溪涧的走向,尽量做到体量适宜,布局精巧,能充分体现出设计的意图,为掇山施工提供参考。

(3)施工放线。根据设计图纸的位置与形状在地面上放出假山的外形形状。由于基础施工比假山的外形要宽,放线时应根据设计适当放宽。在假山有较大幅度的外挑时,要根据假山的重心位置来确定基础的大小。

(4)挖槽。根据基础的深度与大小挖槽。在我国南、北方,假山堆叠各不相同,北方一般满拉底,基础范围覆盖整个假山;南方一般沿假山外形及山洞位置设基础,山体内多为填石,对基础的承重能力要求相对较低。因此挖槽的范围与深度需要根据设计图纸的要求进行。

(5)基础。施工基础是首位工程,其质量优劣直接影响假山的稳定性和艺术造型。在确定了主山体的位置和大致的占地范围后,就可以根据主山体的规模和土质情况进行钢筋混凝土基础的浇筑了。浇筑基础,是为了保证山体不倾斜、不下沉。如果基础不牢,山体发生倾斜,也就无法供游人攀爬了。浇筑基础的方法很多,首先是根据山体的占地范围挖出基槽,或用块石横竖排立,于石块之间注进水泥砂浆。或用混凝土与钢筋扎成的块状网浇筑成整块基础。在基土坚实的情况下可利用素土槽浇筑,基槽宽度同灰土基。至于砂石与水泥的混合比例关系、混凝土的基础厚度,所用钢筋的直径粗细等,则要根据山体的高度、体积以及重量和土层情况由设计而定。叠石造山浇筑基础时应注意以下事项。

① 调查了解山址的土壤立地条件,地下是否有阴沟、基窟、管线等。

② 叠石造山如以石山为主配植较大植物的造型,则预留空白要准确。仅靠山石中的回填土常常无法保证足够的土壤供植物生长,加上满浇混凝土基础,就形成了土层的人为隔断,地气接不上来,水也不易排出去,使得植物不易成活和生长不良。因此,在准备栽植植物的地方,根据植物大小需预留一块不浇混凝土的空白处,即留白。

③ 从水中堆叠出来的假山,主山体基础应与水池的底面混凝土同时浇筑形成整体。如先浇主山体基础,待主山体基础完成后再做水池池底,则池底与主山体基础之间的接头处容易出现裂缝,产生漏水,而且日后处理极难。

④ 如果山体是在平地上堆叠,则基础一般低于地平面至少20cm。山体堆叠成形后再回填土,同时沿山体边缘栽种花草,使山体与地面的过渡更加自然生动。

(6) 拉底。拉底是指在基础上铺置最底层的自然山石。假山空间的变化都立足于这一层,所以"拉底"为叠山之本。如果底层未打破整形的格局,则中层叠石亦难变化,此层山石大部分在地面以下,只有小部分露出地表,不需要形态特别好的山石。由于它是受压最大的自然山石层,所以拉底山石要求有足够的强度,宜选用顽夯没有风化的土石。拉底时主要注意以下几个方面。

① 统筹向背。根据造景的立地条件,特别是游览路线和风景透视线的关系,确定假山的主次关系,再根据主次关系安排假山的组合单元,按假山组合单元的要求来确定底石的位置和发展的走向。要精于处理主要视线方向的画面以作为主要朝向,然后照顾次要朝向,简化处理那些视线不可及的部分。

② 曲折错落。假山底脚的轮廓线要变平直为曲折,变规则为错落。在平面上要形成具有不同间距、不同转折半径、不同宽度、不同角度和不同支脉走向的变化,或为斜八字形,或为"S"形,或为各式曲尺形,为假山的虚实、明暗变化创造条件。

③ 断续相间。假山底石所构成的外观不是连绵不断的,要为中层做出"一脉既毕,余脉又起"的自然变化做准备。因此在选材和用材方面要灵活,或因需要选材,或因材施用。用石的大小和方向要严格地按照皴纹的延展来确定。大小石材成不规则的相间关系安置,或小头向下渐向外挑,或相邻山石小头向上预留空档以便往上卡接,或从外观上做出"下断上连""此断彼连"等各种变化。

④ 紧连互咬。外观上做出断续的变化,但结构上却必须一块紧连一块,接口力求紧密,最好能互相咬合。尽量做到"严丝合缝",因为假山的结构是"集零为整",结构上的整体性最为重要,它是影响假山稳定性的又一重要因素。假山外观所有的变化都必须建立在结构上重心稳定、整体性强的基础上。实际上山石间是很难完全自然地紧密结合,可借助于小块的石块填入石间的空隙部分,使其互相咬合,再填充以水泥砂浆使之连成整体。

⑤ 垫平稳固。拉底施工时,大多数要求基石以大而平坦的面向上,以便于后续施工,向上垒接。通常为了保持山石平稳,要在石之底部用"刹片"垫平以保持重心稳定、上面水平。北方掇山多采用满拉底石的办法,即在假山的基础上满铺一层,形成一整体石底,而南方则常采用先拉周边底石再填心的办法。

(7) 中层施工。中层即底石与顶层之间的部分。假山的堆叠也是一个艺术再创作的过程,在堆叠时先在想象中进行组合拼叠,然后在施工时就能信手拈来并发挥灵活机动性,寻找合适的石料进行组合。掇山造型技艺中的山石拼叠实际上就是相石拼叠的技艺。其过程顺序是从相石、选石到想象拼叠到实际拼叠造型相形,而后再从造型后的相形回到相石、选石到想象拼叠到实际拼叠到造型相形,如此反复循环,直到整体的堆叠完成。

① 中层施工的技术要点。除了底石所要求平稳等方面以外,还应做到:

a. 接石压槎。山石上下的衔接要求石石相接、严密合缝。除有意识地大块面闪进以外,避免在下层石上面闪露一些很破碎的石面。如果是为了得到某种变化效果,故意预留石槎,则另当别论。

b. 偏侧错安。在下层石面之上,再行叠放应放于一侧,破除对称的形体,避免形成四方、长方、正品或等边、等三角等形体。要因偏得致,错综成美。掌握每个方向呈不规则的三角形变化特点,以便为向各个方向的延伸发展创造基本的形体条件。

c. 仄立避"闸"。将板壮山石直立或起撑托过河者,称为"闸"。山石可立、可蹲、可卧,但不能像闸门板一样仄立。仄立的山石很难和一般布置的山石相协调,显的呆板、生硬,而且向上接山石时接触面较小,影响稳定。但有时这也不是绝对的,自然界中也有仄立如闸的山石,特别是作为余脉的卧石处理等,但要求巧用。有时为了节省石材而又能有一定高度,可以在视线不可及之处以仄立山石空架上层山石。

d. 等分平衡。《园冶》中"等分平衡法"和"悬崖使其后坚"便是此法的要领。无论是挑、拷、悬、垂等,凡有重心前移者,必须用数倍于"前沉"的重力稳压内侧,把前移的重心再拉回到假山的重心线上。

② 叠山的技术措施。

a. 压。"靠压不靠拓"是叠山的基本常识。山石拼叠,无论大小,都是靠山石本身重量相互挤压、咬合而稳固的,水泥砂浆只是一种补连和填缝的作用。

b. 刹。刹石虽小,却承担平衡和传递重力的重任,在结构上很重要,打"刹"也是衡量叠山技艺水平的标志之一。打刹一定要找准位置,尽可能地用数量最少的刹片而求得稳定,打刹后用手推试一下是否稳定,两石之间不着力的空隙要用石皮填充。假山外围每做好一层,最好即用块石和灰浆填充其中,称为"填肚",凝固后便形成一个整体。

c. 对边叠山。需要掌握山石的重心,应根据底边山石的中心来找上层山石的重心位置,并保持上、下层山石的平衡。

d. 搭角。搭角是指石与石之间的相接,石与石之间只要能搭上角,便不会发生脱落倒塌的危险,搭角时应使两旁的山石稳固。

e. 防断。对于较瘦长的石料,应注意山石的裂缝,如果石料间有夹砂层或过于透漏,则容易断裂,这种山石在吊装过程中常会发生危险,另外此类山石也不宜作为悬挑石用。

f. 忌磨。"怕磨不怕压"是指叠石数层以后,其上再行叠石时如果位置没有放准确,需要就地移动一下,则必须把整块石料悬空起吊,不可将石块在山体上磨转移动来调整位置,否则会因带动下面石料同时移动,从而造成山体倾斜倒塌。

g. 勾缝和胶结。掇山之事虽在汉代已有明文记载,但宋代以前假山的胶结材料已难于考证。不过,在没有发明石灰以前,只可能是干砌或用素泥浆砌。从宋代李诫撰《营造法式》中可以看到用灰浆泥假山,并用粗墨调色勾缝的记载,因为当时风行太湖石,宜用色泽相近的灰白色灰浆勾缝。此外,勾缝的做法还有桐油石灰(或加纸筋)、石灰纸筋、明矾石灰、糯米浆拌石灰等多种,湖石勾缝再加青煤,黄石勾缝后刷铁屑盐卤等,使之与石色相协调。现代掇山,广泛使用1:1水泥砂浆,勾缝用"柳叶抹",有勾明缝和暗缝两种做法。一般是水平向缝都勾明缝,在需要时将竖缝勾成暗缝,即在结构上结成一体,而外观上若有自然山石缝隙。勾明缝务必不要过宽,最好不要超过 2cm,如缝过宽,可用随形之石块填后再勾浆。

(8) 收顶。收顶即处理假山最顶层的山石,是假山立面上最突出、最集中视线的部位,顶部的设计和施工直接关系整个假山的艺术形象。从结构上讲,收顶的山石要求体量大,以便紧凑收压。从外观上看,顶层的山石体量虽不如中层大,但有画龙点睛的作用,因此要选用轮廓和体态都富有特征的山石。收顶一般有峰顶、峦顶、崖顶和平顶四种类型。

① 峰顶。峰顶又可分为:剑立式,上小下大,竖直而立,挺拔高矗;斧立式,上大下小、形如斧头侧立,稳重而又有险意;流云式,峰顶横向挑伸,形如奇云横空,高低不同;斜立式,势如倾斜山岩,斜插如削,有明显的动势;分峰式,一座山体上用两个以上的峰头收顶;合峰式,峰顶为一主峰,其他次峰、小峰的顶部融合在主峰的边部,成为主峰的肩部等。

② 峦顶。峦顶可以分为圆丘式峦顶,顶部为不规则的圆丘状隆起,像低山丘陵,此顶由于观赏性差,一般主山和重要客山多不采用,个别小山偶尔采用;梯台式峦顶,形状为不规则的梯台状,常用板状大块山石平伏压顶形成;玲珑式峦顶,山顶由含有许多洞眼的玲珑型山石堆叠而成;灌丛式峦顶,在隆起的山峦上普遍栽植耐旱的灌木丛,山顶轮廓由灌丛顶部构成。

③ 崖顶。山崖是山体陡峭的边缘部分,既可以作为重要的山景部分,又可作为登高望远的观景点。山崖可分为平顶式崖顶,崖壁直立,崖顶平伏;斜坡式崖顶,崖壁陡立,崖顶在山体堆砌过程中顺势收结为斜坡;悬垂式崖顶,崖顶石向前悬出并有所下垂,致使崖壁下部向里凹进。

④ 平顶。园林中,为了使假山具有可游、可憩的特点,有时将山顶收成平顶。其主要类型有平台式山顶、亭台式山顶和草坪式山顶。

假山收顶的方式在自然地貌中有本可寻。收顶往往是在逐渐合凑的中层山石顶面用重力加以镇压,使重力均匀地分层传递下去。常用一块收顶的山石同时镇压下面几块山石,如果收顶面积大而石材不够整,就要采取“拼凑”的手法,并用小石镶缝成一体。在掇山施工的同时,如果有瀑布、水池、种植池等构景要素,应与假山一起施工,并通盘考虑施工的组织设计。

(9) 做脚。做脚就是用山石堆叠山脚,它是在掇山施工大体完工以后,于紧贴拉底石外缘部分拼叠山脚,以弥补拉底造型的不足。山脚的造型应与山体造型结合起来考虑,施工中做脚的选型形式主要有凹进脚、凸出脚、断连脚、承上脚、悬底脚、平板脚等。当然,无论是哪一种造型形式,它在外观和结构上都应当是山体向下的延续部分,与山体是不可分割的整体。即使采用断连脚、承上脚的造型形式,也还要“形断迹连,势断气连”,在气势上连成一体。具体做脚时有以下三种做法。

① 点脚法。所谓点脚,就是先在山脚线处用山石做成相隔一定距离的点,点与点之上再用片状石或条状石盖上,这样就可在山脚的一些局部造出小的空穴,加强假山的深厚感和灵秀感,主要运用于具有空透型山体的山脚造型。如扬州个园的湖石山,就是用点脚法做脚的。

② 连脚法。做山脚的山石依据山脚的外轮廓变化,呈曲线状起伏连接,使山脚具有连续、弯曲的线形,同时以前错后移的方式呈现不规则的错落变化。

③ 块面脚法。一般用于拉底厚实、造型雄伟的大型山体,如苏州藕园主山山脚。这种山脚也是连续的,但与连脚法不同的是,做出的山脚线呈现大进大退的形态,山脚突出部分与凹陷部分各自的整体感都要强,而不是像连脚法那样呈小幅度的曲折变化。

5. 施工要点

假山施工是一个复杂的系统工程,为保证假山工程的质量,应注意以下几点:

（1）施工注意先后顺序，应自后向前，由主及次，自下而上分层作业。每层高度在0.3～0.8m之间，各工作面叠石务必在胶结未凝之前或凝结之后继续施工，千万不能在凝固期间强行施工，一旦松动则胶结料失效。

（2）注意按设计要求边施工边预埋预留管线水路孔洞，切忌事后穿凿，松动石体。

（3）对于结构承重受力用石必须小心挑选，保证有足够的强度。

（4）安石争取一次到位，避免在山石上磨动，一般要求山石就位前应按叠石要求原地立好，然后拴绳打扣，无论人抬还是机吊都由专人指挥，统一指令术语。如一次安置不成功，需移动一下，应将石料重新抬起（吊起），不可将石体在山体上磨转移动去调整位置，否则会因带动下面石料同时移动，从而造成山体倾斜倒塌。

（5）掇山完毕应重新复检设计（模型），检查各道工序，进行必要的调整补漏，冲洗石面，清理现场。如山上有种植池，应填土施底肥，种树、植草一气呵成。

5.2.3　人工塑石

人工塑石是近年来新发展起来的一种造山技术，它充分利用混凝土、玻璃钢、有机树脂等现代材料，以雕塑艺术的手法仿造自然山石。人工方法包括塑山和塑石两类，具有与真石掇山、置石相同的功能。

早在百年前，在岭南园林中就出现塑山，如岭南四大名园（佛山梁园、顺德清晖园、番禺余荫山房、东莞可园）中都不乏灰塑假山的身影。近几年，经过不断的发展与创新，塑石已作为一种专门的假山工艺在园林中得到广泛运用。

1. 人工塑石的特点

（1）方便：指塑山所用的砖、水泥等材料来源广泛，取用方便，可就地解决，无采石、运石之烦。

（2）灵活：指塑山在造型上不受石材大小和形态限制，施工灵活方便，不受地形、地物限制，可完全按照设计意图进行造型。

（3）省时：指塑山的施工期短，见效快。

（4）逼真：好的塑山无论是在色彩还是质感上都能取得逼真的石山效果。

当然，由于塑山所用的材料不是自然山石，因而在神韵上不及石质假山，同时使用期限较短，需要经常维护。

2. 人工塑石的分类

人工塑石根据其结构骨架材料的不同，可分为砖结构骨架塑山，即以砖作为塑山的结构骨架，适用于小型假山；钢筋铁丝网结构骨架塑山，即以钢材、铁丝网作为塑山的结构骨架，适用于大型假山。

砖结构骨架塑山和钢筋铁丝网结构骨架塑山的施工工序如下。

（1）砖结构骨架塑山：基础放样—挖土方—浇混凝土垫层—砖骨架—打底—造型—面层批荡（批荡即面层厚度抹灰，多用砂浆）及上色修饰—成型。

（2）钢筋铁丝网结构骨架塑山：基础放样—挖土方—浇混凝土垫层—焊接主钢骨架—做分块钢架并焊接—双面混凝土打底—造型—面层批荡及上色修饰—成型。

3. 塑山与塑石过程

塑山与塑石过程如图 5-9 所示，具体如下。

图 5-9　现代工艺假山施工

（1）基架设置。

根据山形、体量和其他条件选择基架结构，如砖石基架、钢筋铁丝网基架、混凝土基架或三者结合基架。坐落在地面的塑山要有相应的地基处理，坐落在室内的塑山要根据楼板的结构和荷载条件进行结构计算，包括地梁和钢梁、柱及支撑设计等。基架多以内接的几何形体为桁架，以作为整个山体的支撑体系，并在此基础上进行山体外形的塑造。施工中应在主基架的基础上加密支撑体系的框架密度，使框架的外形尽可能地接近设计的山体形状。凡用钢筋混凝土基架的，都应涂防锈漆 2 遍。

（2）铺设铁丝网。

铁丝网在塑山中主要起成型及挂泥的作用。砖石骨架一般不设铁丝网，但形体宽大者也需铺设，钢骨架必须铺设铁丝网。铁丝网要选择易于挂泥的材料。铺设之前，先做分块钢架附在形体简单的钢骨架上并焊牢，变几何形体为凹凸的自然外形，其上再挂铁丝网。铁丝网根据设计造型用木槌及其他工具成型。

（3）打底及造型。

塑山骨架完成后，若为砖骨架，一般以 M7.5 混合砂浆打底，并在其上进行山石皴纹造型；若为钢骨架，则应先抹白水泥麻刀灰 2 遍，再堆抹 C20 豆石混凝土（坍落度为 0～2），然后于其上进行山石皴纹造型。

（4）抹面及上色。

通过精心的抹面和石面皴纹、棱角的塑造，可使石面具有逼真的质感，才能达到逼真的效果。因此塑山骨架基本成型后，用 1∶2.5 或 1∶2 水泥砂浆对山石皴纹找平，再用石色水泥浆进行面层抹灰，最后修饰成型。其中各种色浆的配比见表 5-2。

表 5-2　　　　　　　　　　　　　　　　各种色浆的配比

仿色	白水泥	普通水泥	氧化铁黄	氧化铁红	硫酸钡	107 胶	黑墨汁
黄石	100		5	0.5		适量	适量
红色山石	100		1	5		适量	适量
通用石色	70	30				适量	适量
白色山石	100				5	适量	

4. 新工艺塑山简介

（1）GRC 塑山材料。

为了克服钢、砖骨架塑山存在着的施工技术难度大、皴纹很难逼真、材料自重大、易裂和褪色等缺陷，近年来探索出一种新型的塑山材料——短纤维强化水泥或玻璃筋混凝土（glass fiber reinforced cement，简称 GRC）。其主要用来制造假山、雕塑、喷泉瀑布等园林山水艺术景观。GRC 用于假山造景，是继灰塑、钢筋混凝土塑山、玻璃钢塑山后人工创造山景的又一种新材料、新工艺。

GRC 材料用于塑山的优点为：

① 用 GRC 造假山石，山石的造型、皴纹逼真，具有岩石坚硬润泽的质感，模仿效果好。

② 用 GRC 造假山石，材料自身质量轻，强度高，抗老化且耐水湿，易进行工厂化生产，施工方法简便、快捷，造价低，可在室内外及屋顶花园等处广泛使用。

③ GRC 假山造型设计、施工工艺较好，可塑性大，在造型上需要特殊表现时可满足要求。加工成各种复杂形体，与植物、水景等配合，可使景观更富于变化、更有表现力。

④ 现在以 GRC 造假山可利用计算机进行辅助设计，结束了过去假山工程无法做到的石块定位设计的历史，使假山不仅在制作技术上发展迅速，还在设计手段上取得了新突破。

⑤ 具有环保特点，可取代真石材，减少对天然矿产及林木的开采。

(2) FRP 材料塑山。

继 GRC 现代塑山材料后，目前还出现了一种新型的塑山材料——玻璃纤维强化树脂（fiber glass reinforced plastics，简称 FRP），它是用不饱和树脂及玻璃纤维结合而成的一种复合材料。该材料具有刚度好、质轻、耐用、价廉、造型逼真等特点，同时可预制分割，方便运输，特别适用于大型的、易于安装的塑山工程。FRP 首次用于香港海洋公园集古村石窟工程中，并取得很好的效果，获得一致好评。

FRP 塑山施工程序为：泥模制作—翻制石膏—玻璃钢制作—模件运输—基础和钢框架制作与安装—玻璃钢预制件拼装—修补打磨—油漆—成品。

① 泥模制作。按设计要求制作泥模。一般在一定比例（多用 1：20～1：15）的小样基础上制作。泥模制作应在临时搭设的大棚（规格可采用 50m×20m×10m）内进行。制作时要避免泥模脱落或冻裂。因此，温度过低时要注意保温，并在泥模上加盖塑料薄膜。

② 翻制石膏。采用分割翻制，主要考虑翻模和后续运输的方便。分块的大小和数量根据塑山的体量来确定，其大小以人工能搬动为好。每块要按一定的顺序标注记号。

③ 玻璃钢制作。玻璃钢原料采用 191 号不饱和聚酯及固化体系，一层纤维表面毡和五层玻璃布，以聚乙烯醇水溶液为脱模剂。要求玻璃钢表面硬度大于 34，厚度为 4mm，并在玻璃钢背面粘配 8mm 的钢筋。制作时注意预埋铁件以便供安装固定之用。

④ 基础和钢框架制作与安装。基础用钢筋混凝土，基础厚大于 80cm，双层双向配 8mm 钢筋，C20 预拌混凝土。框架柱梁可用槽钢焊接，柱距 1m×（1.5～2）m。必须确保整个框架的刚度与稳定。框架和基础用高强度螺栓固定。

⑤ 玻璃钢预制件拼装。根据预制件大小及塑山高度，先绘出分层安装剖面图和立面分块图，要求每升高 1.2m 就要绘一幅分层水平剖面图，并标注每一块预制件四个角的坐标位置与编号，对变化特殊之处要增加控制点。然后按顺序由下往上逐层拼装，做好临时固定。全部拼装完毕后，由钢框架伸出的角钢悬挑固定。

⑥ 打磨、油漆。拼装完毕后，接缝处用同类玻璃钢补缝、修饰、打磨，使之浑然一体。最后用水清洗，罩以土黄色玻璃钢油漆即成。

● **工程实例** ●

假山施工实景图如下。

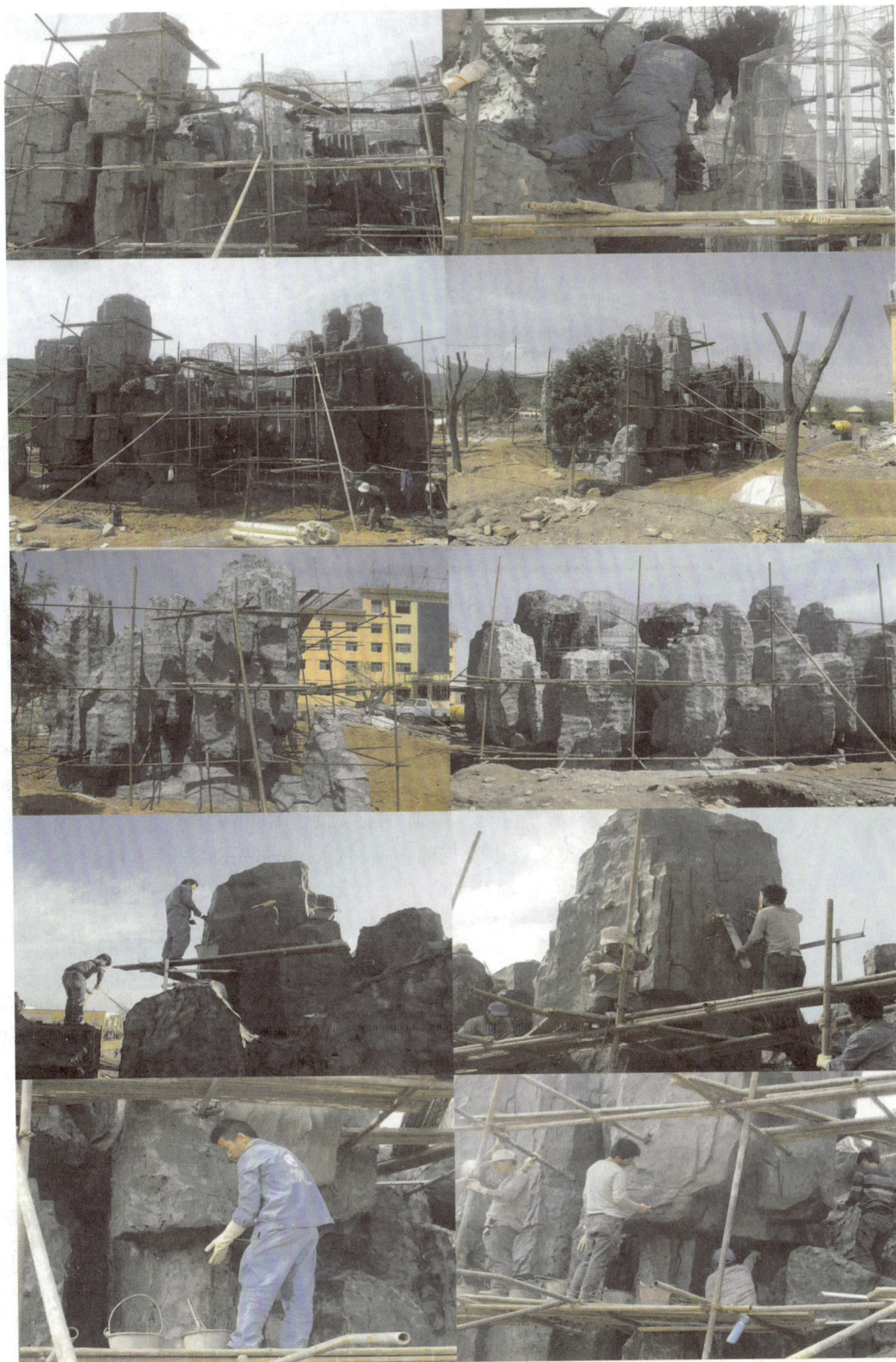

6 种植工程与养护管理

6.1 园林植物的分类与生长发育规律

● 6.1.1 园林植物的分类

关于植物的分类,存在不同的分类体系,一种是系统分类法,另一种是人为分类法。

1.园林植物的系统分类法

系统分类法又叫自然分类法,是指将植物之间的亲缘关系远近作为分类标准,能客观地反映植物亲缘关系和系统发育的分类方法。目前,我国较常用的被子植物分类系统有恩格勒(H. e. A. Engler)分类系统、哈钦松(J. Hutchinson)分类系统以及克郎奎斯特(A. Cronquist)分类系统。

在系统分类法中,植物分类有 6 个基本单位:门、纲、目、科、属、种。最常用的单位有科、属、种。其中,"种"是生物分类的基本单位,也是各级分类单位的起点。

在园林植物分类实践中,还有品种、品系两个常用单位。品种是指通过自然变异和人工选择所获得的栽培植物群体;品系是源于同一祖先,与原品种或亲本性状有一定差异,但尚未正式鉴定命名为品种的过渡性变异类型,它不是品种的构成单位,而是品种形成的过渡类型。

2.园林植物的人为分类法

人为分类法是指以植物系统分类中的"种"为基础,依据其生长习性、观赏特性以及园林用途等的不同而进行的分类。与植物系统分类法相比,人为分类法受人的主观划定标准和环境因素影响很大。但人为分类法具有简单明了、操作和实用性强等优点,在园林植物的繁殖、栽培及应用上有重要指导作用。

（1）按植物生长型或体形分类。

① 乔木。

乔木是指在原产地树体高大，有明显主干的木本植物，如雪松、银杏、水杉等。

② 灌木。

灌木树体矮小，是一种通常无明显主干而呈丛生状或分枝接近地面的木本植物，如蜡梅、含笑、六月雪等，如图6-1所示。

图6-1　园林灌木

③ 木质藤本。

木质藤本是指地上部分不能直立生长，常借助茎蔓、吸盘、卷须、钩刺等攀附在其他支持物上生长的木本植物，如紫藤、爬山虎、葡萄等，如图6-2所示。

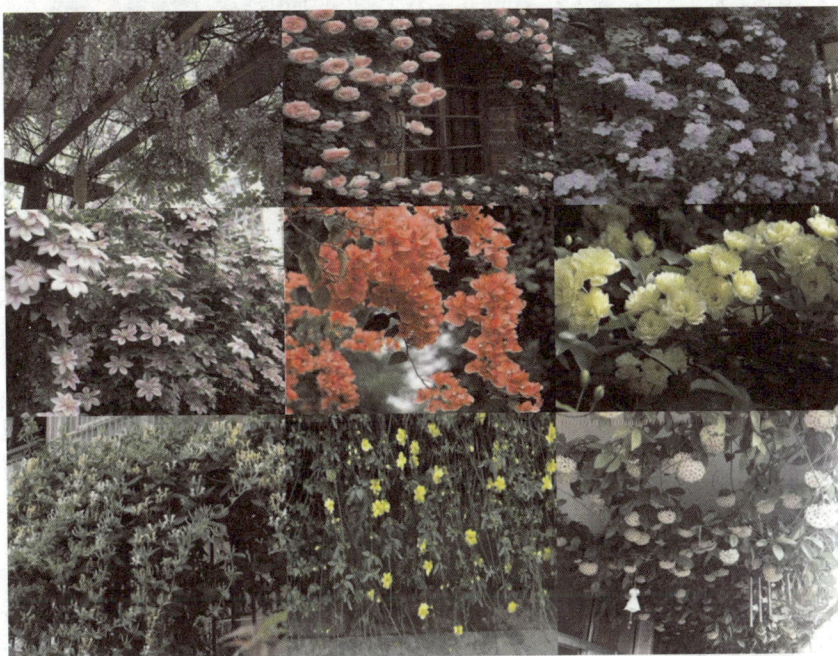

图6-2　园林藤本植物

④ 一、二年生草本。

播种后当年或次年就结束其个体生命的草本观赏植物，如百日草、凤仙花、半枝莲、鸡冠花、翠菊、一串红、万寿菊、金鱼草、金盏菊、报春花、三色堇、雏菊、羽衣甘蓝、瓜叶菊等。

⑤ 多年生草本。

连续生长三年或更长时间,开花结实后,地上部分枯死,地下部分继续生存,如郁金香、君子兰等。

(2)根据主要观赏部位分类。

① 观花类花卉。

观花类花卉是指花色、花形等具有较高观赏价值的植物,如月季、水仙、牡丹、玉兰、梅花等,如图 6-3 所示。

图 6-3　园林观花类花卉

② 观果类花卉。

观果类花卉是指果实显著、果形奇特、挂果丰满、宿存时间长的植物,如金橘、冬珊瑚、五色椒、佛手、乌柿等,如图 6-4 所示。

图 6-4 园林观果类花卉

③ 观叶类花卉。

观叶类花卉是指叶形奇特优美、叶色艳丽或随时间而改变等的植物,如红桑、竹芋、银杏、鹅掌楸、彩叶芋、龟背竹等,如图 6-5 所示。

图 6-5 园林观叶类花卉

④ 观茎类花卉。

观茎类花卉是指枝、干有独特的风姿或有奇特的色泽、附属物等的植物,如光棍树、竹节蓼、红瑞木、仙人掌类植物等。

⑤ 观根类花卉。

观根类花卉是指根系裸露膨大,具有较高观赏价值的植物,如榕树、何首乌、人参榕等。

⑥ 观形类花卉。

观形类花卉是指植株株型优美、奇特的植物,如南洋杉、雪松、龙柏、部分盆景类等。

⑦ 芳香类花卉。

芳香类花卉是指花或叶片等有芳香的植物,如栀子、白兰、薰衣草、银灰菊、迷迭香、米兰、罗勒等。

(3) 根据园林用途分类。

① 行道树类。

行道树类主要是指栽植在道路系统,如公路、街道、园路、铁路等两侧,整齐排列,以遮阴、美化为目的的乔木树种。行道树为城乡绿化的骨干树,能统一、组合城市景观,体现城市与道路特色,创造宜人的空间环境。

行道树的选择因道路的性质、功能而异。一般要求其为树冠整齐,冠幅较大,树姿优美,树干下部及根部不萌生新枝,有一定枝下高,抗逆性强,对环境的保护作用大,根系发达,抗倒伏,生长迅速,寿命长,耐修剪,落叶整齐,无恶臭或其他凋落物污染环境,大苗栽种容易成活的种类。常见种类有水杉、银杏、银桦、荷花、玉兰、樟、悬铃木、榕树、黄葛树、秋枫、复羽叶栾树、羊蹄甲、女贞、杜英、刺桐等。

② 孤散植类。

孤散植类主要是指以单株形式,布置在花坛、广场、草地中央,道路交叉点,河流曲线转折处外侧,水池岸边,庭院角落,假山、登山道及园林建筑等处的起主景、局部点缀或遮阴作用的一类树木。

孤散植类表现的主题是树木的个体美。故姿态优美、花果茂盛、四季常绿、色秀丽、抗逆性强的阳性树种是较理想的树种,如苏铁、雪松、金钱松、白皮松、五针松、水杉、圆柏、黄葛树、花玉兰、悬铃木、樟、樱花、梅、红枫、紫薇、枫香、假槟榔、棕榈及其他造型类树木。

③ 垂直绿化类。

垂直绿化类主要根据藤蔓植物的生长特性和绿化应用对象来选择树种,如爬山虎、薜荔、常春藤、木香、紫藤、葡萄等。

④ 绿篱类。

凡是由灌木或小乔木以近距离的株行距密植,栽成单行或双行,紧密结合的规则的种植形式,都称为绿篱。因其可修剪成各种造型并能相互组合,从而提高了观赏效果。此外,绿篱还能起到遮盖不良视点、隔离防护、防尘防噪等作用。

根据高度不同,绿篱分为三类:高篱类、中篱类、矮篱类。高篱类指篱高 2m 左右,起围墙作用,多不修剪,应以生长旺盛、高大的种类为主,如蚊母树、石楠、珊瑚树、桂花、女贞、丛生竹类等;中篱类指篱高 1m 左右,多配置在建筑物旁和路边,起联系与分割作用,常做轻度修剪,多选用枸骨、冬青卫矛、六月雪、木槿、小叶女贞、小蜡等;矮篱类指篱高 50cm 以内,主要植于规则式花坛、水池边缘,起装饰作用,需做强度修剪,应由萌发力强的树种,如小檗、黄杨、萼距花、雀舌花、小月季、迎春等组成。

⑤ 造型类及树桩盆景类。

造型类是指经过人工整形制成的各种物像的单株或绿篱。造型多样,对这类树木的要求与绿篱类基本一致,但以常绿种类、生长较慢者更佳,如罗汉松、海桐、枸骨、冬青卫矛、六月雪、黄杨等。

树桩盆景类是在盆中再现大自然风貌或表达特定意境的艺术品,对树种的选用要求与盆栽类有相似之处,均以适应性强,根系分布浅,耐干旱瘠薄,耐粗放管理,生长速度适中,耐阴,寿命长,花、果、叶有较高观赏价值,耐修剪蟠扎,萌芽力强,节间短缩,枝叶细小的种类为宜,如银杏、五针松、短叶罗汉松、榔榆、六月雪、紫藤、南天竹、紫薇、乌柿等。

⑥ 草坪地被类。

草坪地被类是指那些低矮的、可以避免地表裸露,防止尘土飞扬和水土流失,调节小气候,丰富园林景观的草本和木本观赏植物。草坪多为禾本科植物,如结缕草、狗牙根、高羊茅、黑麦草等。此外,三叶草、马蹄金、铺地柏、地瓜藤、八角金盘、日本珊瑚、萼距花属、雀舌花、蝴蝶花、吊兰、沿阶草等也常做草坪地被。

⑦ 花坛花镜类。

花坛花镜类是指露地栽培,用于布置花坛、花境或点缀园景用的观赏种类。多为时令性草花,如三色堇、金鱼草、金盏菊、万寿菊、一串红、碧冬茄、鸡冠花、羽衣甘蓝、彩叶草、菊花、郁金香、风信子、水仙、四季秋海棠等。

(4) 按形态、习性、分类学地位的综合分类。

以上几种分类都是从某一方面出发对园林植物进行的分类,从不同角度阐述了园林植物在各种分类方法中的地位及用途,对生产实践有一定的实用价值。但这些分类方法受人为主观意志影响较大,难以掌握标准,可变性大,具有不同程度的局限性与片面性。采用园林植物的形态、习性及分类学地位为依据的综合分类法可以取长补短,具有更高的应用价值。根据园林植物的形态、习性及分类学地位综合分类法,园林植物分为以下几大类:

① 针叶型树类。该类树树叶细长如针,多数为常绿乔木或灌木,少数为木质藤本,包括全部针叶树种以及部分其他树种,如雪松、金钱松、日本金松、巨杉、南洋杉、落羽杉、柽柳等。

② 棕榈型树类。该类植物多常绿,树干直,一般无分枝,叶大型,掌状或羽状分裂,聚生茎端。包括棕榈科、苏铁科植物,是树形较特殊的一类观赏树木。

③ 竹类。禾本科竹亚科的多年生常绿树种。竹类为我国园林传统的观赏植物,主要分布于秦岭、淮河流域以南地区。

④ 阔叶型树类。一般指具有扁平、较宽阔叶片,叶脉呈网状,叶常绿或落叶,一般叶面宽阔,叶形随树种不同而有多种形状的多年生木本植物。该类树种类繁多,主要为双子叶植物。根据落叶性不同,阔叶型树类又可分为常绿类和落叶类。其中,常绿乔木主要分布于热带、亚热带地区,不耐寒,四季常青,包括木兰科、樟科、桃金娘科、山茶科、木犀科等的多数种类;常绿灌木类在华南常见,耐寒力较弱,北方多为温室栽培,种类众多,其中的龙血树类、鹅掌木、孔雀木、变叶木、红背桂、绿萝等为著名的观叶树种;落叶乔木类为我国北方主要阔叶树种,较耐寒,季相变化明显,如山毛榉科、杨柳科、胡桃科、桦木科、榆科、悬铃木科、金缕梅科、漆树科、豆科等多种。

⑤ 藤蔓类。其是指茎不能直立,以多种方式攀缘于其他物体向上或匍匐地面生长的藤本及蔓生灌木。该类树木种类繁多,习性各异,主要用于垂直绿化。常见的藤蔓植物有紫藤、爬

山虎、使君子、凌霄、蔷薇、常春藤、牵牛花等。

⑥ 草本花卉类。分布很广,种类繁多。又可分为一、二年生花卉,球根类,宿根类,多浆及仙人掌类,室内观叶植物,水生花卉和草坪地被类等。

● 6.1.2 园林植物的生长发育规律

不论是木本还是草本,园林植物都要经历营养生长、开花结实、衰老死亡几个生长发育阶段。植物从播种开始,经幼年、性成熟开花、衰老死亡的全过程称为"生命周期"。植物在一年中经历的生活周期称为"年周期"。

1. 园林植物的生命周期

(1) 木本植物的生命周期。

园林树木的生命可能开始于种子,也可能开始于营养繁殖个体。前者称为"实生树",它起源于有性繁殖的生命周期,后者称为"营养繁殖树",是树木营养器官形成的独立植株,是原植物体生命的延续。实生树的生命周期经历种子期、幼年期、成熟期和衰老死亡期四个阶段。和实生树不同,营养繁殖树的生命起源于原植株的器官。其实际个体年龄应从原植株种子萌发开始算起,直到从母株分离的时间为止。因此,其生命周期与母株的年龄有很大关系。一般来说,营养繁殖树都已经经过了幼年期,只要生长正常,有成花诱导条件就能开花。因此营养繁殖树生命周期只有成熟期和衰老死亡期两个阶段。

(2) 草本植物的生命周期。

① 一、二年生草本的生命周期。

一、二年生草本生命周期短,仅1~2年。但其一生也必须经历胚胎期、幼苗期、成熟期、衰老期几个阶段。

② 多年生草本的生命周期。

多年生草本的寿命一般长于一、二年生草本,短于木本植物。和木本植物相同,多年生草本的生命可能开始于种子,也可能开始于营养繁殖个体,因此其生命周期与木本植物类似。

各类植物的各个生长发育阶段之间没有明显的界限,是渐进的过程。各阶段的长短与植物自身发育特征以及环境有很大关系。

2. 园林植物的年生长发育规律

植物的生长发育受环境影响显著,季节的变化使植物表现出生命活动的节律性发育。区域的不同、气候的差异造成了植物在一年中的生长发育也不同。

在四季明显的地区,落叶树表现出明显的生长与休眠两大物候期。从春季开始到秋季落叶,树木依次表现出萌芽、生长、落叶、休眠四个物候。

常绿树物候特点是没有明显的落叶休眠期,各个物候也没有落叶树明显。不同种类的常绿树以及同一种常绿树在不同年龄、不同区域所表现出来的物候进程也不同。如马尾松在南方一年可以抽梢2~3次,而在北方只抽梢1次。

6.2　园林植物种植工程概述

6.2.1　园林植物种植工程的概念及意义

园林植物种植工程是园林绿化工程的重要组成部分,是园林工程中最基本、最重要的工程。它是指按照正规的园林设计及遵循一定的计划,完成某一地区的种植绿化任务。种植工程一般分为栽植和养护两个部分。栽植主要指植物的起苗、移栽,养护主要包括栽植后植物在成活期间的管理。

园林植物种植虽然是短期的工作,但是种植的好坏直接影响植物的成活、生长、发育,从而影响植物的形态、美感以及生态功能,进而导致设计初衷受到影响,设计效果大相径庭。

6.2.2　植物移栽成活的原理

一般情况下,植物体内水分都处于一种平衡状态,地上部分水分的蒸腾可以及时得到根系所吸收水分的补充。在移栽过程中,植物的根系、枝叶受到一定程度的破坏,植物体内的水分收支情况发生了巨大变化,出现水分亏损的现象;代谢水平以及抗逆性下降;开始萎蔫失水,严重时植株死亡。因此,在整个种植过程中,一定要采取有效措施保持和恢复植物的水分平衡。在挖、运、栽、管的过程中采取相应措施,以保证植物的成活。

提高植物成活率,首先要保持植物体内的水分平衡。保湿、保鲜、防止苗木过度失水是移栽成活的第一个关键点;植物移栽后能否成活取决于植物本身是否能够自己吸收水分,恢复平衡。因此,伤口愈合以及新根的产生是移栽成活的第二个关键点;另外,为了方便植物根系对水分的吸收,土壤要与根系紧密接触,这是移栽成活的第三个关键点。

6.2.3　种植原则

1.适树适栽

根据树种的不同特性采用相应的栽培方法,特别是根据其水分平衡调节适应能力来采取相应的措施。对于易栽成活的树种,可采用裸根栽植,不易成活的树种须带土球并采取相应的水分调节措施。一般园林树木的栽植,对立地条件的要求为:土质疏松、通气透水。对根际积水极为敏感的树种,如雪松、广玉兰、桃树、樱花等,在栽植时可采用抬高地面或深沟降渍的地形改造措施。

2. 适时适栽

落叶树种多在秋季落叶后或在春季萌芽前进行。常绿树种栽植,在南方冬暖地区多进行秋植,或于新梢停止生长期进行;冬季严寒地区,易因秋季干旱造成"抽条"而不能顺利越冬,故以新梢萌发前春植为宜;春旱严重地区可进行雨季栽植。对于有明显旱、雨季之分的西南地区,以雨季栽植为好。抓住连阴雨或"梅雨"的有利时机进行。

3. 适法适栽

常绿树小苗及大多落叶树种多用裸根栽植。在起苗时尽量多带侧根、须根。常绿树种及某些裸根栽植难以成活的落叶树种多进行带土球移植。

● 6.2.4 园林植物种植季节及其特点

园林植物的种植时期,依植物的习性以及种植地区的气候条件而有差异。根据植物移栽成活的原理,种植应选择植物蒸腾量小而根系再生能力强的时期。从降低种植成本和提高成活率的角度讲,适栽期以春季和秋季为好。在这两个时期,植物体内养分充足;枝叶蒸腾作用小,有利于维持树体水分平衡;根系活动相对活跃,有利于伤口愈合和生根。然而,在实际操作过程中,种植时期受工期、环境等方面因素的影响明显。

1. 春季种植的特点

春季种植是指春天自土壤化冻后至植物发芽前进行种植。这也是我国大部分地区的主要种植季节。此时,土壤温度开始升高,水分充足,蒸发量小,树体营养充足,有利于根系主动吸水和生根,种植成活率低。春季种植一般维持2～4周。若种植任务不大,比较容易把握有利时机。如果种植任务重,很难在适宜的时期内完成。从种植顺序上讲,一般先种萌动早的树种,如针叶树、落叶树,后种萌动晚的树种,如阔叶树、常绿树。

2. 秋季种植的特点

秋季种植是指植物落叶后至土壤封冻前进行种植。此时,植物已经进入休眠期,营养消耗少,蒸发量小,根系相对较活跃。越冬后春季发根早,能够迅速进入正常生长期。

3. 雨季种植的特点

雨季种植适合某些地区和植物,如雨、旱季明显,夏季多雨,春季、秋冬季干旱的西南地区,以雨季种植为好。在这段时间里,降水较多、湿度大,有利于维持植物水分平衡,提高成活率。

4. 反季节种植的特点

反季节种植主要包括在干旱的夏季和寒冷的冬季种植。在这段时间里,环境相对恶劣,极端的高温、低温、干旱是影响成活率的重要因素。为提高种植成活率,应采取必要的措施进行降温、保暖、保湿。一般情况下,不选择在这段时间进行种植。若因需要不得已,应尽量随起随栽,并采取特殊技术措施,以保证植物成活。

● 6.2.5　园林植物种植工程施工

1.园林植物种植前的准备工作

在园林规划设计后,种植工程开始之前,参加施工的人员必须做好施工的准备工作,以保证施工的顺利进行。

(1)研究设计方案和工程概况。

施工人员首先要对整个工程的工程量、投资、预算、工期进度、施工地段状况、材料来源及运输、设计人员的设计意图、预想目标等有所了解,以利于种植苗木的选择、货源组织、种植计划的制订和工期安排。

准备工作完成后,应编制施工计划,制定优质、高效、低耗、安全的施工规定。

(2)现场勘察并核对设计图纸,制订施工方案。

在了解设计意图和工程概况后,施工负责人要按设计图纸进行现场核对,对现有种植地的现状进行调查,包括地物的去留、现场内外交通、水电情况、种植地土壤情况、设计图的可标注地形、地物是否与现场相符等。同时,要对各种管道等市政设施进行了解,安排好施工期间必需的生活设施,如宿舍、食堂、厕所等。

根据设计方案及施工技术规程,结合现场勘察现状,制订切实可行的施工安排方案。主要内容包括施工组织机构及负责人,施工程序及进度,劳动定额,机械及运输车辆使用计划,施工材料、工具进度表,种植技术措施及质量要求,施工现场平面图,施工预算。

在园林树木,尤其是乔木种植时,要考虑土壤厚度、树木与道路交叉口、管线、建筑物之间的间距,见表6-1~表6-4。

表6-1　　　　　　　　　　　**行道树与道路交叉口的距离**　　　　　　　　　(单位:m)

序号	种类	间距
1	道路急转弯时,弯内距树	50
2	公路交叉1:3各边距树	30
3	公路与铁路交叉口距树	50
4	道路与高压线交叉线距树	15
5	桥梁两侧距树	8

表6-2　　　　　　　　　　　**地上各种杆线与树木最小距离**　　　　　　　　(单位:m)

电线分类	电线与树水平距离	电线与树垂直距离
10kV·A以下	1.5	1.5
20kV·A以下	2.5~3	2.3
35~110kV·A	4	4

续表

电线分类	电线与树水平距离	电线与树垂直距离
154~220kV·A	5	5
330kV·A	6	6
电信明线	2	2
电信架空线	0.5	0.5

表 6-3　　　　　　　　　　**地下管线与树木根茎的最小距离**　　　　　　　　（单位：m）

地下管线	距乔木根茎中心距离	距灌木根茎中心距离
电力电缆	1	1
电信电缆（直埋）	1	1
电信电缆（管道）	1.5	1
给水管道	1.5	1
雨水管道	1.5	1
污水管道	1.5	1

表 6-4　　　　　　　　　　**各种设施与树木中心最小水平距离**　　　　　　　　（单位：m）

设施分类	最小水平距离	
	至乔木中心	至灌木中心
一般电力杆柱	2	1
电信杆柱	2	1
路灯、园灯杆柱	2	1
高压电力杆	5	2
无轨电车	2.5~3	
铁路变道中心线	8	4
排水沟外缘	1~1.5	1
邮筒路牌、车站牌	1~1.2	1~1.2
消防龙头	1.5	2
测量水准点	2	2

（3）整理施工现场。

① 清除障碍物。

清除障碍物是种植前的必要工作。一般在施工前要对绿化工程地界内的所有有碍施工的设施、房屋、杂物、坟墓进行拆除和搬迁。对现有房屋的拆除要结合设计要求，适当保留一部分作为工棚或仓库，待施工完毕后进行拆除。对现有树木的处理要保持慎重的态度，可以结合设计尽量保留，无法保留的则进行移植。

② 地形整理。

地形整理是指种植地段的划分和地形的营造，主要指绿地的排水问题。应按照设计图纸的规定和高程进行整理。整理工作一般在种植前 3 个月以上的时间内进行，可与清除障碍物相结合进行。

a. 对 10°以下的平缓耕地或半荒地，可采取全面整地措施。通常采用的整地深度为 30cm，对于重点布景地区或深根性树种翻耕要达到 50cm 深。结合翻耕进行施肥，借以改良土壤。

b. 对市政工程场地和建筑区域的整理要首先清除遗留下来的灰渣、石块、灰槽等建筑垃圾。对于土壤破坏严重的区域，要采用客土或一定的措施改良后方可进行整理。

c. 低湿地区的地形整理主要是解决排水问题。以防水分过多，通气不良，土壤反碱。通常在种植前一年，每隔 20m 挖一条深 1.5～2m 的排水沟，并将挖起来的表土翻至一侧，培成垅台，经过一个生长季，土壤受雨水冲洗，盐碱含量减少，杂草腐烂，土质疏松，不干不湿，即可在垅台上种植。

d. 新堆土山的征地应经过一个雨季使其自然沉降，才能进行整地种植。

e. 对于荒地的整理，首先要清理地面，刨除枯树根，搬除可移动的障碍物。

地形整理完毕后，要对种植植物的范围进行土壤整理，为植物生长创造良好的生长条件。农田菜地的整理主要是清除侵入体，不需换土。对于建筑遗址、工程废物，需要清除翻土，如有必要，还应进行土壤改良。

（4）交通运输及相关工具材料的准备。

种植工具主要指苗锹、锄头、绳索、植树机等，数量根据种植任务以及种植条件等确定。交通运输工具主要指运苗、运输劳动人员的交通工具及所需的燃料。

（5）苗木准备。

在种植之前，首先要根据设计图纸分别计算各类植物的需要量。一般要在计算的基础上另加 5% 左右的苗木数量，以抵消施工过程中的损耗。在选购苗木时，要对苗木的产地、质量、是否移栽过、年龄以及规格进行了解。

2. 种植工程的主要程序和技术

园林植物种植程序主要包括种植穴的准备、苗木的起苗、种植以及栽后管护等环节。

（1）种植穴的准备。

① 定点放线。

根据设计图将种植穴准确安放，首先要进行施工放线。同地形测量一样，定点放线要遵循"由整体到局部，先控制后局部"的原则。在放线时，先确定好基准线，同时了解测定标高的依据。

施工放线的方法多种多样，可根据具体情况进行选择。

规则式种植轴线明显，株距相等，以行道树种植最具代表性。行道树的行位要严格按横断面设计的位置放线。在有固定路牙的道路，以路牙内侧为准；在没有路牙的道路，以道路路面的平均中心线为准，用钢尺测准行位，并按设计图规定的株距，大约每隔 10 株钉一个行位控制桩。行道树点位以行位控制桩为依据，按照设计确定株距，定出每株树的株位。株位中心用铁锹铲一小坑，内撒白灰，作为定位标记。点位定好后要进行验点，验点合格后方可进行下一步施工操作。

在自然式种植中,施工放线常用网格法、仪器测量法和交汇法。

网格法是指根据植物配置的密度,先按一定的比例在设计图和现场分别打好等距离的方格,然后在图上量出植物在某方格的坐标尺寸,再按此方法量出在现场的相应方格位置。此法多用于范围大、地势平坦而植物配置复杂的绿地。

仪器测量法是用经纬仪或小平板仪根据地上原有基点或建筑、道路,将植物依照设计图依次确定植物的位置。此法适用于范围大、测量基点准确而植物较少的绿地。

交汇法是以建筑的两个固定位置为依据,根据设计图上与该两个固定位置的距离相交汇,定出植物位置。此法适用于范围小、现场建筑或其他地物与设计图相符的绿地。

② 挖种植穴。

定点放线后,根据确定的株位挖种植穴。种植穴一般为圆形,绿篱等可以挖成种植槽。大小、深度应大于土球苗木侧根的幅度和主根长度。对于土壤条件差、土层浅的地段,穴的规格应适当加大 1～2 倍。

在挖的过程中,表土与心土要分开堆放,回填时表土覆在苗木根部。挖好种植穴或种植槽,要求穴壁尽量垂直,穴底挖松抚平,避免出现上大下小的"锅底坑"。

(2)苗木的起苗、包装、运输与假植。

① 起苗。

起苗也叫掘苗,是指把苗木从原生长地(苗圃或野外)挖出的过程。苗木起掘的好坏直接关系种植的成活率及绿化效果。因此一定要把握最佳起苗时间,做好起苗前的准备工作,规范地完成起苗工作。

a.起苗时间。

起苗时间因地区和树种不同而有差异,一般多选择秋冬季休眠后或春季萌动前进行。在有些地区,雨季也是起苗的好时机。

b.起苗前的准备。

在起苗前,首先根据需要在苗圃中选择符合质量标准和规格的对象,同时做好标记。当土壤偏干时,要在起苗前 2～3d 灌透水以利挖掘。对于分枝低矮、冠幅较大的苗木,要用草绳等将树冠适当捆拢,以方便起苗操作和运输。

c.起苗方法。

起苗的规格对苗木的成活有重要影响。合理的规格能够保证尽可能经济而且损伤小地使所种植的树木成活。一般情况下,乔木挖掘的根部直径为树干胸径的 8～12 倍;落叶花灌木挖掘的根部直径为苗高的 1/3;分枝点高的常绿树挖掘根部直径为胸径的 6～10 倍;分枝点低的常绿树挖掘根部直径为苗高的 1/3～1/2。

根据是否带土,起苗可以分为裸根起苗和带土球起苗。

裸根起苗常用于处于休眠期的落叶乔灌木以及少数常绿树小苗。起苗时要尽量多地保留根系,留些宿土,对于不能及时种植的苗木可采用假植。

带土球起苗适用于常绿树、古树名木以及较大的花灌木,有些植物生长季种植也常用此种方法。起苗时,先铲除树干周围表层土壤,然后按规定半径画圆,在圆外垂直开沟到所需深度后向内掏底,边挖边修土球,直至把土球挖出。

② 包装。

裸根苗木一般不需要进行包装,如果需要长途运输,为避免根系过分失水,可以用湿草对根系进行包裹或打泥浆。

　　带土球的苗木是否需要包装依土球大小、土质紧实度以及运输远近有关。一般情况下,较小的土球可不进行任何包扎;对于直径小于50cm的土球,如果土质松散,可以用稻草、塑料布等在穴外铺平,然后将修好的土球放在上面,再将其上翻扎牢;对于直径大于50cm土球的包扎,常采用橘子式、井字式和五角式,如图6-6所示。

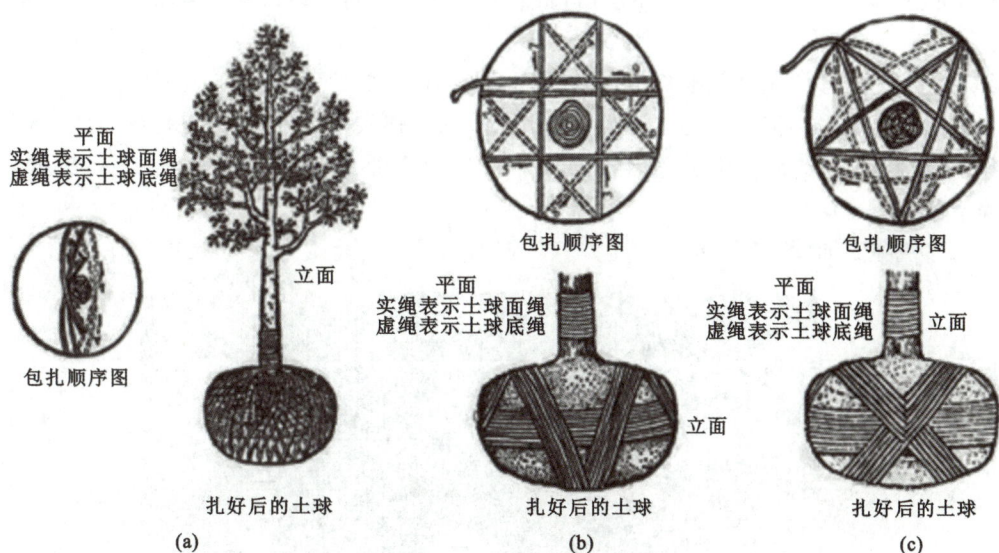

图 6-6　包扎法示意图
(a) 橘子式;(b) 井字式;(c) 五角式

　　③ 运输与假植。

　　对于起好的苗木,装运前进行一次清点,无误后装车。装车时将苗木根部装在车厢前面,先装大苗,空隙填放小苗。树干与车厢接触处要垫稻草,苗木间要垫衬物,尽量减少对苗木的损伤。土球要轻拿轻放,防止土球松散。对于树冠大、拖地的枝要用绳索拢起垫高避免拖地。长途运输时苗木上要加盖苫布,防止日晒雨淋。

　　苗木起苗后经运输到达施工现场后一般应马上种植,对于不能立即种植的要进行假植。对于裸根苗木假植可以采用湿草覆盖或开沟根部覆土的方法。带土球的苗木假植时应集中堆放,周围培土,上部树冠用绳索拢好。假植苗木要及时进行浇水和叶面喷水。

　　(3) 种植前苗木处理。

　　① 保湿处理。

　　苗木经过运输,根系及地上枝叶部分水分散失导致植株体内缺水,为了及时补充植物体内水分,常采用浸水、蘸泥浆、喷洒抗蒸腾剂等方法维持植物水分平衡。

　　② 苗木修剪。

　　苗木在挖掘过程中,根系都受到不同程度的损伤,植物根冠比减小。为了使根冠比恢复正常,应结合苗木整形,人为地修剪过于冗繁的枝条,调整地上部分与地下部分的平衡。与此同时,对受损严重的根部进行修剪有利于伤口愈合和新根的产生。

　　在修剪时,剪口要求尽量平整、不劈不裂,以利伤口愈合。对于较大的伤口,应涂抹防腐剂。种植乔木(特别是裸根乔木),前应采取根部喷布生根激素,促使栽后的新根生长。

（4）种植技术。

① 带土球栽植。

a.种植的乔木应保持直立，不得倾斜，乔木定向应选丰满完整的面，朝向主要视线。

b.定植时土球（或种植穴）底部堆放 20～30cm 土层，以使土球底部透水、透气，便于新根系的生长。

c.乔木栽植深度应保证在土壤下沉后，根颈和地表面等高。移植处在地面低洼时，应堆土填高。

d.不论带土球移植还是裸根移植，坑内填土不得有空隙。

e.带土球种植：先踏实穴底土层，然后将植株放入种植穴并定位，去掉包扎物，再将细土填在土球四周，最后逐层捣实、浇水，直到填土略高于球面不再下沉后，做围堰并浇足定根水。整个过程不可破坏土球。

大树移植施工如图 6-7 所示。

图 6-7　大树移植

② 裸根栽植。

将根群舒展在坑穴内，填入结构良好、疏松的土壤，并将乔木略向上提动、抖动，扶正后边培土边分层夯实，不断填土、浇水，直到土面略微高出根颈 10cm 左右并不再下沉为止，做围堰并浇足定根水。

③ 技术要求。

a.确定合理的种植深度。

种植深度是否合理直接关系苗木的成活。栽种过浅，根系容易受到外界影响而脱水；栽种过深，容易造成根系窒息而死亡。一般情况下，要求苗木根颈部原土痕与种植穴地面平齐或比其略低 3～5cm。

b.根据植物的生长特性和绿化要求确定正确的种植方向。

栽种高大的树木,应保持其原生长方向;对于较小或移栽容易成活的苗木,在种植时应尽量将观赏面好的一侧朝向主观赏方向;树冠高低不同时应将低的一面作为观赏面;苗木弯曲时,应使弯曲的一侧与行列方向一致。

c.保持根系与土壤紧密接触。

在种植中,尤其是裸根种植,保持根系与土壤接触紧密是提高成活率的重要措施。栽种前根系蘸泥浆,覆土后踩实,栽后浇定根水都可有效提高根系与土壤的接触程度。

(5)栽后管护。

① 开堰浇水。

栽植后,浇透第一遍水,3d内浇第二遍水,一周内完成第三遍水,浇水应缓浇慢渗,出现漏水、土壤下陷和乔木倾斜,应及时扶正、培土。黏性土壤,宜适量浇水;根系不发达树种,浇水量宜较多;肉质根系树种,浇水量宜少。

② 设立支架。

在进行大树栽植或在栽植季节有大风的地区,栽植后应立支架固定,防止树体晃动而影响生根。裸根苗木栽植常采用标杆式支架,即在树干旁打一杆桩,用绳索将树干缚扎在杆桩上。带土球苗木在苗木两侧各打入一杆桩,杆桩上端用一横担缚连,将树干缚扎在横担上完成固定。在设立支架时需要注意,支架不能打在土球或骨干根系上。在后期的养护中,如果移植乔木随地面下沉,应及时松动支撑,提高绑扎位置,避免吊桩。

③ 树干包裹与树盘覆盖。

对于干径较大的苗木,定植后需进行裹干,即用草绳、蒲包、苔藓等具有一定保湿性和保温性的材料,严密包裹主干和比较粗壮的一、二级分枝。裹干可避免强光直射和干风吹袭,减少干、枝的水分蒸腾,同时减少夏季高温和冬季低温对枝干的伤害。

④ 搭架遮阳。

对于大规格苗木以及高温干燥季节栽植,要搭建阳棚遮阳,减少树体的水分蒸腾。方法是在苗木上方及四周搭设阳棚,阳棚与树冠保持30～50cm间距以保证棚内有一定的空气流动空间。阳棚的遮阳度为70%左右,让树体接受一定的散射光,以保证树体光合作用的进行。

6.2.6　特殊立地环境的种植

1.铺装地面的种植

在城市绿地建设中常需要在具有铺装的场地进行种植,如广场、停车场、人行道等。往往这些立地在施工时没有考虑植物种植的问题,进而导致种植槽浅、土质差,土壤通透性差,加之地面辐射大,气温高,湿度低,极易造成种植的失败。

在铺装地面的苗木种植要注意以下几点:

(1)种植时选择根系发达、抗逆性强的树种。

(2)适当更换种植穴土壤(一般更换深度为50～100cm),改善土壤肥力和通透性。

(3)树盘处理以增加根系土壤体积。通过树盘地面种植花草、覆盖,可以有效地保墒,同时起到美观的作用。

2. 屋顶花园的种植

在城市绿化中,为了提高绿化面积,改善生态环境.提供休闲场所,屋顶花园(图6-8)越来越受到人们的重视。然而屋顶花园受屋顶荷载的限制,不可能堆放过厚的土壤,进而导致土层薄,土壤水、肥料差。同时,屋顶受太阳直射,光照强,温差大,环境恶劣。

图 6-8 屋顶花园

(1)植物种类选择。在选择植物时,尽量选适应能力强 、易栽培、耐修剪、生长缓慢、低矮、抗风的种类,如罗汉松、铺地柏、紫薇、桂花、山茶、月季、蔷薇、常春藤、紫藤等。

(2)种植类型。

① 地毯式。

其适用于承受力小的屋顶,常以草坪或低矮灌木进行绿化。种植土壤厚度一般为15～20cm。常用的植物种类有金银花、紫叶小檗、迎春、地锦、常春藤等。

② 群落式。

其适用于承受力不小于 400kg/m² 的屋顶。土壤厚度为 30～50cm。常选用生长缓慢或耐修剪的小乔木或灌木,如罗汉松、红枫、石榴、杜鹃等。

③ 庭院式。

其适用于承受力大于 500kg/m² 的屋顶。可将屋顶设计成露地庭院式绿地。在种植植物的同时,还可以设置假山、浅水池等建筑。但为了安全,应将其沿周边或有承重墙的地方安置。

(3)种植技术。

① 屋顶防水防腐处理。

屋顶花园在建造前,首先要对屋顶的地面进行防水防腐处理,避免渗流造成不必要的损失。常用的防水处理有刚性防水层、柔性防水层和涂膜防水层等。为提高防水效果,最好采用复合防水层,并做相应的防腐处理,以防止水分等对防水层的腐蚀。如图6-9所示。

涂膜防水层
施工视频

图 6-9 屋顶防水

② 种植方式。

种植时常有直铺式种植和架空式种植两种。直铺式种植是指在防水层以上直接铺设排水层和种植层。架空式种植是指在距离屋面 10cm 处设混凝土板和种植层,混凝土板设有排水孔。和直铺式种植相比,架空式种植排水更加通畅,但因下部隔层土壤较浅,植物长势不佳。

3. 园林植物的容器种植

在商业街、广场等地段中,植物种植受地下管线、地表铺装、水泥硬化等影响而不能正常进行。为了增加城市绿量,营造植物景观,常常采用容器种植的方式进行处理。

(1)植物种类选择。

种植容器中土壤、空间有限,因此在选择植物时,应尽量选择生长缓慢、浅根性、抗逆性强的种类,如罗汉松、山茶、月季、桂花、八角金盘、菲白竹等。

(2)种植容器与基质。

① 种植容器。

可以根据实际需要选择容器。常见的种植容器的材质有陶质、瓷质、木质、塑料等,形状各异。容器大小因种植的植物种类和大小而异,以能满足植物生长所需的土壤为度。容器的深度要求能够固定树体,一般中等灌木为 40～60cm,大灌木和小乔木为 80～100cm。

② 种植基质。

为了便于容器的移动,种植基质应尽量轻;为了适应植物生长,基质还要求疏松透气、有机质含量高。常用的基质有草炭、稻壳、珍珠岩、泥炭等。使用时按一定的比例进行混合。

6.2.7 成活期的养护管理

1. 扶正、培土

风吹和人为干扰等因素容易导致新种植的苗木晃动、倾斜,导致根系与土壤接触受到影响。应及时扶正,同时踩实覆土;如果树盘下沉,应及时覆土填平,避免积水烂根。

2. 加强水分管理

刚刚种植的苗木新根尚未长出,体内水分平衡还没有恢复,苗木对水分非常敏感。因此成活期的水分管理正确、及时是保证种植成功的关键。

栽植后应立即浇透第一遍水,3d 内浇第二遍水,一周内浇第三遍水,浇水应缓浇慢渗,出现漏水、土壤下陷和乔木倾斜,应及时扶正、培土。当气温较高、水分蒸腾较大时,应对地上部分树干、树冠包扎物及周围环境喷雾,早晚各一次,在上午 10 时前和下午 3 时后进行,达到湿润即可。同时可覆盖根部,向树冠喷施抗蒸腾剂,降低蒸腾强度。久雨或暴雨易造成根部积水,必须立即开沟排水。为了更好地给树体补充水分和养分,常采用输液的方式。具体做法:用铁钻在根颈主干和中心干上,每隔 80～100cm 向下与树干呈 30°夹角,交错钻一个深达髓心的输液孔,孔径与输液用的针头大小一致,孔数视植株大小而定,分布要均匀。然后用专用注射器,从钻孔把配液输入,输完后用胶布封贴钻孔,以便下次揭去胶布再输液。配液用泉水或井水烧开后的冷开水或磁化水,每千克水加 0.1g 5 号生根粉和 0.5g 磷酸二氢钾,以促进植株生根、发叶和抽梢。

3. 适当施肥

移栽苗木的新根未形成和没有较强的吸收能力之前,可采用叶面施肥。具体做法是用尿素、硫酸铵、磷酸二氢钾等速效性肥料配制成浓度为 0.5%～1%的肥液,选在阴天或晴天早晚进行叶面喷洒。一般 10～20d 进行一次,重复 4～5 次。

4. 除萌与修剪

在苗木移栽中,经强度较大的修剪,树干或树枝上可能萌发出许多嫩芽、嫩枝,消耗营养,扰乱树形。在苗木萌芽以后,除选留长势较好、位置合适的嫩芽或幼枝外,其余应尽早抹除。

此外,受起苗、运输、种植的影响,苗木常常出现枝条枯死的现象,应及时剪去。常绿树种,除丛生枝、病虫枝、内膛过弱的枝外,当年可不必剥芽,到第二年修剪时进行。

5. 成活调查与补植

定期检查苗木的成活情况,防止苗木"假活"。判断乔木是否成活一般至少要经过第一年的高温干旱考验。银杏等树体养分丰富的树种,一般要经过 2～3 年的观察才能确定。对于死亡的植株要及时进行补植。

若叶绿有光泽,枝条水分充足,色泽正常,芽眼饱满或萌生枝正常,则可转入常规养护。

新植树木的
养护管理视频

6.3 大树移植

城市建设水平的不断提高对城市绿化提出了越来越高的要求。在一些建设项目中要求尽快体现绿化效果,大树移植应运而生。

6.3.1 大树移植的概念和特点

1. 大树移植的概念

大树移植,即移植大型树木的工程。所谓大树,一般指胸径达到 15～20cm,高度在 4m 以上,或树龄在 20 年以上,处于生长发育旺盛时期的大乔木。

2. 大树移植的特点

和一般苗木种植相比,大树移植营造景观效果快。但是因树体太大,根系分布广,起苗移栽过程受到的损伤更严重。大树移植具有成活困难、移植时间长、成本高等特点。

6.3.2 大树移植技术

1. 大树移植前的准备

(1) 选树,制订移植方案。

移植前应对移植大树的生长情况(生长势)、立地条件(土壤)、周围环境、交通状况等做详细调查研究,制订移栽的技术方案。

(2) 围根缩坨。

围根缩坨也称回根、盘根、截根,是指在移栽前 1～2 年对要移栽的大树进行切根(缩坨)。切根范围按预定比其挖土球的规格小 10cm,以树干为中心分年度环形交替切根。切根时间一般在春季树木萌芽前,也可在夏季地上部分停止生长后或秋季落叶前根部生长期进行。

(3) 修剪。

起苗之前应对树冠进行重剪。对于萌发力强的树种可以进行截干。修剪可结合树冠整形进行,采用疏剪和缩剪的方式剪去树冠的 1/3～1/2。同时,剪除枯枝、病枝、纤细枝、重叠枝、内向枝。修剪时,剪口应平滑,不得劈裂,修剪直径 2cm 以上的枝条时,必须削平并做防腐或接蜡处理。

2.大树移植的方法与技术

（1）移栽时间。

落叶树最适合移植的时间为秋季落叶后到次年春季发芽前,常绿树一般适合在春季移植。

（2）大树起挖与包装。

大树在起挖前必须拉好浪风绳,做临时固定,其中一根必须在主风向上位,其余均匀分布、均衡受力。同时在树干上做好主观赏面和树木阴阳面明显标记。起挖的根盘或土球直径必须达到树干地径的7~10倍以上,土球厚度必须包括大量的根群在内。生长较弱或非种植季节移植的大树,土球必须适当放大。土球直径在2m以下的,可用草绳软包装;在2~3m范围内的,应采用双层或多层反向网包装并腰箍;3m以上的,需采用土台形方箱硬包装。对于大于2cm的剪口必须进行伤口修复和消毒防腐处理。

（3）大树的装卸、运输。

大树装卸常采用起重机吊运和滑车吊运两种方法。装卸起吊时,起吊绳一头必须兜底通过重心,另一头拴在主干中下部,使大部分重量落在泥球一端,严禁吊绳结缚树干起吊。起吊装运时,根部必须放在车头,树冠倒向车尾顺车厢整齐叠放,树冠展开的树木用绳索捆拢树冠,叠放层以不压损树干(冠)为宜,树身和车板接触处应用软性衬垫保护和固定,防止损伤树枝。运输过程中做好遮阴、保湿、防风、防晒、防雨、防冻等工作。

（4）大树的栽植。

栽植前应根据设计要求定点、定树、定位。栽植穴的直径应大于根盘或土球直径50cm以上,比土球高度深30cm以上。栽植穴底应施基肥,栽植土的理化性状要符合所植树木的生长要求。种植时,应严格按照树木原生长方向,注意将丰满、完整的树冠面朝主观赏面。在大树栽植过程中要注意以下几个方面:

① 大树起吊栽植必须一次性到位,不得反复起吊,避免损坏土球,破坏根系。入穴定位后,应采用浪风绳对大树做临时固定。

② 栽植培土前小心取下包装物,随后分层填土夯实,并沿树穴外缘用土培筑灌水堰。

③ 大树栽植后必须立即拆除浪风绳,设立支柱支撑,防止树身倾斜、摇动。

④ 大树栽植后必须立即浇水一遍,隔2~3d后再浇第二遍水,隔一周后再浇第三遍水。每次都要浇透,浇水后应及时封堰。

⑤ 大树移植后必须在主干和一、二级主枝用草绳或新型软性保湿材料卷干。

● 6.3.3 大树移植后的养护管理

大树移植后要加强养护管理,尤其是在种植后1~2年内。

6.4　草　坪　工　程

● 6.4.1　草坪的类型及特点

1. 草坪的概念

由人工建植及养护管理，起到绿化、美化环境作用的草地，称为草坪。就其组成而言，草坪是草坪植被的简称，通常是指以禾本科草及其他质地纤细的植物为覆盖，并以它们的根或匍匐茎充满土壤表层的地被。

2. 常见草坪的类型及特点

（1）依植物组成分类。

① 单一草坪（纯一草坪）：草坪铺设的一种高级形式。一般是指由一种草坪草中某一个品种构成的草坪，它具有高度的一致性与均匀性，是建立高级草坪和特种用途草坪（如高尔夫球场的发球台和球盘）的一种特有形式。在我国北方地区通常采用野牛草、瓦巴斯、匍匐翦股颖来建坪，在南方则多用天鹅绒、天堂草、假俭草来建坪。通常多用无性繁殖方式来建坪，但最好是用高纯度的种子繁殖建坪比较方便。

② 混播草坪：由两种以上草坪草混合播种构成的草坪。它可以根据草坪草的生物学特性及功能和人们的需要进行合理搭配。例如：用夏季生长良好和冬季抗寒性强的草种混播，可以延长草坪的绿期；用宽叶草种和细叶草种混播，可以提高草坪的弹性；用耐践踏性强和耐强修剪的饿草种混播，可以提高草坪的耐磨性；用速生草种（一年生）和缓生草种（多年生）混播，可以提高建坪的速度和延长草坪的使用年限等。

几种草种混播，可以使草坪适应差异较大的环境条件，更快地形成草坪和延长草坪的使用年限。但缺点是不容易获得颜色统一的草坪。

③ 混合草坪：由一个草坪草种的几个品种构成的草坪，具有较高的一致性和均一性，同时比单一草坪具有更高的环境适应能力和抗性，是高级草坪中养护管理少而粗放，但草坪品质又不低的实用草坪类型，如用匍匐型和直立型翦股颖混合播种建立的草坪。

④ 缀花草坪：通常是以草坪为背景，间以多年生观花地被植物。如在草坪上自然地点缀种植水仙、鸢尾、石蒜、韭兰、点地梅、紫花地丁等草本及球根地被植物。它们的种植数量一般不能超过草坪总面积的1/3，分布应有疏有密，自然交错，使草坪绿中有艳，时花时草，增加观赏性。

⑤ 疏林草坪：大面积自然式草坪。多由天然草地改造而成，即在以草地为主体的地段内，少量散生（种）部分林木。多利用地形排水，管理粗放，造价低廉。通常见于城市近郊旅游休闲地、工矿区周围、医疗区、风景区、森林公园以及防护林带相结合地区。其特点是森林夏季可以庇荫，冬天有充足的阳光，是人们户外活动的良好场所。

（2）根据用途分类。

① 游息草坪：无固定的形状，一般面积较大，管理粗放，人可以在草坪内滞留活动。这种草坪是为人们提供美好的休闲环境，因此可以在草坪内配置孤立的树，点缀石景，栽植树群和其他休闲设施，周围边缘配以半灌木花带、丛林，中间留有较大空间的空地，可容纳较多的人流。大多设置在医院、疗养地、住宅区、机关、学校等地方。

② 观赏草坪：设置在园林绿地中，专供欣赏景色的草坪，也称为"装饰性草坪"或造型草坪。如雕像、喷泉、建筑纪念物等处用作装饰和陪衬的草坪。例如，用草皮和花卉等材料构成的各种图案、标牌等。这类草坪不容许人进入践踏，管理极为精细，草坪品质很高，是作为艺术品供人观赏的高级草坪。这种草坪的面积不宜过大，草坪草则以低矮、平整、艳绿、绿期长的草种为宜。

③ 运动场草坪：专供竞技和体育活动用的草坪，如赛马场的跑道、足球场、网球场、曲棍球场、马球场、高尔夫球场等运动性场所的草坪。各类运动场草坪应选用适合各自体育运动项目特点的草坪草。通常，运动场地草坪所用草坪草应具备耐践踏、耐频繁修剪、根系发达、再生能力强的特点，且一般是多种草坪草组成的混播草坪。如图 6-10 所示。

图 6-10　运动场草坪

④ 水土保持草坪：主要建设在坡地和水岸边，如公路、水库、堤坝、陡坡等地方的草坪，用于防止水土流失。这类草坪管理很粗放，但建坪的难度很大，通常用播种、铺装草皮或植生带、栽植营养体等方式建坪。有时在坡度较大的地段，也可以采用强制绿化的方法建坪。草种宜选用适应性强、根系发达、草丛繁茂、耐寒、抗旱、抗病、覆盖地面能力强的草坪草，如结缕草、假俭草等。如图 6-11 所示。

⑤ 环保草坪：主要建立在有污染物质产生的地方，用以转化有害物质，降低粉尘，减弱噪音，调节空气湿度、温度，保护环境。

⑥ 放牧草坪：以放牧食草性动物为主，结合园林游息、休假地和野游地建立的草坪，它以放牧型牧草为主，养护管理粗放，面积较大，利用地形排水。一般宜在人口不多的城镇郊区、森林公园、疗养地、休假地、旅游风景区中设立。

（3）按照绿期分类。

① 常绿草坪：一年四季保持绿色的草坪。这类草坪通常用暖季型与冷季型草种混播。

② 夏绿草坪：由暖季型（夏绿型）草坪草建立的草坪，春、夏、秋三季保持绿色，冬季则枯黄休眠。这类草坪的生长旺季，通常为仲夏至仲秋。禾本科植物中，画眉草亚科的草坪草属于暖季型（夏绿型）种类。

图 6-11 水土保持草坪

③ 冬绿草坪：由冷季型（冬绿型）草坪草建立的草坪，秋、冬、春三季保持绿色，夏季则枯黄休眠。这类草坪往往有春、秋两个生长旺季。禾本科植物中，早熟禾亚科的草坪草全部是冷季型（冬绿型）种类，通常喜冷凉气候，不耐热，其开始生长的温度约为5℃，适宜的生长温度约为18℃，常绿型，生长曲线为春秋生长的双峰型，在冷季也能生长。适合在高纬度、高海拔的寒冷地区生长。

6.4.2 草坪草

1. 草坪草的特性

草坪草绝大多数是禾本科植物，也有部分莎草科、豆科及其他科的植物，如图 6-12 所示。它们具有如下特征。

图 6-12 常见草坪草

（1）地上部分生长点低，并有坚韧的叶鞘保护。因此在修剪时受到的机械损伤较小，并有利于生长，也可以减轻因踏压而引起的物理伤害。

（2）叶片的数目多，尺寸一般较小，细长而直立。细而密集的叶对建立地毯状的草坪是至关重要的，直立细长的叶有利于光线进入草坪的下层，因此下层的叶很少发生黄化和枯死现象，草坪修剪后不会产生色斑。

（3）多为低矮型和丛生型或匍匐茎，覆盖力强，容易形成草坪的覆盖层。

（4）对不良环境的适应性强。禾本科植物因适应于各种环境而广泛分布。特别是在贫瘠、干燥、多盐分的地方生长的种类多，因而容易从中选育出适应各类土地条件的种类。

（5）繁殖力强。通常产种量大，种子发芽性好。其中，匍匐茎种类具有强大而迅速地向周围扩散的能力，因此容易建成大面积草坪。

除禾本科以外，还有部分豆科植物，它们也具有再生能力强，具有匍匐茎、耐瘠薄等特点。

2. 草坪草在草坪利用上的特性

（1）草本植物，具有一定的柔软度，叶低而细，多密生。因而使草坪具备一定的弹性，具有良好的触感。

（2）一般为匍匐型或丛生型，能紧密地覆盖地表，使整体颜色均匀一致。

（3）生长旺盛，分布广泛，再生能力强。因此，草坪即使进行多次修剪也容易得到恢复，反而能促进其密生。

（4）对环境的适应性强。对气候、土壤条件及其变化均具有良好的适应性，尤其对大气、土壤干旱等不良环境有极强的适应能力。

（5）对外力的抵抗性强，对踏压和修剪等有强适应性。

（6）容易建成草坪。它们的结实率通常较高，容易收获果实，且发芽力强，此外还可以用匍匐茎、草皮、植株进行营养繁殖，因此易于大面积建坪。

（7）对人畜无害。草坪草通常无刺以及无其他刺人的器官。一般无毒，无不良气味，不含会弄脏衣服的乳汁等不良物质。

以上是草坪草必备的特性，但也因品种的不同而具有一定的差异，可以根据利用目的而加以选择。

3. 草坪草的分类

（1）依据气候与地域分布分类。

① 暖地型：最适生长温度为 25～30℃，主要分布在长江流域及长江流域以南地区。

② 冷地型：最适生长温度为 15～20℃，主要分布在华北、东北、西北等地区。

（2）依据植物种类分类。

① 禾本科：草坪草的主体，分属早熟禾亚科、羊茅亚科、画眉亚科等，约有几十个品种。

② 其他：如白三叶、多变小冠花、匍匐马蹄金、沿阶草、细叶苔、异穗苔。

（3）依据叶片宽度分类。

① 宽叶型：叶宽茎粗，生长强健，适应性强，适用于较大面积的草坪建植，如结缕草、地毯草、假俭草、竹节草等。

② 细叶型：茎叶纤细，可形成致密的草坪，但生长势较弱，要求光照充足，土质良好，如小

糠草、细叶结缕草、早熟禾、野牛草等。

（4）依据草种的高度分类。

① 低矮型：植株高度一般在 20cm 以下，可形成低矮致密的草坪，具有发达的匍匐茎和根茎，耐践踏，管理方便，其中的大多数种类适应我国夏季高温多雨的气候。多进行无性繁殖，形成草坪所需要的时间较长，若铺装建坪，则成本较高，不适于大面积和在短期内形成草坪的使用。常见的有结缕草、细叶结缕草、狗牙根、野牛草、地毯草、假俭草等。

② 高型草坪草：植株高度通常为 30～100cm，一般用播种繁殖，速生。在短期内可形成草坪，适于大面积建坪。缺点是必须经常修剪才能形成平整的草坪，多数为密丛型草类，无匍匐茎和根茎，补植和恢复困难。常见的有早熟禾、翦股颖、黑麦草等。

（5）依据用途分类。

① 观赏草坪草：具有优美叶丛或叶面具有美丽条纹的一些草种，如块茎燕麦草、兰羊茅、匍匐萎陵菜。

② 生态草坪草：具有显著的生态效益的草坪草，如护坡、边坡水土保持类草坪草等。

4. 常见草坪草

（1）香根草：又名岩兰草，为禾本科香根草属多年生粗壮草本植物。非洲至印度、斯里兰卡、泰国、缅甸、印尼、马来西亚一带广泛种植；我国江苏、浙江、福建、台湾、广东、广西、海南及四川均有引种。

香根草茎秆丛生，高 1～2.5m，直立，叶片相对互生，长 30～70cm，宽 5～10mm，叶层高 1.5m 以上。圆锥花絮顶生，雌雄同花，一般秋季抽穗开花，穗长 15～40cm，但花而不育，难结实，主要靠分蘖繁殖。须根呈网状、海绵状，含挥发性浓郁的香气，粗 1～2mm，深 2～3m，甚至 5m，被认为是"世界上具有最长根系的草本植物"，故主要用于水土保持。

（2）结缕草：禾本科草本植物，茎叶密集，植株低矮，茎高 15～25cm，具有细长而坚硬的地下根状茎，叶片短，呈批针形。结缕草喜阳光，不耐阴。喜深厚肥沃、排水良好的砂质土壤，在微碱性土壤中也能正常生长。结缕草由于植株低矮，修剪后坪高可保持在 2～5cm 以内，耐践踏性较强，因而在园林、庭院和体育运动场所被广泛利用，是较理想的运动场草坪草。

（3）狗牙根：俗称爬根草等，禾本科多年生草本植物，具有根茎或匍匐茎，节间长短不等。茎秆平卧部分长达 1m，并从节上产生根和分枝。叶舌短小，具小纤毛，叶片条形，宽 1～2mm。

生态习性：喜光，但稍耐阴，能经受住初霜。因为属于浅根系，所以夏季耐旱能力不强，在烈日下有时部分叶片枯黄。叶柔软，颜色浓绿，干旱时叶短小。喜生长于深厚、肥沃、排水良好的湿润土壤中，也能在含盐稍高的海边及瘠薄石灰土壤中生长。

使用特点：该草是我国栽培应用最广泛的一种优良草坪草，在华北和长江中下游地区广泛用于草坪及运动场中。由于极耐践踏，再生能力极强，因此球赛结束后，如能在当晚立即喷水，一般 1～2d 后即可复苏，若及时施入氮肥，则能很快茂盛生长，继续供球赛使用。此外，该草的覆盖力极强，保持水土的能力极佳，故适合在河滩、沙地、公园、道路两侧、机场停机坪栽种，也可用作饲草。

（4）假俭草：多年生禾本科植物，分布于长江流域以南。株高 10～15cm，秆自基部直立，具有爬地生长的匍匐茎。叶片线形，长 2～5mm，宽 1.5～3.0mm，常基生，黄绿至蓝绿色，花茎上的叶多退化。

生态习性:耐旱,耐瘠薄,耐践踏,喜光,比细叶结缕草更耐阴湿。在排水良好、土层深厚、较肥沃的湿地生长旺盛。该草既适合于单一栽植,又能与其他草种混种。

使用特点:我国南方优良草坪草之一。株型低矮,根深耐旱,茎叶密集,平整美观,绿期长,具有抗二氧化硫等有害气体及吸附尘埃的能力。不仅可作为庭园中的开放草坪,还是保护环境、固土护坡草坪的良好材料。

(5)地毯草:俗称大叶油草,属禾本科地毯草属多年生草本植物。具有匍匐茎,秆扁平,节上着生灰白柔毛,高8～30cm,叶阔条形,长7～6cm,宽8～12mm。

生态习性:对土壤要求不是很严格,特别适宜于适度湿润的砂质土壤,因而在地下水位较高的矿土或砂壤土上生长最好,在干旱砂质土或高燥地则生长不良。

使用特点:既可用种子繁殖,也可无性繁殖,种子结实率和发芽率都较高。在华南地区为优良的固土护坡植物,也可用来铺建草坪,可与其他草种混合铺设运动场草坪。

(6)两耳草:俗称小竹节草,叉子草。属于禾本科雀稗属多年生草本植物。主要分布于华南地区,常见于田野潮湿的地方。株丛高8～30cm,具有匍匐茎,茎秆上部直立或倾斜,叶片扁平,批针形,淡绿,长8～20cm,宽5～15mm。

生态习性:极耐阴湿,匍匐茎具有很强的趋水性,在水中也能生根,在肥沃潮湿的土壤中生长茂盛,又能在树下生长。

使用特点:该草生活力极强,生长快,极易形成单一的自然群落,且为湿地草坪草种,因而在地势低洼、排水欠佳的地段建立单一草坪。

(7)竹节草:俗称黏人草,属于禾本科金须茅属多年生禾草。常见于陡坡、山地和旷野的略湿地方,分布于广东、广西、云南及亚热带地区。具根状茎及匍匐茎,秆高20～50cm,茎基部常直立,上部平卧,叶片条形,宽3～6mm,长2～5cm。

生态习性:比较耐干旱、耐潮湿,具有一定的耐践踏性,但不抗寒,侵占力极强,叶片多着生在匍匐茎基部,短而柔嫩,平铺地面,覆盖力惊人,极易形成平坦的坪面,种子成熟后,因小穗的盘茎生有倒刺状毛,一旦触碰即与穗轴分离而挺起,黏附于人畜身上,借以传播种子。

使用特点:我国南方地区良好的固土护坡植物,又是理想的草坪草种,因此适宜于水土保持、风景地及与草坪草混播,铺建绿地草坪、球场等。

(8)野牛草:多年生禾本科草本植物,具有匍匐茎,秆高5～25cm,较细弱。叶片细条形,长10～20cm,宽1～2mm,两面均疏生白色柔毛,叶色绿中透白,色泽美丽。

生态习性:抗旱,但不耐湿,喜光,也能耐半阴,耐土壤瘠薄,夏季耐热,耐旱,且具有较强的抗寒能力,能在东北-33℃低温下顺利越冬。一般营养繁殖容易,生长迅速,与杂草竞争力强,具有一定的耐践踏性,在深厚肥沃的砂性土壤中生长良好。

使用特点:该草目前是我国栽培面积最大的一种草坪草,使用上具有如下优点。

① 植株比较低矮,枝叶柔软,不经修剪也能形成近似草坪的草地,较耐践踏,可建成开放活动的场地。

② 繁殖容易,生长快,见效快,较为经济。

③ 养护管理容易,易普及推广。

④ 抗寒、耐旱,适合在大陆性气候较强的地区生长。在无灌溉的条件下,利用雨季栽植也能成活。

(9)黑麦草:须根发达,分蘖旺盛。秆高40～70mm,叶片条形,宽3～5mm。穗状花序扁,小穗以背面对向穗轴。

分布:原产于亚洲温暖地带及非洲北部,中国各地广泛引种栽培。

习性:不耐干旱和瘠薄,宜生长于排水良好、肥沃的黏质土壤中。喜光照充足,阴处则叶色黄绿,生长不良。

应用:优良的饲料,作为草坪草与草地早熟禾等草种混播,可用于足球场和高尔夫球场。

(10)早熟禾:俗称小鸡草,属禾本科早熟禾属一年生或越年生植物。秆细弱,丛生,高 8~30cm,叶鞘自中部以下闭合。叶片柔软,宽 1~5mm。

生态习性:耐寒,能在 0℃以下正常生长,因此是早春现绿比较早的草坪草。耐阴性强,能在强遮阴下正常生长。喜冷凉湿润的气候,不耐旱,对土壤适应性强,耐瘠薄,在一般土壤中均能良好地生长。属越年生草种,种子小,成熟后自然脱落,自播能力极强,如管理得当,能很好地自然更新,使草坪保持经久不衰。

使用特点:该草体形低矮,整齐美观,绿期长,耐阴,因此适宜于光照较差的林下、花坛内、行道树下、建筑物阴面等作为观赏草坪,在江南及西南等地区也可与其他草种混播,以延长草坪的绿期。

(11)草地早熟禾:多年生禾本科植物,主要分布于黄河流域及东北、江西、四川等地。具有细根状茎,秆丛生,光滑,高 50~80cm,叶片条形,柔软,宽 2~4mm,密生于基部。

生态习性:喜温暖湿润气候,适合于北方种植,喜光耐阴,适合于树下生长。耐寒性强,抗旱能力较差,在夏季炎热季节生长停滞,秋凉后生长繁茂,直至晚秋,在排水良好、土质肥沃的湿地中生长良好。

使用特点:该草通常与多年生黑麦草、小糠草等混播,用于庭园建坪,其城市绿化效果较好,但耐践踏能力较差,因此多用于观赏和水土保持。

(12)小糠草:俗称红顶草,属禾本科翦股颖属多年生草本植物,野生种多生于潮湿的山坡或山谷,在我国分布于华北、长江流域和西南地区。

具有较粗壮的根状茎,高 90cm 左右,具 5~6 个节。叶片宽 3~8cm,长 17~32cm,线形扁平。

生态习性:适应性强,喜冷凉湿润气候,耐寒、耐旱、抗热。对土壤要求不严格,耐瘠薄,以黏土和壤土最好,在微酸性土壤上也能正常生长,但不耐阴,分蘖能力和再生能力均强,长成后一般能自行繁殖。

使用特点:其常与其他草坪草混播,建立混合草坪,除可用于公园、庭园及小型绿地外,也可用于建植运动场草坪的材料。

(13)白三叶:多年生草本;具匍匐茎,无毛。复叶有 3 小叶,小叶倒卵形或倒心形,长1.2~2.5cm,宽 1~2cm,栽培的叶长可达 5cm,宽达 3.8cm,顶端圆或微凹,基部宽楔形,边缘有细齿,表面无毛,背面微有毛;托叶呈椭圆形,顶端尖,抱茎。花序头状,有长总花梗,高出于叶;萼筒状,萼齿三角形;花冠白色或淡红色。荚果倒卵状椭圆形,有 3~4 个种子;种子细小,近圆形,黄褐色。花期为 5 月。是水土保持的良好植物,又为优良牧草,也可作为绿肥。

(14)马蹄金:属旋花科植物,多年生草本。茎细长,匍匐地面,被灰色短柔毛,节上生不定根。叶互生,圆形或肾形,基部心形。花小,单生于叶腋,黄色;花梗短于柄。花冠钟表形。蒴果近球形。喜温暖湿润气候,适应性、扩展性强,耐轻微践踏。耐寒性差,但耐阴、抗旱性一般,适宜于细致、偏酸、潮湿而肥力低的土壤,不耐碱。有匍匐茎,可以形成致密的草皮。在良好的灌溉条件下生长良好。可用于管理粗放的低质量草坪及公园的观赏草坪。

6.4.3 草坪建植

1. 草坪的草种选择

正确地选用草种,对于草坪的栽培管理,尤其是获得优质草坪至关重要,是决定所建草坪是否成功的关键。因此,草种选择应从生态适应性、利用目的和经济实力这三个方面进行考虑。

(1) 生态适应性强。选用的草坪草种,必须适应草坪所在地的气候、土壤条件,即适应该地的环境,能正常生长发育。同时,还需能忍受、抵抗异常的环境,即能在各种自然灾害条件下长期生存下去。不同的地区,选用不同的草种,才能获得理想的效果。北方地区,要求草种能耐寒、抗干旱、绿草期长,通常选用冷季型草种,并采用混播的方式。南方地区,则要求夏季能耐炎热、耐湿、抗病,冬季枯萎期短,或者终年基本不枯。地处我国北疆的乌鲁木齐地区,草种选择则要求耐干旱、耐炎热、耐严寒、耐土壤瘠薄,繁殖容易,生长迅速,草形低矮,草色美观,保持绿色期长。为保证草坪建植的成功,宜优先选用乡土草坪草。若是从异地引进的草种,必须经过较长期的试种观察,确定能够适应当地环境后,方可大力发展。

(2) 符合利用目的需要。不同利用目的的草坪,对草种有不同的要求。观赏草坪、游息草坪及儿童乐园、小游园和医院供病人户外活动的草坪,一般选用色彩柔和、低矮、平整、美观、软硬适中、较耐践踏的草种,如细叶结缕草(俗称天鹅绒)、马尼拉草、匍茎剪股颖等。运动场草坪,一般选用耐践踏、耐修剪、有健壮发达的根系、再生能力强、能迅速复苏的草种,如狗牙根、中华结缕草、结缕草、假俭草、细叶剪股颖、黑麦草等。江、河、湖、泊的堤岸护坡固土草坪,一般选用耐湿、耐淹、具有一定的耐旱能力、根系发达、铺盖能力强、营养繁殖和种子繁殖均可的草种,如狗牙根、假俭草、两耳草、双穗雀稗、长花马唐等。

(3) 养护管理费用低。建坪时的费用通常容易解决,但以后长期的养护管理费用却往往被忽视。因此,草坪草种的选择,还应考虑养护管理是否简单,经济实力是否能够承受等因素。武汉、南京、上海等地种植混合剪股颖,夏季不枯黄,形成优质的常绿草坪,但需要高水平的管理条件。虽建坪较易,费用也便宜,但要求精细的养护管理,维持草高不逾 1.5~2.0cm,平均 3~5d 需剪草 1 次,与此相适应需要高水平的施肥、灌溉,越夏期及其前后还要注意防治病虫害,因此养护管理费用较高。而选用天鹅绒、马尼拉草、假俭草等草种建植草坪,无须精细管理,即可获得良好效果,可大大节省养护管理费用。

2. 草坪植物种植技术

(1) 整地。

整地质量的好坏是草坪建植成败的关键之一,必须认真对待,切不可马虎从事。主要操作包括翻地、清理、施肥、防虫和除灭杂草等。

① 土壤准备:草坪植物的根系,一般在表土层 20~30cm 的范围内。深厚肥沃的土壤,对草坪植物的生长发育极为有利。建植草坪的土壤,必须耕翻疏松,深度以不小于 30cm 为宜,为草坪植物的生长创造良好的环境条件。土壤中的砖石杂物、建筑垃圾等,应清除干净,至少

保证 10cm 厚的表土层没有影响草坪植物生长发育的硬质杂物。一般草坪植物,适合在微酸性、中性和微碱性土壤中生长。南方过酸的土壤须撒施石灰中和。对于污染严重以及含有石灰质的土壤,则应将 30cm 厚的表土层全部更换为砂质壤土。

② 施底肥:为提高土壤肥力,在整地时可结合深翻增施 1 次基肥。基肥以腐熟的堆肥及其他有机肥为佳,但马粪因含有大量杂草种子应避免施用。施肥量每亩为 2500~3000kg,或施用氮、磷、钾复合颗粒肥料 100kg 左右。不论施用哪种肥料,都应粉碎、撒均,与土壤充分拌匀。

③ 除灭杂草:在草坪的养护管理中,清除杂草是一项艰巨而长期的任务。一旦草种落地,发生同步杂草危害,则甚为麻烦。因此,在建坪之前,应综合应用各种清除杂草的技术,尽量使土内的杂草种子萌发,并加以清除。由于杂草具有季相变化,最好反复多次清除。同时,还应尽量防止新的杂草种子侵入。通常采用耕作除草和化学除草来清除杂草。化学除草通常应用高效、低毒、残效期短的灭生性除草剂,如草甘膦等。用药时还需注意主要防除对象,如防除白茅选用茅草枯更好。

④ 防虫:为防治地下害虫,保护草根,可于施肥的同时,施以适量农药,但必须注意撒施均匀,避免药粉成团块状,影响草坪植物成活。

⑤ 整平:没有平整的地面,就没有平整的草坪。地面平整是基础整地、排灌系统安排后的一道工序,在整个坪址上体稳定后开始进行。摊平地面后,用 2t 左右的磙子碾压,避免产生坑坑洼洼的现象。

在铺植草皮之前,有条件的地方应浇 1 次透水,这样可以使虚实不同的地方显示出高低,有利于最后平整地面。

(2) 地形与排水。

新建草坪的中心位置必须略高于四周边缘,以防草坪积水。整地时,应尽量按照习惯上的 0.3%~0.5% 的比降排水要求进行地形整理。

运动场草坪对排水的要求更高,除地表排水按 0.5%~0.7% 的比降进行平整外,还应设置地下排水系统。目前常用的主要是盲沟排水设施。具体做法是:草坪整地前,每隔 15m 挖一条深、宽各 1m 左右的盲沟,沟内自下而上分层填入小卵石(厚约 35cm)、粗砂(20~30cm)、细砂(约 15cm)、细砂上面填一般砂质壤土与地表相平,盲沟两端与排水干管相通。

(3) 种植。

草坪的建坪有多种方法,目前各地常用的有播种、草鞭栽种、铺种草皮、采用草坪植生带和液压喷种等多种方法。

① 播种:直播的方法较为简便,成本低,成坪快,生命力强,因而越来越广泛地被采用。

a. 选种:播种用草种,必须选用优良草籽,发芽率高,不含杂质(尤其是不能含野草种子)。

b. 播种量:播种前必须做发芽试验,以便确定合理的播种量。一般情况下,每亩播种量为:结缕草、中华结缕草、地毯草和假俭草 3~4kg,狗牙根 2.5~3.5kg,黑麦草 4~5kg,紫羊茅 2.5~3.5kg,草地早熟禾 2.5~3kg,剪股颖 1~1.5kg。

c. 种子处理:为使草籽发芽快,出苗整齐,播种前应做种子处理。常用的方法有冷水浸种、温汤处理和化学药物处理。

(a) 冷水浸种法:冷水浸种前,先用手揉搓种子,也可在筛子里用砂纸揉搓,除去种皮外的蜡质后,放入水中冲洗,然后将湿种子放入蒲包或布袋内,每天冲洗 1 次(冲至水清为止),待有 20%~30% 的种子开始萌芽时即可播种。

(b)温汤处理法:将种子放入50℃的温水中浸泡,随即用木棒搅拌,待水凉后,再用清水冲洗多次,捞出后,摊开晾干水分,即可播种。

(c)化学药物处理法:对发芽率差的草地早熟禾中的瓦巴斯等草籽,可采用0.2%的硝酸钾溶液浸泡处理1~2h,然后用清水冲洗多次,晾干后播种。对发芽困难的结缕草,可用0.5%烧碱溶液浸泡24h,捞出后再用清水冲洗干净,最后将种子放在阴凉、通风处,待晾干外皮,即可播种。为提高结缕草的发芽率,还可用层积催芽法,即采用湿砂分层堆放于阴凉处催芽,注意调控砂的适宜湿度,待草籽裂口后,连同湿砂一道播种。

d.播种时间:主要根据草种与气候条件来确定。播种草籽,自春季至秋季均可进行。在北京地区,以夏末秋初(8月下旬至9月上旬)最适合。

e.播种技术:草坪播种要求种子均匀地撒播在整平的土地上,并使种子埋入1.0~1.5cm的土层中去。大面积播种可利用播种机,小面积则常采用手播。草籽播种机,一般分为手推式和手摇式两种。手推式播种机,是将草籽拌和干细土(或细砂)进行撒播,通过调控拌土量、推行速度以及下种孔缝隙大小来调节播种密度。种子播完后,使用细齿耙轻耙表土盖种。手播草籽,通常采用撒播法。为了保证播种的均一性,大块土地撒播种子,可事先将场地和种子分为相应的若干等份,分区定量播种。草籽播种的前一天,在整平的土地上灌水浸地,待水渗透稍干后,先用细齿耙拉松表土,然后将处理好的草籽掺入2~3倍的干细砂或细土中,均匀地撒播于耙松的表土上。最好先纵向撒一半,再横向撒一半,采用重复撒播,可以避免1次撒播不均匀的弊端。种子撒播后,再次使用细齿耙反复耙松表土。无论是机械播种,还是采用手播,最后均需使用200~300kg的碌子碾压,使耙入土层中的种子与土壤密切结合。如播种面积小,使用碌子不方便,可用脚并排踩压,效果亦好。

为了使草籽出苗快、生长好,最好结合播种,在种子中混入一些速效化肥。每1m²土地可施入氮素肥10~15g,过磷酸钙20~25g,硫酸钾10g左右。

f.后期管理:播种后,如不下雨,应及时喷水,水点要细密、均匀,以不冲动种子为好。要经常保持土壤湿润,喷水不可间断。约经1个月时间,就可以形成草坪了。此外,还必须将草坪围护起来,防止践踏。

为了增强对气候和土壤的适应性,提高观赏价值和使用效果,在建植草坪时,人们常把几种不同类型的草坪草组合起来,实行混合播种。如冬绿草(即冷季型草)和夏绿草(即暖季型草)按一定的比例组合,既能使草坪抗寒,又能在高温季节生长良好,从而使草坪四季不枯,周年常绿。不同质地的草种组合,即宽叶草和细叶草的组合,能增添草坪的外观美感;一、二年生草种(黑麦草)和长期多年生草种混合种植,能提高草坪的使用效果。近年来,我国从国外购入的商业性种子,一般都是3~6种不同类型种子的混合包装。上海、南京、武汉等地,已开始这方面的研究和摸索。各地在铺建草坪时,应选择适合本地区的草种和品种,实行混合试种,取得经验后再扩大推广。

② 草鞭栽种:利用草根或嫩匍匐茎进行无性繁殖,扩大建植草坪。此法操作简便,费用较低,节省草源,管理容易,能迅速形成草坪。草鞭栽种,一般在草坪植物旺盛生长期进行。

a.选择草源地:草源地一般是事前建立的草圃,以保证草源的充足供应。在无专用草圃的情况下,也可选择杂草少、生长健壮的草坪作为草源地。草源地的土壤,如果过于干燥,应在起掘草皮前灌水,水渗入深度应在10 cm以上。

b.掘取母草根:掘取具有匍匐茎的细叶结缕草、匍匐剪股颖、野牛草的草根时,最好多带一些宿土,掘后及时装车运走。草根堆放要薄,并放在阴凉之地,防止草皮内部发热,并经常喷水保持草根湿润。一般 1m² 草源可以栽种草坪 5~8m²。

北方的羊胡子草,因根系丛生,无匍匐茎,在掘取时应尽量保留根系完整、丰满,不可掘得土过浅以免造成伤根。掘前可将草叶剪短,掘起后可去掉草根上带的土,并将杂草挑净,装入湿蒲包或湿麻袋中,及时运走。如不能立即栽植,应存放于阴凉处,并随时喷水养护。该草 1m² 草源可栽种草坪 2~3m²。

c.栽草:匍匐性草类的茎,有分节生根的特点,故根茎均可栽种,很容易形成草坪。靶草常用点栽及条栽两种方法。

(a)点栽法:点栽比较均匀,形成草坪迅速,但比较费工。栽草时,每 2 人为 1 个作业组,负责分草,并将杂草剔净,另 1 人负责栽草。一般采用种花铲挖穴,深度和直径均为 6~7cm,株距 15~20cm,按梅花形(三角形)将草根栽入穴内,用细土埋平,用花铲拍紧,并顺势随时搂平地面,最后再碾压一次,及时浇(喷)水。南方多采用喷头细喷,北方习惯采用畦灌方法。不论采用哪种方法,均须经常保持新繁殖的草地潮湿。高温下草根生长较快,经 60~80d 即可形成新草坪。

(b)条栽法:条栽比点栽省工,用草量较少,施工速度也快,但草坪形成时间比点栽要慢。操作方法比较简单,先挖沟,沟深 5~6cm,沟距 20~25cm,草鞭一小块或 2~3 根为一束,前后搭接埋入沟内,填土盖严,碾压,灌水。以后,要及时排除杂草。此法一般需要 1 年多的时间才能形成草坪。无匍匐茎的羊胡子草栽种方法,是先将结块草根撕开,剪掉草叶,挑除杂草,将草根均匀地撒在整好的地面上,铺撒密度以草根互相搭接,基本盖满地面为宜。上盖细土将草根埋严,并用 200kg 重的光面碌子碾压一遍,然后及时喷水。水点要细,以免将草根冲露出来。如发现草根被冲出,应及时覆土埋严。保持土壤经常潮湿,以利草根成活生长。一般 2~3 周就可以恢复生长。

③ 铺种草皮:用带土成块移植种草坪的方法。因此法为带厚土块移植,所以新草坪形成很快,缺点是成本高,且容易衰老。

在武汉,大部分草坪都是采用铺种草皮。除严冬不直铺种外,其余季节均可施工,但以春末夏初和深秋季节为好。各草种均可采用此法。

a.铲取草皮:目前各地铲取草皮的方法,一种是方块形,另一种是长方形。在武汉,习惯用方块形状铲取。在选好的草源地上,如土壤干燥应事先灌水,待水渗透便于操作时,人工可用平锹(或平板铲)把草坪切成长、宽各为 30cm 的方块,草块带土厚度为 3~4cm 或稍薄些。长条形状搬运,像蛋卷一样,把铲起来的宽 30cm 长条草皮,卷成草皮卷搬运。

b.运输及存放草皮:草皮铲取后,4~5 块叠放在一起,并用草绳捆绑好,然后装车运输。运至铺草坪现场后,应将草皮单层放置(切忌几块叠放在一起,以免草皮内部发热变黄),并注意遮阴,经常喷水,保持草块潮湿,并及时铺种。

c.铺种草皮:在铺植以前,应检查场地是否整平等。面积大的铺植场地,铺草前应进行 1~2 次镇压,将松软土压实,另用细土填平低洼之处。把草块顺次平铺在已整好的土地上,块与块之间应保留 1cm 左右的空隙,主要是防止草皮块在搬运途中干缩,遇水浸泡后,出现边缘膨大而重叠的现象。草块一定要铺平,草块薄时应垫土,草块太厚则应适当削薄一些,草块与地面应紧密连接。最后用 500kg 碌子碾压,并浇透水养护,约 10d 即可长出新根。铺草时,如草块上带有少量杂草,应立即剔除;如草块上杂草过多,则应淘汰。

④ 草皮植生带建坪:此法是近年来兴起的一种工厂化种草新法。它的生产工艺主要是通过简单的滚动设备,把筛选好的优良种子,按比例均匀地撒播在两层纸或两层布的中间,经过复合定位工序后,滚成一卷卷的人造"草皮植生带"。一般每卷 100m²(即长 100m,宽 1m)。这种草皮植生带,对于适宜用种子播种建坪的草种,比种子直播法有一定的优越性。它施工简便,种植时就像铺地毯一样,将其摊开平铺在整平的土地上,上面覆盖 1cm 厚的薄层,经过碾压,使植生带紧密与土壤相结合,经常喷水保湿,植生带种子遇湿,即能迅速发芽,生根出苗。如铺设时整地不平,部分植生带悬空,种子吸不到水,则难以生根出苗。由此可见,整地平整,是铺种草皮植生带的关键技术。这种人造草皮植生带,可在工厂里采用自动化设备连续成批生产,产品又可成卷入库贮存,运输方便,使用面广,并且可以大面积铺种,工时短,效果好,但成本较种子直播坪为高。

目前,这种铺建草坪的方法已先后在上海、齐齐哈尔、青岛、甘肃等地推广试用,受到绿化单位的重视和欢迎。

⑤ 液压喷种:这种新的种草建坪方法,国外应用较早,我国已在大连、哈尔滨、深圳等城市推广试用。它是将混有草坪草籽、黏着剂、保湿剂、特殊肥料以及黏土、水等,搅拌混合均匀成具有颜色(通常为绿色)的黏性泥浆,通过高压水泵的强大压力,将黏性泥浆直接喷射到地面或难以铺植草皮的陡坡上。由于这种方法具有先进的保湿条件,因此喷洒后,混入泥浆中的种子在合适的湿度和温度下,容易发芽(一般为 3~5d),出苗整齐,能在短期内(30~45d)迅速形成新的绿色草坪。

液压喷种法施工简便,完全依靠高压喷力均匀喷洒。同时,由于黏性泥浆具有颜色标志,因此,它易于依次喷射,不易出现重复或遗漏。这种方法对于强行绿化斜坡裸地、平地绿化等都有很好的效果。

3. 草坪的养护管理

草坪的养护管理水平,直接影响草坪的生长质量和观赏效应。新植草坪,只有加强管理,才能使草坪草生长苗壮、整齐、优美。

(1) 浇水。

草坪宜用喷灌系统浇水,尤其在干旱时期应经常喷水。土壤保墒层应在 10cm 以下,防止草坪受旱枯萎而影响效果。越冬前还应浇一次防冻水。

(2) 清除杂草。

草坪初建期,杂草随时都可侵入,清除杂草是一项重要的日常工作。清除杂草时,要坚持除小、除早、除净,保持草坪植物的纯净性和观赏性。

(3) 修剪。

草坪草生长很快,应经常进行修剪,控制其适宜的高度。修剪草坪视各类草种的不同,通常以离地高度 2~3cm 为最好。生长旺季每星期修剪一次,一般每月修剪 1~2 次。每次修剪量不应过大,以免影响观赏效果。

剪草机操作
视频

（4）施肥。

草坪植物施肥以化肥为主。每年 2～3 次,结合浇水,每亩 1 次施硫酸铵 5～7kg,尿素 2～3kg。

（5）通气。

草坪形成 2～3 年后,根系密集,土壤通透性减弱。这时可用打孔机在草坪上打孔,改善土壤通气利于养分深入土层,刺激新根生长。

（6）防治病虫害。

一般草坪常见病虫害有腐霉病、丝核病、淡剑夜蛾、黏虫等。腐霉病发病期在 5—6 月,可用 500 倍 46％杀毒矾可湿性粉剂浇灌。丝核病发病期在 7 月上旬,可用 500 倍多菌灵浇灌。淡剑夜蛾,7 月中下旬危害较烈,可用 1000 倍乳剂喷洒。黏虫,1 年 3 代,可用 1000～1500 倍 90％敌百虫溶液喷洒,或用 2000 倍 50％辛硫磷溶液喷洒防治。草坪病虫害应及时喷药防治,防患于未然。

（7）围栏保护。

对于观赏性草坪,要采取保护措施,设栏杆围护,防止践踏。保护设施的设置,应尽量与周围景观协调一致。

6.5　园林植物养护管理

● 6.5.1　园林植物养护管理概述

园林植物养护管理是指对园林植物经繁殖、栽植后,采取灌溉、排涝、修剪、防治病虫、防寒、支撑、除草、中耕、施肥等技术措施,使之发挥最佳的绿化、美化效果的过程。

园林植物养护管理工作是经常性的工作,必须四季不间断进行。在养护管理过程中,应按相应技术标准要求,及时、认真地进行。

● 6.5.2　园林植物的养护管理技术

1. 土壤管理

（1）松土除草。

松土除草是植物养护管理中一项十分繁重的工作。松土可以疏松土壤,切断土壤表层的毛细管,从而减少土壤中水分的蒸发,改善土壤通气状况,促进土壤微生物的活动,提高植物对土壤有效养分的利用率。除草可以减少水分、养分的消耗,减少病虫害的发生。

在植物的生长期内,除草和松土一般同时进行。次数根据气候、植物种类、土壤等而定。如乔木、大灌木可两年一次,草本植物则一年多次。具体的除草松土时间可安排在天气晴朗或雨后、土壤不过干和不过湿的情况进行,方可获得最大的保墒效果。除草松土时应避免碰伤植物的树皮、顶梢等,生长在地表的浅根可适当削断。松土的深度和范围应视植物种类及植物当时根系的生长状况而定,一般树木松土范围在树冠投影半径 1/2 以外至树冠投影外 1m 以内的环状范围内,深度为 $6\sim10cm$,对于灌木、草本植物,深度可在 5cm 左右。

（2）地面覆盖。

利用有机物或活体植物对地面进行覆盖,可以减少水分蒸发,减少杂草生长,增加土壤有机质,调节土壤温度。覆盖材料因地制宜。稻草、秸秆、木屑、马粪都是良好的覆盖材料。对于草地疏林的树木,多采用根盘覆盖的方法,厚度一般为 $3\sim6cm$。

活体植物覆盖一般宜选择植株低矮,根系分布浅的地被植物,如石竹、常春藤、沿阶草、三叶草、苜蓿、鸢尾等。

（3）土壤改良。

土壤改良是采用物理、化学或生物等措施改善土壤理化性质,提高土壤肥力。

为了改善土壤质地,常采用植豆科绿肥或多施农家肥等措施。当土壤过砂或过黏时,可采用砂黏互掺的方法。对于酸化或碱化的土壤,可采用化学改良剂改变土壤酸性或碱性。常用的化学改良剂有石灰、石膏、磷石膏、氯化钙、硫酸亚铁、腐殖酸钙等。如对碱化土壤需施用石膏、磷石膏等以钙离子交换出土壤胶体表面的钠离子,降低土壤的 pH 值。对于酸性土壤,则需施用石灰性物质。

在实践操作中,土壤改良剂被广泛应用于土壤改良。例如,施石灰用来调整酸性土壤的 pH 值,施石膏用来抑制土壤中的 Na^+、HCO_3^-、CO_3^{2-} 等离子,施用有益微生物来提高土壤生物活性等。土壤改良剂有多类:① 矿物类,主要有泥炭、褐煤、风化煤、石灰、石膏、蛭石、膨润土、沸石、珍珠岩和海泡石等;② 天然和半合成水溶性高分子类,主要有秸秆类、多糖类物料、纤维素物料、木质素物料和树脂胶物质;③ 人工合成高分子化合物,主要有聚丙烯酸类、醋酸乙烯马来酸类和聚乙烯醇类;④ 有益微生物制剂类等。

2. 水分管理

（1）灌溉。

水是植物各种器官的重要组成部分,是植物生长发育过程中必不可少的物质,园林植物和其他所有植物一样,整个生命过程都离不开水。因此依据不同的植物种类及在一年中各个物候期的需水特点、气候特点和土壤的含水量等情况,采用适宜的水源适时适量灌溉,是植物正常生长发育的重要保证措施。

① 灌溉方式。

在园林绿地中常用的灌溉方式有以下几种。

a.单株灌溉。对于露地栽植的单株乔灌木,如行道树、庭荫树等,先在树

微生物土壤改良技术视频

冠的垂直投影外开堰,利用橡胶管、水车或其他工具,对每株树木进行灌溉。灌水应使水面与堰埂平齐,待水慢慢渗下后,及时封堰与松土。

b.漫灌。适用于在地势较平坦地区的群植、林植的植物。这种灌溉方法耗水较多,容易造成土壤板结,注意灌水后及时松土保墒。

c.沟灌。适用于宽行距栽培的花卉、苗木。行间开沟灌水的方式可以让水完全到达根区,但灌水后易引起土面的板结,应在土面干后进行松土。

d.喷灌。其是指利用喷灌设备系统,使水在高压下,通过喷嘴将水喷至空中,呈雨点状落在周围植物上的一种灌溉方式。这种方式易于定时控制,节省用水,并能使植物枝叶保持清新状态,还可改善环境小气候,适合于盆花、花坛、草坪、地被植物、花灌木、小乔木等。

e.滴灌。利用低压管道系统,使水分缓慢不断地呈滴状浸润根系附近的土壤,可为植物提供定点、定量、定时的供水,而使其他土面保持相对干燥,防止杂草滋生,减少病虫危害,同时节约用水。其主要缺点是滴头易阻塞,且设备投资额较高。

一天内灌水时间最好在清晨进行,此时水温与地温相近,对根系生长活动影响小;早晨风小光弱,蒸腾作用较弱,若傍晚灌水,湿叶过夜,易引起病害。但夏季高温酷暑,灌溉也可在傍晚进行;冬季则因早晚气温较低,灌溉应在中午前后进行。

② 灌溉量及灌溉次数。

灌溉量及灌溉次数因植物类型、种类、发育时期,气候、土壤条件而异。

对于根系较浅的一、二年生草本花卉及一些球根花卉,灌溉次数应较宿根花卉为多。木本植物根系比较发达,吸收土壤中水分的能力较强,灌溉量及灌溉的次数可少些,观花类花卉,特别是花灌木,灌水量和灌水次数要比一般树种多。针对蜡梅、虎刺梅、仙人掌等耐旱的植物,灌溉量及灌溉次数可少些,不耐旱的如垂柳、枫杨、蕨类、凤梨科等植物灌溉量及灌溉次数要适当增多。每次灌水深入土层的深度,一、二年生草本花卉应达 $30 \sim 35 cm$,一般花灌木应达 $45 cm$,生理成熟的乔木应达 $80 \sim 100 cm$。

(2)排水。

不同种类的植物,其耐水力不同。当土壤中水分过多,尤其当土壤较黏滞,降水较多时要及时采取排水措施。常用的方法如下。

① 地表径流法,即将地面改造成一定坡度(以 $0.1\% \sim 0.3\%$ 为宜),保证雨水顺畅流走。这是园林绿地常用的排水方法。

② 明沟排水法,其是指当发生暴雨或阴雨连绵积水很深时,在不易实现地表径流的绿化地段挖一定坡度的明沟来进行排水的方法。沟底坡度以 $0.1\% \sim 0.5\%$ 为宜。

③ 暗沟排水法。在绿地下挖暗沟或铺设管道,借以排出积水。

3. 施肥管理

植物生长所需的营养元素从空气、水及土壤中获得。其分为大量元素和微量元素。随着植物的不断生长,所需营养量不断增加,而环境中营养水平随着植物的吸收不断降低。因此需要及时补养分。

(1)肥料种类。

① 有机肥又称全效肥料,即含有氮、磷、钾等多种营养元素和丰富的有机质,是迟效性肥料,常做基肥用。常用的有堆肥、厩肥、圈肥、人粪尿、饼肥、骨粉、鱼肥、血肥、作物秸秆、树枝、

落叶、草木灰等。有机肥在逐渐分解的过程中，能释放出各种营养元素、大量的二氧化碳等供植物所利用，其作用是任何化肥所不能替代的。所用的有机肥要充分发酵、腐熟和消毒，以防烧坏植物根系、传播病虫害等。

② 无机肥又称矿质肥料，是由化学方法合成或由天然矿石提炼而成的化学肥料，是速效性肥料，常作为追肥用。其主要有氮肥（尿素、硫酸铵等）、磷肥（过磷酸钙等）、钾肥（氯化钾、硝酸钾）、复合肥（磷酸二氢钾、氮磷钾混合颗粒肥等）以及微量元素肥料。其肥效较快，使用方便、卫生，能及时满足植物不同生长发育阶段的要求。

（2）施肥方式与时期。

在生产上，施肥常分为基肥、追肥和根外追肥三种。

基肥又叫底肥，一般常以厩肥、堆肥、饼肥等有机肥料作基肥，并结合整地翻入土中或埋入栽植穴内。在北方一些地区，多在早秋对园林树木施基肥。

追肥是在苗木生长发育期施用肥料（多为速效肥），以及时补充苗木在生长发育旺盛时期对养分的大量需要。一般无机肥为多，园林花卉可用粪干、粪水及饼肥等有机肥料。通常花前、花后及花芽分化期要施追肥，对于观花、观果类花卉，花后追肥更为重要。

根外追肥是将速效性肥料的水溶液直接喷洒在苗木的叶片上，使营养通过叶片气孔或叶面角质层逐渐渗入体内，以供苗木的需要。主要在植物迅速生长期或出现缺素症时采用。

科学使用
叶面肥视频

另外，一、二年生花卉幼苗期，应主要追施氮肥，生长后期主要追施磷、钾肥；多年生花卉追肥次数较少，一般3～4次，分别为春季开始生长后、花前、花后、秋季叶枯后。对花期长的花卉，如美人蕉、大丽菊等花期也可适当追施一些肥料。对于初栽2～3年的园林树木，每年的生长期也要进行1～2次的追肥。

（3）施肥的方法。

① 环状沟施肥法。在树冠外围稍远处挖30～40cm宽环状沟，沟深根据树龄、树势以及根系的分布深度而定，一般深20～50cm，将肥料均匀地施入沟内，覆土填平灌水。随树冠的扩大，环状沟每年外移，每年的扩展沟与上年沟之间不要留隔墙。此法多用于幼树施基肥。

② 放射沟施肥法。以树干为中心，从距树干60～80cm的地方开始，在树冠四周等距离地向外开挖6～8条由浅渐深的沟，沟宽30～40cm，沟长视树冠大小而定，一般是沟长的1/2在冠内，1/2在冠外，沟深一般为20～50cm，将充分腐熟的有机肥与表土混匀后施入沟中，封沟灌水。下次施肥时，调换位置开沟，开沟时要注意避免伤大根。此法适用于中壮龄树木。

③ 穴施法。在有机物不足的情况下，基肥以集中穴施最好，即在树冠投影外缘和树盘中开挖深40cm，直径50cm左右的穴，其数量视树木的大小、肥量而定，施肥入穴，填土平沟灌水。此法适用于中壮龄树木。

④ 全面撒施法。把肥料均匀地撒在树冠投影内外的地面上，再翻入土中。此法适用于群植、林植的乔灌木及草本植物。

⑤ 灌溉式施肥。结合喷灌、滴灌等形式进行施肥,此法供肥及时,肥分分布均匀,不伤根,不破坏耕作层的土壤结构,劳动生产率高。

⑥ 根外追肥。根外追肥是指根据植物生长需要将各种速效肥水溶液喷洒在叶片、枝条及果实上的追肥方法。根外追肥的浓度和施用量因肥料种类、苗木大小而异。对于播种的小苗,一般为 $0.1\% \sim 1.0\%$。叶面喷施时间以无风的早晚或阴天为宜,如果喷后 2d 内遇雨,雨后还要补喷一次。

● 6.5.3　园林植物的修剪整形

修剪是指对植株的某些器官进行剪截或剔除的操作;整形是指对植株进行一定的修剪,使之形成栽培者所需要的树体结构形态。修剪整形是园林植物综合管理的重要技术措施,是维持和营造植物景观的重要手段。

1. 修剪整形的目的和作用

通过修剪整形,可以使植物形态更加符合种植美化的要求。同时,修剪整形还可以调节水分、养分的集中供应,促进树体复壮;改善养分供应,促进植物开花结果;改善通风透光条件,减少病虫害。

2. 修剪的时期与方法

修剪的时期因树种的抗寒性、生长特性及物候期而异。一般来说,可分为休眠期(冬季)修剪及生长期修剪。修剪的基本方法有疏枝、短截、剥芽、摘心、去蘗等。

桂花修剪技术视频

① 疏枝:从基部剪去过多过密的枝条。疏枝可以减少养分争夺,有利于通风透光。对于乔木树种,能促进主干生长;对于花卉、灌木树种,能促进提早开花。

② 短截:剪去枝条的一部分,保留枝条的一定长度和一定数量的芽。短截能刺激剪口下侧芽的萌发,促进分枝,增加生长量。短截有轻短截和重短截之分,在育苗中常采用重短截,即在枝条基部留少数几个芽进行短截,剪后仅一个芽发育成强壮枝条,育苗中多用此法培育主干枝。

③ 剥芽:树木在发芽时,通常是许多芽同时萌发,这样根部吸收的水分和养分不能集中供应需要留下的芽,这就需要剥去一些芽以促使枝条的发育,形成理想的树形。

④ 摘心:树木在生长过程中,为免枝条生长不平衡而影响树冠的形态,对其强枝进行摘心,控制生长,以调节树冠各主枝的长势,达到树冠匀称、丰满的目的。

⑤ 去蘗:在新生枝未木质化时,除去主干上或根部萌发的无用嫩枝条。

3. 整形的方式

园林植物的整形的方式因种植目的、功能、环境、所营造的氛围不同而有差异,概括起来有以下三类。

(1)自然式整形。

其是指按植物自身生长发育特征,在保持其自然树形的基础上适当修剪的方式。修剪的主要对象是影响树形的徒长枝、冗枝、内膛枝、反向枝、枯枝、病虫枝等。

(2)人工式整形。

其是指将植物整剪成各种规则的几何形状或不规则的形体,如方形、球形、鸟、城堡、雕塑等。

(3)自然、人工混合式整形。

其是指根据园林绿化的特殊要求,对自然树形加以人工干预而形成树形。常见的有杯状形、自然开心形、多领导干形、中央领导干形、从球形、棚架形等。

4. 各类园林植物的修剪整形

(1)行道树类。

在修剪时,行道树要求主干通直,以 3~4m 为好。有一定枝下高,一般要求人行道为 2m 左右,机动车道为 4m 左右。整形方式多采用自然形,如果上方有管线,则可采用杯状形。

(2)庭荫树类。

庭荫树要求树冠庞大,树干挺秀。在整形时多采用自然形,主干保留 1.8~2.0m,修剪主要是去除过密枝、病虫枝以及扰乱树形的枝条。

(3)花果树类。

幼树时防早衰,重视夏季修剪,以轻剪为主。成形后,扩大树冠的同时又要保证开花,还要培育各级骨干枝,维持树体平衡。对于老衰树,应在促进根系生长的基础上剪干更新。

(4)绿篱类。

一般按规定的形状和高度进行修剪。每次修剪应保持形状轮廓线条清晰、表面平整、圆滑。修剪后新梢生长超过 10cm 时,应进行第二次修剪。若生长过密影响通风透光,则应进行内膛疏剪。

(5)草坪类。

草坪的修剪高度应保持为 6~8cm,当草高超过 12cm 时,必须进行修剪。混播草坪修剪次数不少于 20 次/年,结缕草不少于 5 次/年。

6.5.4 自然和人为灾害的防治

园林植物在生长发育过程中经常遭受极端高温、低温、旱害、水害、病虫害等自然灾害。同时,城市绿地中的植物还容易受到各种市政工程的伤害。及时、有效地对这些灾害进行诊断、治疗是维持植物景观的重要措施。

1. 自然灾害的防治

（1）高温危害防治。

① 高温伤害的表现。

在仲夏和初秋，异常高温和强烈的日光会对植物造成不同程度的伤害，使植物表现出日灼、叶片灼伤变褐，植株萎蔫失水，严重时叶片脱落等现象。

② 高温伤害的防治。

首先应选择耐高温、抗性强的园林植物；新移栽的苗木要尽量保护根系，并对地上部分进行修剪；对于树干易受灼伤者，可对树干进行涂白或包裹稻草；加强综合管理，特别是水分管理，增施钾肥；对于遭受伤害的植物，应进行适当修剪，去掉枯死枝叶，对灼伤区域进行休整、消毒、涂漆处理。

（2）低温危害防治。

① 低温伤害的表现。

无论是在生长期还是休眠期，植物都有可能受到低温的伤害。因受害程度不同，伤害表现大致有花芽受冻、枝条冻害、树干冻裂、根茎根系冻伤、干梢。

② 低温伤害的防治。

贯彻适地适树的原则，选择抗寒性强的植物种类或品种；加强抗寒栽培，提高树体抗寒性。改善小气候，增加温度、湿度；在低温来临之前采取树体包裹、设风障等措施。

（3）涝害与旱害防治。

涝害主要是由降水量过大、种植地低洼，排水不良，植物选择不当造成的。树体受涝害后多表现为叶片发黄、萎蔫，严重时落叶、落果，根系呈水浸状，严重时变为褐色。如果受害时间较短，应采取积极措施进行救护，如及时疏通排水，铲除根际淤泥，裸根培土。对受淹的表土进行翻耕晾晒等。

干旱不仅会延迟植物的萌芽、开花时间，严重时还会导致抽条、日灼、落花、落果等。防治措施主要是选择抗旱性强的种类；加强水分管理，及时浇灌；及时进行树盘覆盖、中耕除蕈等。

（4）病虫害的防治。

① 园林植物病虫害的种类及其特点。

a. 病害种类及其特点。

根据是否有侵染性，病害一般可以分为侵染性病害和非侵染性病害。

侵染性病害是指由病毒、细菌、真菌、线虫、寄生性种子植物等寄生所引发的病害，有传染性，如猝倒病、白粉病、锈病、软腐病等。真菌引起的病害在病症上一般表现为粉状物、霉状物、点状物和颗粒状物。细菌引起的病害在病症上一般表现为脓状物，并往往伴有臭味。侵染性病害在发生时常常表现为从点开始，进而扩大的特点。

非侵染性病害又叫生理性病害，主要由水分、温度、光照、营养元素等过多或不足引发，无传染性。一般在相同栽培条件下，非侵染性病害的发生具有普遍性、均一性。

植物病害
概述视频

b. 虫害种类及其特点。

园林植物的虫害主要有地下害虫和地上害虫两类。地下害虫主要有地老虎、蝼蛄、蛴螬等，它们生活在土壤中，主要咬食根和幼苗，造成大量缺苗、死苗，严重影响苗木生产。地上害虫主要有尺蠖、蚜虫、粉虱等，它们蚕食树叶、刺吸汁液，破坏新梢顶芽，影响苗木生长。

② 病虫害的防治措施。

园林植物病虫害的发生会严重影响植物的生长发育，降低景观效果。防治病虫害，应贯彻"预防为主，综合治理"的防治方针，遵循"治早、治小和治了"的原则。

a. 加强检疫，严把苗木质量。

在引种、种植苗木时，对种子、种苗进行全面病虫害检疫。一旦发现病虫害应及时处理，若发现危险性病虫害开始传染给人则应积极防治、彻底消灭。

b. 提高植物生长质量，增强抗逆性。

在种植时，遵循适地适树的原则，种植后加强管理，提高植物抗性。成片种植时，尽量采用混植的方式。通过修剪整形，增加树体通透性，及时清除枯枝、病虫枝。

c. 耕作防治。

通过轮作、中耕除草、改变种植期等方式可以破坏病虫害传播的世代交替链，进而有效地对病虫害的发生加以控制。

d. 物理机械防治。

其是指通过物理的手段和简单的工具进行病虫害防治的方法，如通过人工捕杀地老虎幼虫，黑光灯诱杀夜蛾，摘除病叶，紫外线、高温杀菌等。

e. 化学防治。

使用农药防治动植物病害的方法。其具有高效、速效、使用方便、经济效益高等优点。它是目前应用最为广泛的一种防治方法。在公共绿地使用时要考虑环境卫生和安全。尽量选择毒性小、残留低的种类。施用时要设置警戒线，喷药人员戴口罩以防中毒。

农药基本
知识视频

f. 生物防治。

利用天敌消灭病虫是目前大力提倡的病虫害防治方式。通过"以菌制菌""以菌治虫""以虫治虫""以鸟治虫"及生物工程技术来控制病虫害发生，是目前以及将来的重点研究课题。

2. 人为灾害的防治

（1）填挖方对园林植物危害的防治。

园林植物的生长与土壤的结构（尤其表层土）关系密切，植物的根系都分布在一定的土层。在市政工程中，填挖方的取土、填土严重影响土壤的结构。如填充物阻滞了土壤中水分与空气的正常运动，造成土壤窒息；取土造成土壤表层大量营养物质和土壤微生物流失。这些因素均对植物的生长不利，致使植物生长缓慢、枝条死亡、树冠稀疏、树势减弱，严重时整株死亡。

为降低填方对园林植物的危害,可采用安装地下通气管、建干井、铺填大颗粒填充物等方法。对于挖方所造成的伤害,主要采取裸根覆盖、施肥、合理修剪等措施。

（2）地面铺装对园林植物危害的防治。

在市政工程中,地表铺装普遍采用浇筑水泥、沥青、铺设地砖等方式。不正确的铺装会妨碍空气与土壤的水、气交换,导致土壤干燥、氧气减少。另外,铺装会显著增加地表与近地层温差,致使表层根系遭受极端温度伤害。某些过于靠近树干基部的铺装会妨碍树干的增粗,造成干基环割。

为避免或较少铺装对植物的危害,首先要选择对土壤水气通透性不敏感、抗性强的植物;尽量减少铺装面积或选择通透性强的铺装材料;在铺装过程中,改进铺装技术,设置通气透水系统。

（3）污水对园林植物危害。

污水对园林植物的危害主要体现在污水含盐碱高,易造成土壤盐碱化,进而影响根系吸收,从而导致植物生长不良。

6.5.5　古树名木的养护管理

1.古树名木的概念及保护的意义

(1)《中国农业百科全书》对古树名木的内涵界定为:"树龄在百年以上的大树,具有历史、文化、科学或社会意义的木本植物。"《城市绿化条例》第24条规定:"百年以上树龄的树木,稀有、珍贵树木,具有历史价值或者重要纪念意义的树木,均属古树名木。"

（2）保护古树名木的意义。

① 古树名木是历史的见证,许多古树名木记载着一个国家的文化、历史。

② 古树名木为文化艺术增添光彩,它们是历代文人咏诗作画的题材,往往伴有优美的传说和奇妙的故事。

③ 古树名木具有很高的旅游价值,如黄山的卧龙松(图 6-13),铁杆虬枝若苍龙腾飞,给人以美的享受。

图 6-13　黄山的卧龙松

④ 古树是研究自然史的重要资料,它复杂的年轮结构,蕴含古水文、古地理、古植被的变迁史。

⑤ 古树对研究树木生理具有特殊意义。人们无法跟踪研究长寿树木从生到死的生理过程,而不同年龄的古树可以同时存在,能把树木生长、发育在时间上的顺序展现为空间上的排列,有利于科学研究工作。

⑥ 古树对于树种规划有很大参考价值。

2. 古树名木衰老的原因

研究表明,古树名木的衰老是内因与外因共同作用的结果,其中人为因素是重要的原因。

(1) 随树龄增长,生理机能下降,生命力减弱,树龄老化,树根吸收水分、养分的能力越来越不能满足地上部分的需要,从而导致内部生理失去平衡,部分树枝逐渐枯萎落败。

(2) 人类生活对古树名木的影响主要体现在人口增长过程中,不合理的采伐、城市的建设等影响古树的生存空间。

(3) 一些古树分布于丘陵、山坡、墓地、悬崖等土壤贫瘠处。那里水土流失严重,营养面积少,摄取的养分不能维持其正常生长,很容易造成严重的营养不良而衰弱直至死亡。

(4) 城市公园里游人密集,地面受到大量践踏,土壤板结,密实度高,透气性降低,造成树木长势减弱。

(5) 树干周围铺装面积过大,土壤理化性质恶化,使古树处于透气性极差的环境中。

(6) 人为损害。人们在树下堆放杂物、乱刻、乱钉钉子等,使树体受到严重损害。

(7) 雷击、风暴、冰雪、病虫害等加剧了古树的衰弱和死亡。

3. 古树名木的养护管理措施

(1) 树体加固。

古树由于年代久远,主干或有中空,主枝常有死亡,造成树冠失去均衡,树体容易倾斜;又因树体衰老,枝条容易下垂,因而需用他物支撑。如北京故宫御花园的龙爪槐、古松均用钢管呈棚架式支撑,钢管下端用混凝土基加固,干裂的树干用扁钢箍起,收效良好。

(2) 树干疗伤。

古树名木进入衰老年龄后,对各种伤害的恢复能力减弱,更应注意及时处理。对于枝干上因病、虫、冻、日灼或修剪等造成的伤口,首先应当用锋利的刀刮净削平四周,使皮层边缘呈弧形,然后用 $2\% \sim 5\%$ 硫酸铜溶液,0.1% 的升汞溶液,石硫合剂原液等消毒。对于修剪造成的伤口,应将其削平然后涂以保护剂,选用的保护剂要求容易涂抹,黏着性好,受热不融化,不透雨水,不腐蚀树体组织,又有防腐消毒的作用,如铅油、接蜡等均可。大量应用时也可用黏土和鲜牛粪加少量石硫合剂的混合物作为涂抹剂,如用激素涂剂对伤口的愈合更有利,用含有 $0.01\% \sim 0.1\%$ 的萘乙酸膏涂在伤口表面,可促进伤口愈合。由于雷击使枝干受伤的苗木,应将烧伤部位锯除并涂保护剂。

(3) 树洞修补。

若古树名木的伤口长久不愈合,则长期外露的木质部会受雨水浸渍,逐渐腐烂,从而形成树洞,目前对古树的树洞处理方式主要有以下几种。

① 开放法。

如孔洞不深、无填充的必要时,可将洞内腐烂木质部彻底清除,刮去洞口边缘的死组织,直至露出新的组织为止,用药剂消毒,并涂防护剂,防护剂每隔半年左右重涂1次。同时改变洞形,以利排水;也可在树洞最下端插入排水管,并注意经常检查排水情况,以免堵塞。如果树洞很大,给人以奇树之感,欲留做观赏时就可采用此法。

② 封闭法。

对于较窄的树洞,可在洞口表面覆以金属薄片,待其愈合后嵌入树体而封闭树洞,也可将树洞经处理消毒后,在洞口表面钉上板条以油灰和麻刀灰封闭(油灰是用生石灰和熟桐油以1∶0.35的比例混合而成),再涂以白灰乳胶、颜料粉面,以增加美观,还可以在上面压树皮状纹或钉上一层真树皮。

③ 填充法。

填充物最好是水泥和小石砾的混合物。填充材料必须压实,为加强填料与木质部连接,洞内可钉若干电镀铁钉,并在洞口内两侧挖一道深约4cm的凹槽。填充物从底部开始,每20～25cm为一层,用油毡隔开,每层表面都略向外倾斜,以利排水,外层用石灰、乳胶、颜粉涂抹,为了增加美观,富有真实感,在最外面钉一层真树皮。

④ 设避雷针。

据调查,千年古银杏大部分曾遭过雷击,受伤的苗木生长受到严重影响,树势衰退,如不及时采取补救措施甚至可能很快死亡。所以,高大的古树应加避雷针,如果遭受雷击应立即将伤口刮平,涂上保护剂并堵好树洞。

⑤ 灌水、松土、施肥。

春、夏干旱季节灌水防旱,秋、冬季浇水防冻,灌水后应松土,一方面保墒,另一方面增加土壤的通透性。古树施肥要慎重,一般在树冠投影部分开沟(深0.3m、宽0.7m),沟内施腐殖土加稀粪,或适量施化肥等增加土壤的肥力,但要严格控制肥料的用量,绝不能造成古树生长过旺,特别是原来树势衰弱的苗木,如果在短时间内生长过盛会加重根系的负担,造成树冠与树干及根系的平衡失调。

⑥ 树体喷水。

由于城市空气浮尘污染,古树的树体截留灰尘极多,特别是在枝叶部位,不仅影响观赏效果,更减少叶片对光照的吸收而影响光合作用。可采用喷水方法加以清洗,此项措施费工费水,一般只在重点区采用。

⑦ 整形修剪。

古树名木的整形修剪必须慎重处置,一般情况下,以基本保持原有树形为原则,尽量减少修剪量,避免增加伤数。对病虫枝、枯弱枝、交叉重叠枝进行修剪时,应注意修剪手法,以疏剪为主,以利通风透光,减少病虫害滋生。必须进行更新、复壮修剪时,可适当短截,促发新枝。

⑧ 防治病虫害。

古树衰老,容易招虫致病,加速死亡。应更加注意对病虫害的防治,如黄山迎客松有专人看护、监测红蜘蛛的发生情况,一旦发现立即处理;北京天坛公园针对天牛是古柏的主要害虫,从天牛的生活史着手,抓住每年3月中旬左右天牛要从树内到树皮上产卵的时机,在古柏上打二二三乳剂,称为"封树"。5月易发生蚜虫、红蜘蛛,要及时喷药加以控制。7月份注意树干害虫危害。

⑨ 设围栏、堆土、筑台。

在人为活动频繁的立地环境中生长的古树,要设围栏进行保护。围栏一般要距树干 3～4m 或在树冠的投影范围之外,在人流密度大、苗木根系延伸较长者,对围栏外的地面也要做透气性的铺装处理;在古树干基堆土或筑台可起保护作用,也有防涝效果,砌台比堆土收效尤佳,应在台边留孔排水,切忌围栏造成根部积水。

⑩ 立标示牌。

安装标志,标明树种、树龄、等级、编号,明确养护管理负责单位,设立宣传牌,介绍古树名木的重大意义与现况,又可起到宣传教育、发动群众保护古树名木的作用。

4. 古树复壮

古树名木的共同特点是树龄较高、树势衰老,自体生理机能下降,根系吸收水分、养分的能力和新根再生的能力下降,树冠枝叶的生长速率也较缓慢,如遇外部环境的不适或剧烈变化,极易导致树体生长衰弱或死亡。所谓更新复壮,是运用科学、合理的养护管理技术,使原本衰弱的树体重新恢复正常生长,延缓其生命的衰老进程。必须指出的是,古树名木更新复壮技术的运用是有前提的,它只对那些虽说年老体衰,但仍在其生命极限之内的树体有效。

我国在古树复壮方面的研究水平较高,在 20 世纪八九十年代,北京、泰山、黄山等地对古树复壮的研究与实践就已取得较大的成果,抢救与复壮了不少古树。如北京市园林科学研究所,针对北京市公园、皇家园林中古松、古柏、古槐等生长衰弱的根本原因是土壤密实、营养及通气性不良、主要病虫害严重等,采取了以下复壮措施,效果良好。

(1)埋条促根。

在古树根系范围,填埋适量的树枝、熟土等有机材料,改善土壤的通气性以及肥力条件,主要有放射沟埋条法和长沟埋条法。多年实践证明,古树的根可在枝条内穿伸生长,具体做法是:在树冠投影外侧挖放射状沟 4～12 条,每条沟长 120cm 左右,宽为 40～70cm,深 80cm。沟内先垫放 10cm 厚的松土,再把截成长 40cm 枝段的苹果、海棠、紫穗槐等树枝缚成捆,平铺一层,每捆直径 20cm 左右,其上撒少量松土,每沟施麻酱渣 1kg、尿素 50g,为了补充磷肥,可放少量动物骨头和贝壳等,覆土 10cm 后放第二层树枝捆,最后覆土踏平。如果树体间相距较远,可采用长沟埋条,沟宽 70～80cm,深 80cm,长 200cm 左右,然后分层埋树条施肥、覆盖踏平。

复壮基质也可采用松、栎的自然落叶,取 60% 腐熟加 40% 半腐熟的落叶混合,再加少量 N、P、Fe、Mn 等元素配制而成,硫酸亚铁($FeSO_4$)使用剂量按长 1m、宽 0.8m 复壮沟内施入 0.1～0.2kg 为宜。配置后的复壮基质,pH 值控制在 7.1～7.8 范围,富含多种矿质元素、胡敏素、胡敏酸和黄腐酸,可有效促进土壤微生物活动,促进古树名木的根系生长。有机物逐年分解后与土壤胶合成团粒结构,其中固定的多种元素可逐年释放出来,施后 3～5 年内土壤有效孔隙度可保持在 12%～15%,有效改善了土壤的物理性状。

(2)地面处理。

采用根基土壤铺梯形砖、带孔石板或种植地被的方法,目的是改变土壤表面受人为践踏的情况,使土壤能与外界保持正常的水汽交换。

在铺梯形砖时,下层用砂衬垫,砖与砖之间不勾缝,留足透气通道;北京采用石灰、砂子、锯末配制比例为 1:1:0.5 的材料衬垫,在其他地方要注意土壤 pH 值的变化,尽量不用石灰为好。许多风景区采用带孔或有空花条纹的水泥砖或铺铁筛盖,如黄山玉屏楼景点,用此法处理"陪客松"的土壤表面,效果很好。采用栽植地被植物措施,对其下层土壤可做与上述埋条法相同的处理,并设围栏禁止游人践踏。

（3）换土。

若因古树名木的生长位置受到地形、生长空间等立地条件的限制,而无法实施上述复壮措施,则可考虑更新土壤的办法。如北京市故宫园林科用换土的方法抢救古树,使老树复壮。典型的范例有皇极门内宁寿门外的 1 株古松,当时幼芽萎缩,叶片枯黄,好似被火烧焦一般。职工们在树冠投影范围内,对主根部位的土壤进行换土,挖土深 0.5m（随时将暴露出来的根用浸湿的草袋盖上）,以原来的土壤与砂土、腐叶土、锯末、粪肥、少量化肥混合均匀之后填埋其中,换土半年之后,这株古松重新长出新梢,地下部分长出 2～3cm 的须根,复壮成功。

（4）病虫防治。

① 浇灌法。

利用内吸剂通过根系吸收、经过输导组织至全树而达到杀虫、杀螨等作用的原理,解决古树病虫害防治经常遇到的分散、高大、立地条件复杂等情况而造成喷药难等问题。具体方法是,在树冠垂直投影边缘的根系分布区内挖 3～5 个深 20cm、宽 50cm 的弧形沟,然后将药剂浇入沟内,待药液渗完后封土。

② 埋施法。

利用固体的内吸杀虫、杀螨剂埋施根部的方法,以达到杀虫、杀螨和长时间保持药效的目的。方法与上述相同,将固体颗粒均匀撒在沟内,然后覆土浇足水。

③ 注射法。

对于周围环境复杂、障碍物较多,而且吸收根区很难寻找的古树,利用其他方法很难解决防治问题的,可以通过此法解决。此方法是通过向树体内注射内吸杀虫、杀螨药剂,经过苗木的输导组织输至苗木全身达到较长时间的杀虫、杀螨目的。具体方法见苗木的一般养护。

④ 化学药剂疏花疏果。

当植物在缺乏营养,或生长衰退时出现多花多果的情况,这是植物生长过程中的自我调节现象,但结果却是造成植物营养的进一步失调,古树发生这种现象后果更为严重。如采用疏花疏果则可降低古树的生殖生长,扩大营养生长,恢复树势而达到复壮的效果。疏花疏果关键是疏花,可采用喷施化学药剂来达到目的,一般喷洒的时间以秋末、冬季或早春为好。如在国槐开花期喷施 50mg/L 萘乙酸加 3000mg/L 的西维因或 200mg/L 赤霉素效果较好。对于侧柏和龙柏（或桧柏）,若在秋末喷施,侧柏以 400mg/L 萘乙酸为好,龙柏以 800mg/L 萘乙酸为好,但从经济角度出发,200mg/L 萘乙酸对抑制侧柏和龙柏第二年产生雌雄球花的效果也很好;若在春季喷施,以 800～1000mg/L 萘乙酸、800mg/L 2,7-D、400～6600mg/L 吲哚丁酸为宜。对于油松,若在春季喷施,可采用 400～1000mg/L 萘乙酸。

⑤ 喷施或灌施生物混合制剂。

据雷增普等报道（1995 年）,用生物混合剂（"五四零六"细胞分裂素、农抗 120、农丰菌、生物固氮肥相混合）对古圆柏、古侧柏实施叶面喷施和灌根处理,明显促进了古柏枝、叶与根系的生长,增加了枝叶中叶绿素量及磷含量,也增加了耐旱力。

6.6　园林植物保护地栽培

● 6.6.1　保护地栽培的概念

保护地栽培又叫设施园艺,指在不适宜园艺作物生长发育的寒冷或炎热季节,利用保温、防寒或降温、防雨设施、设备,人为地创造适宜园艺作物生长发育的小气候环境,不受或少受自然季节的影响而进行的园艺作物生产。

● 6.6.2　保护地栽培的类型、结构、性能及应用

1. 地膜覆盖

地膜覆盖是指用很薄的塑料(0.005～0.015mm)薄膜紧贴在地面上进行覆盖的一种栽培方式,是现代农业生产中既简单又有效的增产措施。

通过地膜覆盖,可以明显提高土壤湿度和温度、提高土壤肥力、改善土壤理化性质等。同时,地膜覆盖可以提高作物抗逆性,被广泛应用于早春提前种植。

2. 塑料薄膜中、小拱棚

塑料薄膜中、小拱棚是指以塑料薄膜作为透明覆盖材料的拱形或其他形式的棚。小拱棚高度一般为 1.0～1.5m,中拱棚高度介于小拱棚和大棚。

中、小拱棚主要用于早春育苗、春提早、秋延后栽培以及越冬。

3. 塑料薄膜大棚

塑料薄膜大棚是指由一定数量大型拱架连接用以固定支持薄膜而形成的有一定高度的拱形保护设施。

根据材料的不同,塑料薄膜大棚可分为竹木结构大棚、钢架结构大棚、钢竹混合结构大棚和镀锌钢管装配式大棚。和中、小拱棚相比,塑料大棚空间更大,环境更稳定。主要用来进行春季促成栽培、秋季延后栽培、冬季观赏栽培等。

4. 温室

温室是园艺设施中性能最为完善的类型。尤其是温室设备的高度机械化、自动化,使得温室迅速发展。目前,温室已成为园艺生产中最重要、应用最广泛的栽培设施。在使用中,温室有以下特点:

(1) 在不满足植物生态要求的季节,创造出适于植物生长发育的环境条件来栽培花卉,以

达到花卉的反季节生产。

（2）在不满足植物生态要求的地区，利用温室创造的条件栽培各种类型的花卉，以满足人们的需求。

（3）利用温室可以对花开进行高度集中化栽培，实行高肥密植，以提高单位面积产量和质量，节省开支，降低成本。

应该引起注意的是：温室一次性投资高、运转费用高制约了温室的使用，尤其在一些自然条件较恶劣的地区，一定要考虑温室运转与维护的问题。

6.6.3　保护地栽培在园林植物栽培中的应用

1. 育苗

育苗主要是利用中、小拱棚及塑料大棚在早春进行播种、扦插等育苗活动。例如，春末夏初使用的万寿菊、一串红等为提前上市均采用这种育苗方法。另外，在二年生花卉生产中，为了能及早占领冬春花卉市场，往往采用阴棚进行播种、扦插育苗。

2. 异地栽培

受环境的影响，有些植物不能在一个地方生存，如原产热带雨林的植物不能在北方正常生长、繁殖。为了对其进行栽培，需要人为创造适宜的小气候来满足其生长的需要。

3. 盆花、鲜切花、观叶植物的周年生产

温室摆脱了外界自然环境对植物生长的限制，实现了盆花、鲜切花、观叶植物的周年生产。目前，红掌、一品红、观赏凤梨、洋兰等均已实现了周年生产。这不仅提高了土地利用效率，还为生产高档花卉提供了可能。

4. 促成与抑制栽培

在保护地栽培中，可人为地对环境加以控制。通过采取调整播种期，改善光照、温度条件的措施，可以使花卉提前或延迟开放。如一品红为典型的短日照花卉，正常花期在冬春季节，通过人为控光，可以实现四季有花上市。

5. 越冬、越夏栽培

极端的高温、低温限制了植物的生长发育。设施栽培可以不受季节的影响，使植物正常越冬、越夏。

7 园林给排水与供电工程

7.1 园林给水工程

5分钟
看完本章

7.1.1 园林给水工程的组成

园林给水工程是由一系列构筑物和管道系统构成的。从给水的工艺流程来看,它可以分成以下三部分。

(1) 取水工程是指从地面上的河、湖和地下的井、泉等天然水源中取水的工程,取水的质量和数量主要受取水区域水文地质情况影响。

(2) 净水工程是指通过在水中加药混凝、沉淀、过滤、消毒等工序而使水净化的工程,从而达到园林中的各种用水要求。

(3) 输配水工程是指通过输水管道把经过净化的水输送到各用水点的工程。

7.1.2 园林用水类型

园林用水的类型大致可分为以下几类。

(1) 生活用水。餐厅、茶室、小卖部、消毒饮水器及卫生设备的用水等。

(2) 养护用水。植物灌溉、动物笼舍的冲洗及广场道路喷洒用水等。

(3) 造景用水。各种水体,包括溪流、湖池和水景、冰景用水等。

(4) 游乐用水。游乐项目及设施用水。

(5) 消防用水。消火栓及消防水池用水。

7.1.3 水源的选择

园林给水工程的首要任务是按照水质标准来合理地确定水源和取水方式。水源可以分为地表水源和地下水源两类。

1.地表水源

地表水如溪、江、河、湖泊、水库水等,具有取水方便和水量丰沛的特点,但易受工业废水、生活污水及各种人为因素的污染。必须经过混凝、沉淀、过滤和消毒等处理,达到《生活饮用水卫生标准》(GB 5749—2006)的要求才可作为生活用水。

保护水源是保证给水质量的一项重要工作。对于地表水源,在取水点周围不小于100m半径的范围内,不得游泳、停靠船只、从事捕捞和一切可能污染水源的活动,并在这个范围要设立明显的标志。取水点附近设立的泵站、沉淀池、清水池的外围不小于10m的范围内,不得修建居住区、饲养场、渗水坑、渗水厕所,不得堆放垃圾、粪便和通过污水管道。在此范围内应保持良好的卫生状况,并充分绿化。河流取水点上游1000m以内和下游100m以内,不得有工业废水、生活污水排入,两岸不得堆放废渣、设置化学品仓库和堆场。沿岸农田不得使用污水灌溉和施用有持久性药效的农药,且不允许放牧。

2.地下水源

地下水存在于透水的土层和岩层中。各种土层和岩层的透水性是不一样的。卵石层和砂层的透水性好,而黏土层和岩层的透水性就比较差。凡是能透水、存水的地层都可称为含水层或透水层。存在于砂、卵石含水层中的地下水称为孔隙水,在岩层裂缝中的地下水则称为裂隙水。

地下水主要是由雨水和河流等地表水渗入地下而形成和不断补给的。地下水存在越深,它的补给地区范围也越大。

7.1.4 给水管网的布置

给水管网布置前必须了解园林用水的特点和周边的给水情况。

(1)给水管网基本布置形式。

① 枝状管网:这种布置方式较简单,节省管材,适用于用水点较分散的情况。但管网供水的保证率较差,一旦管网出现问题或需维修,则影响用水范围较大。

② 环状管网:把供水管网闭合成环,使管网供水能互相调剂。当管网中的某一管段出现故障时,也不致影响其余管段供水,从而提高了供水的可靠性。但这种布置形式较费管材,投资较大。

(2)管网的布置要点。

① 按照总体规划布局的要求布置管网,并且需要考虑分步建设。

② 干管布置方向应按供水主要流向延伸,而供水流向取决于最大的用水点和用水调节设施(如高位水池和水塔)位置,即管网中干管输水距它们距离最近。

③ 管网布置必须保证供水安全、可靠,干管一般沿主要道路布置,宜布置成环状,但应尽量避免布置在园路和在铺装场地下敷设。

④ 力求以最短距离敷设管线,以降低管网造价和供水费用。

⑤ 在保证管线安全不受破坏的情况下,干管宜随地形敷设,避开复杂地形和难以施工的

地段,减少土方工程量。在地形高差较大时,可考虑分压供水或局部加压,不仅能节约能量,还能避免地形较低处的管网承受较大压力。

⑥ 为保证消火栓处有足够的水压和水量,应将消火栓与干管相连接。

(3) 管网敷设原则。

① 管道埋深:冰冻地区,应埋设在深于冰冻线以下 0.4m 处。不冻或轻冻地区,覆土深度不小于 0.7m。当然,管道也不宜埋得过深,埋得过深则工程造价高。但也不宜过浅,否则管道易遭破坏。

② 阀门及消火栓:给水管网的交点称为节点,在节点处设有阀门等附件,为了检修管理方便,节点处应设阀门井。阀门除安装在支管和干管的连接处外,为便于检修、养护,要求每500m 直线距离设一个阀门井。如配水管上安装消火栓,其间距不大于 120m,且其位置距建筑不得小于 5m,为了便于消防车补给水,离车行道不大于 2m。

● 7.1.5　管材及配件

(1) 按照管道工作条件,管材性能应满足下列要求:

① 有足够的强度,可以承受各种内外荷载。

② 水密性,它是保证管网有效而经济地工作的重要条件。

③ 管材内壁面应减小水头损失。

④ 使用年限长,有较高的防止水和土壤侵蚀的能力。

(2) 管材的分类:管材可分金属管(铜管、铸铁管和钢管等)和非金属管(预应力钢筋混凝土管、玻璃钢管和塑料管等)。

① 铸铁管。铸铁管按管材可分为灰铸铁管和球墨铸铁管。灰铸铁管或称连续铸铁管,有较强的耐腐蚀性,但质地较脆,抗冲击和抗震能力较差,质量较大。球墨铸铁管具有灰铸铁管的很多优点,而且机械性有很大提高,其强度是灰铸铁管的多倍,抗腐蚀性远高于钢管,质量较轻,很少发生爆管、渗水和漏水现象,因此是理想的材料。

② 钢管。有无缝钢管和焊接钢管两种。钢管的特点是耐高压,耐振动,质量较轻,单管的长度大、接口方便,但承受外荷载的稳定性差,耐腐蚀差,造价较高。

③ 塑料管。塑料管具有强度高,表面光滑,不易结垢,水头损失小,耐腐蚀,质量轻,加工和接口方便等优点,但管材强度较低,膨胀系数较大。塑料管有很多种,如聚乙烯管(PE)和聚丙烯塑料管(PPR),硬聚氯乙烯塑料管(UPVC)等,其中,UPVC 管的力学性能和阻燃性能好,价格较低,因此应用较广。塑料水管在运输和堆放过程中,应防止剧烈碰撞和阳光暴晒,以防止变形和加速老化。

● 7.1.6　给水管网水力计算

(1) 日变化系数和时变化系数。园林中的用水量,在任何时间里都不是固定不变的。一年中用水最多的一天的用水量称为最高日用水量。最高日用水量与平均日用水量的比值,称为日变化系数(K_d)。

$$日变化系数(K_d)=\frac{最高日用水量}{平均日用水量}$$

K_d值在城镇为1.2～2,在农村为1.5～3,在园林中,由于节假日游人较多,故其值为2～3。

最高日用水量那天中用水最多的一小时对应的用水量,叫作最高时用水量。最高时用水量与平均时用水量的比值,称为时变化系数(K_h)。

$$时变化系数(K_h)=\frac{最高时用水量}{平均时用水量}$$

K_h值在城镇为1.3～2.5,在农村为5～6,在园林中,由于白天、晚上差异较大,故其值为4～6。

(2)用水量标准。用水量标准是国家根据各地区城镇的性质、生活水平和习惯、气候、房屋设备以及生产性质等不同情况而制定的单位用水定额。因我国地域辽阔,因此各地的用水量标准也不尽相同。

(3)设计用水量的计算。在给水系统的设计中,设计年限内的各种构筑物的规模是按最高日用水量来确定的,而给水管网的设计是按最高日、最高时用水量来计算确定的,最高日、最高时管网中的流量就是给水管网的设计流量。

(4)经济流速。流量是指单位时间内水流流过某管道的量,称为管道流量。其单位一般为m/s;当流量一定时,管径越大则流速越小,水头损失就越小,但管材投资大;管径小则流速越大,水头损失增大,可能造成管道远端水压不足。给水管径的选择应考虑管网造价和年经营费用两种主要经济因素,按不同的流量范围,在一定计算年限内(称为投资偿还期)管网造价和经营管理费用(主要是电费)二者总和为最小时的流速称为经济流速。

(5)管道压力和水头损失。在给水管上任意点接上压力表,都可测得一个读数,这数字是该点的水压力值。管道内的水压力通常以MPa表示。水在管中流动,水和管壁发生摩擦,克服这些摩擦力而消耗的势能就称为水头损失。水头损失可用水压表测出。它与管道材料、管壁粗糙程度、管径、管内流动物质以及温度因素有关。

7.2 园林灌溉工程

7.2.1 灌溉方式

园林中的灌溉方式有人工浇灌和自动灌溉等,人工浇灌拉胶皮管耗费劳力,易损坏花木,而且用水也不经济。自动灌溉近似于天然降水,对植物进行灌溉,可以洗去树叶上的尘土,增加空气中的湿度,而且节约用水。灌溉系统的水源可取自城市的给水系统,也可取自江河、湖泊和泉源等水体。灌溉系统的设计就是要求获得一个完善的供水管网,通过这一管网为喷头提供足够的水量和必要工作压力,供所有喷头正常工作。必要时,管网还可以分区控制。

● 7.2.2　灌溉形式的选择

按照灌溉方式不同,灌溉系统可分为移动式、固定式和半固定式三类。

(1) 移动式灌溉系统:要求灌溉区内有天然水源(池塘、河流等),其动力(电动机或汽油发动机)、水泵、管道和喷头等是可以移动的,由于管道等设备不必埋入地下,所以投资较省,机动性强,但管理劳动强度大。适用于水网密集地区的园林绿地、苗圃和花圃的灌溉。

(2) 固定式灌溉系统:该系统有固定的泵站,供水的干管、支管均埋于地下,喷头固定于竖管上,也可临时安装。地埋式喷头,喷头不工作时,缩入套管中或检查井中,使用时打开阀门,水压力把喷头顶升到一定高度进行喷洒。灌溉完毕,关上阀门,喷头便自动缩入管中或检查井中。这种喷头便于管理,不妨碍地面活动,不影响景观效果。固定式灌溉系统操作方便,节约劳力,便于实现自动化和遥控操作。适用于需要经常灌溉和灌溉期较长的草坪、大型花坛、花圃、庭院绿地等。

(3) 半固定式灌溉系统:其泵站和干管固定,支管及喷头可移动,优缺点介于上述二者之间。适用于大型花圃或苗圃。

● 7.2.3　节水型园林灌溉技术

节水型园林灌溉技术包括喷灌技术、微灌技术、涌泉灌。

(1) 喷灌技术:利用机械和动力设备,使水通过喷头(或喷嘴)射至空中,以雨滴状态降落绿地的灌溉方法。喷灌设备由进水管、水泵、输水管、配水管、喷头和控制系统等部分组成,可以是固定或移动的。其具有节省水量、调节地面气候且不受地形限制等优点。喷灌适用于大面积的草坪。

(2) 微灌技术:微灌是微水灌溉的简称,它是利用微灌系统设备按照植物需水要求,通过低压管道系统与安装在尾部(末级管道上)的特制灌水器(滴头、微喷头、渗灌管和微管等),将植物生长所需的水和养分以较小的流量均匀、准确地直接输送到植物根部附近的土壤表面或土层中,使植物根部的土壤经常保持在最佳水、肥、气状态的灌水方法。按灌水时水流出流方式的不同,微灌可分为滴灌、微喷灌、渗灌等。

① 滴灌:利用安装在末级管道(称为毛管)上的滴头,或与毛管制作成一体的滴灌带(或滴灌管)将压力水以水滴状湿润土壤,在灌水器流量较大时,形成连续细小水流湿润土壤。通常将毛管和灌水器放在地面,也可以把毛管和灌水器埋入地面以下 10cm 左右。前者称为地表滴灌,后者称为地下滴灌。滴灌适用于绿篱和花卉。

② 微喷灌:利用直接安装在毛管上,或与毛管连接的灌水器,即微喷头,将压力水以喷洒状的形式喷洒在植物根区附近的土壤表面的一种灌水形式,简称微喷。微喷灌还具有提高空气湿度,调节绿地小气候的作用。但在某些情况下,例如草坪微喷灌,属于全面积灌溉。严格来讲,它不完全属于局部灌溉的范畴,而是一种小流量灌溉技术。微喷灌适用于树木苗圃幼苗及花卉。

③ 渗灌:地下灌溉,是利用地下管道将灌溉水输入绿地,埋于地下一定深度的渗水管道

内,借助土壤毛细管作用湿润土壤的灌水方法。渗灌适用于盆花、盆栽植物及苗木等。

（3）涌泉灌:又称小管灌溉,是通过置于植物根部附近的涌泉头或小管向上涌出的小水流或小涌泉将水灌到土壤表面。灌水流量较大,远远超过土壤的渗吸速度,因此通常需要在地表形成小水洼来控制水量的分布。其特点是出流孔口较大,不易被堵塞。涌泉灌适用于乔木。

7.3　草坪喷灌设计

● 7.3.1　喷灌系统的组成

一个完整的喷灌系统一般由水源、首部枢纽、管网和喷头等组成。

（1）水源:一般多用城市供水系统作为喷灌水源,另外,井泉、湖泊、水库、河流也可作为水源。在草坪的整个生长季节,水源应有可靠的供水保证。同时,水源水质应满足灌溉水质标准的要求。

（2）首部枢纽:其作用是从水源取水,并对水进行加压、水质处理、肥料注入和系统控制。一般包括动力设备、水泵、过滤器、施肥器、泄压阀、逆止阀、水表、压力表,以及控制设备,如自动灌溉控制器、衡压变频控制装置等。首部设备的多少,可视系统类型、水源条件及用户要求有所增减。当城市供水系统的压力满足不了喷灌工作压力的要求时,可建专用水泵站或加压水泵室或专用水塔,有时可在自来水管路上加装一台管道泵。

（3）管网:其作用是将压力水输送并分配到所需灌溉的草坪种植区域。由不同管径的管道组成,如干管、支管、毛管等,通过各种相应的管件、阀门等设备将各级管道连接成完整的管网系统。现代灌溉系统的管网多采用施工方便、水力学性能良好且不会锈蚀的塑料管道,如 PVC 管、PE 管等。同时,应根据需要在管网中安装必要的安全装置,如进排气阀、限压阀、泄水阀等。

（4）喷头:用于将水分散成水滴,如同降雨一般比较均匀地将水喷洒在草坪种植区域。

● 7.3.2　喷灌水力学基础

水力学是研究液体特性(静止和运动状态)的一门学科。依据水力学知识设计的管网,可以大大减少灌溉系统的投资和在运行过程中的维护保养费用。通过控制水的流速,可以减少水流在管网系统中的压力水头耗损。而不符合水力学特性的设计,会使喷灌系统的灌水质量降低、工程费用偏大和浪费水资源,并有可能使管受力过大,甚至导致管道破裂。因此,管网水力学分析对于减少工程造价、提高灌溉效率和灌溉质量等都具有很重要的作用。为了能正确设计喷灌系统,首先需要掌握一些有关水的知识。

1. 静水压力

1L 水重 1kg,即水的比重为 $1000kg/m^3$。在重力作用下,水总是从高处流向低处,由此产

生一个重要的概念就是水压力(也称水头),它是指水对单位面积上作用力的大小,其计算公式如下:

$$P = \frac{F}{A}$$

式中　P——水压力,kPa;

　　　F——作用力,N;

　　　A——作用面积,m^2。

这种水压力是由被测点以上水的质量所产生的。假设有 $10cm^2$ 的面积,该面积上作用力的大小,简单地说,就是它上面的水柱的质量。水柱质量越大,作用力越大,水压力也就越大。如图 7-1 所示,底面面积为 $0.01m^2$ 的柱状容器充入 0.3m 高的水后,容器底部水压力为:

$$P = \frac{W}{A} = \frac{1000kg/m^3 \times 0.3m}{0.01m^2} = 30000kg/m^2$$
$$= 294000N/m^2 = 294kPa$$

如果底面面积为 $0.01m^2$ 的柱状容器充 0.6m 高的水,则容器底部压力为:

$$P = \frac{W}{A} = \frac{1000kg/m^3 \times 0.6m}{0.01m^2} = 60000kg/m^2$$
$$= 588000N/m^2 = 588kPa$$

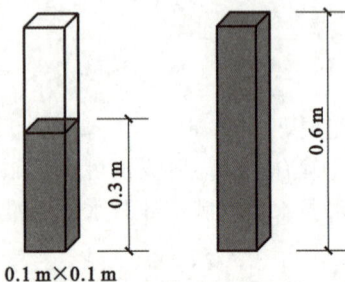

图 7-1　装有 0.3m 和 0.6m 高水的柱形容器

一个底面面积为 $0.01m^2$ 的容器充入 0.3m 深的水,不论是柱状容器还是其他形状的容器,0.3m 深的水对其作用的水压力都是 294kPa。如果水深加倍的话,容器底部所受的压力也加倍,即 $294 \times 2 = 588$(kPa)。

因此,水压力还可用"水头高度"(或简称"水头")来表示。压力与水头之间的相互转换关系为 1m 水头即为 10kPa,60m 水头高即为 600kPa。

静水压力是指水不流动的封闭系统中水的压力。一条充满水的管子,阀门全部关闭,系统中的压力即静水压力,静水压力是一个系统所能获得的最大压力。

如图 7-2 所示,水塔水位高 60m,输水管道埋深 1m,地面有起伏,B 点地面比 A 点和 C 点高 0.5m。当输水管道末端的闸阀关闭,管中充满水但没有水流流动时,管道中各个位置的水压力即为静水压力。根据静水压力的定义,图中管道 a 点、b 点和 c 点的静水压力均为 61m,而地面 A 点、B 点和 C 点的静水压力分别为 60m、59.5m 和 60m。

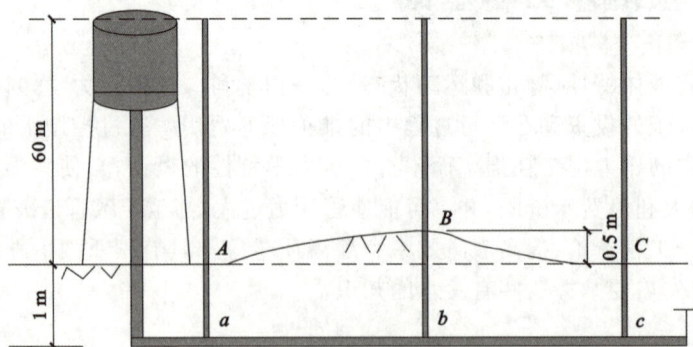

图 7-2　静水压力示意图

2. 动水压力

当阀门打开时,系统中的水就开始运动了,水在管道中流动时,水与管壁由于摩擦而产生压力损失,另外,连接件、阀门、水表和逆止阀等对水的流动都有阻力,这些阻力也会产生压力损失,使管道内水压力减低。

动水压力,即水流流动状态下管道内的水压力,摩擦损失和高程变化都会使系统内的动水压力发生变化。

如图 7-3 所示,将管道末端的阀门打开,管道中的水即成为流动的水,管网中各点的水压力即为动水压力,如果由于摩擦损失,水塔至 A 点、B 点和 C 点的水头损失分别为 0.1m、0.8m 和 1m,则根据动水压力的定义,管道 a 点、b 点和 c 点的动水压力分别为 60.9m、60.2m 和 60m。而地面 A 点、B 点和 C 点的动水压力分别为 59.9m、58.7m 和 59m。

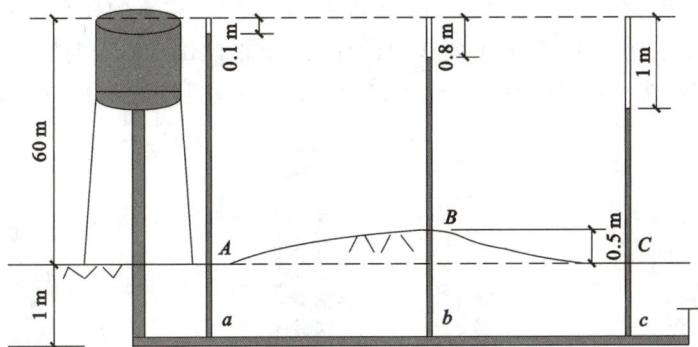

图 7-3 动水压力示意图

通过管道系统的水流大小影响摩擦损失的大小,即通过系统的水流越多,流速越大,压力损失越大。另外,管道的尺寸也影响压力损失。压力损失或水头损失可以根据经验公式计算,也可以查相关表得到。

水流通过管道的速度快,除摩擦损失大外,大的水流速度还会引发一些其他问题。因此,管道中的流速不能过大,根据经验,喷灌管道中可接受的最大流速为 1.5m/s。流速超过 1.5m/s 时,其压力损失会急剧增大。

7.3.3 园林草坪喷灌设备

1. 喷头

常见的园林喷头主要有以下几类:

(1)升降式喷头。这种喷头也称为升缩式喷头,不喷灌时整个喷头降到地面以下,而当压力水充满管道时,则在压力作用下升起,高出地面一定高度进行喷灌,高度为几厘米至几十厘米不等,对于草皮只要几厘米就可以了,而灌溉花卉则要升起几十厘米。常见的有以下几类:升降固定式喷头,喷水部分是固定式喷头,有的是离心式的,有的是缝隙式的;由于固定式喷头一般工作压力仅为 80~150kPa,这种喷头一般用自来水不需另外加压就可正常工作。离心式喷头一般只能做全圆喷洒,而缝隙式喷头则可以做扇形喷洒。如雨鸟1800系列即为典型的升降固定式喷头。

(2)升降摇臂式喷头。其由一个摇臂式喷头与外罩两大部分组成,外形如图7-4所示。外罩的下部是容纳竖管与压力弹簧的套管,上部是容纳摇臂式喷头的外壳,在喷头顶部还装有连在一起的顶盖和喷头。当不工作时,由于管内压力下降,喷头、竖管及顶盖在重力与弹簧力的作用下,下降到与地面齐平,并把外壳盖住。工作时,在管内压力的作用下,喷头、竖管及顶盖升起,喷头的喷嘴高出地面进行喷灌。根据喷灌范围的要求,摇臂式喷头可以做全圆喷灌,也可以做扇形喷灌。因为摇臂式喷头工作压力一般为150~350kPa,所以这种喷头不适于直接利用自来水压力来喷灌。这种喷头射程一般比固定式喷头大,比较适合在面积较大的开阔草坪使用。

(3)水轮驱动射流式喷头。其喷水部分多为射流式,但其喷嘴可以有若干个,而且都借助于内部的水轮带动喷嘴旋转。有的通过齿轮组传动(图7-5),也有的在水轮上装有可沿径向滑动伸缩的凸轮。当水轮旋转时,由于离心力的作用,凸轮伸长并撞击与喷嘴连在一起的驱动臂,使喷嘴做圆周旋转。这些齿轮和水轮大多数都是用工程塑料制造的(图7-6)。

图 7-4 美国雨鸟

图 7-5 美国雨鸟 5000 系列水轮
驱动射流式喷头

图 7-6 美国雨鸟 R-50 水涡轮
驱动喷头

(4)旋球驱动的射流式喷头,利用一个金属旋球来驱动喷嘴旋转的喷头。在喷头下部有一个斜向的进水孔,压力水进入腔室即形成高速旋转的水流,该水流冲击金属球在腔室上沿做圆周运动,此时金属球就不断撞击与喷嘴连接在一起的凸缘,使喷嘴做缓慢旋转。

(5)反作用式喷头。它是一种射流式喷头,利用水舌喷出时的反作用力驱动喷管旋转。这种形式在家庭小花园中对喷射的射程要求不高时经常使用。为了美观,其外形常做成各式各样的,而且使其水舌喷出时形成各种各样的造型。为了便于在草地上拖动,这种喷头下常装有滑橇或小轮子。

(6)孔管式喷头。用于园林喷灌的孔管式喷头多为小型移动式的。这是一种单列孔管,但是它将孔管做成弧形以扩大沿管轴线的喷洒范围,并由水轮驱动,使孔管绕轴线摆动。这样的喷头可以湿润一个(10~14)m×20m的矩形面积,工作压力仅为100~200kPa,可直接利用自来水压力喷灌,很适合庭院小草坪的灌溉,而且喷射水舌外观似孔雀开屏,较为美观。

(7)可控制射程的摇臂式喷头。由于园林喷灌多在人们活动较多的地方进行,因此常要求喷灌湿润范围有严格的边界。在一个系统里,一般使用相同的喷头,这样就很不容易精确地组合成某一特定的形状;况且系统工作压力不可能非常稳定,射程随着工作压力而变化,有可能喷射到灌溉范围以外的道路、亭台上。因此,有时在摇臂式喷头的喷嘴上方加一块可以调节角度的控制射程的板,通过调节其角度来调节喷头的射程(图7-7)。另外,摇臂式喷头的摇臂撞击喷管时,从摇臂前端导流器上溅出来的水流是与喷嘴喷出的水舌垂直的,这在扇形喷灌时就有可能喷到不希望打湿的地方。因此,有时在导流器上再加上一节导流管,使得这一束水流喷射的方向改变,从而与喷嘴的主水舌相一致。这样就有可能严格控制扇形喷灌的湿润范围。

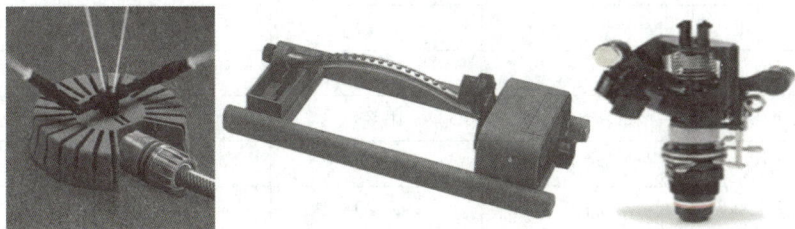

图 7-7　可控制射程的摇臂式喷头

草坪喷头还可按射程划分,有小射程喷头、中等射程喷头和大射程喷头;按调节方式划分,有无工具调节和有工具调节喷头等。

小射程喷头一般为固定式散射式喷头,如美国雨鸟1800系列、UNI-Spray系列,美国尼尔森6300系列。这些喷头可选配各种喷洒形式和可调角度的喷嘴,喷灌强度较大。其不但适用于小块草坪,也可用于灌木、绿篱的灌水和洗尘。这类喷头的喷嘴大多为"匹配灌溉强度喷嘴",即无论全圆喷洒,还是半圆或90°及其他角度,其灌溉强度基本相同。这种特性对保证系统的喷洒均匀度极为有利。

中等射程喷头多为旋转式喷头,如雨鸟T-Bird系列齿轮驱动无工具调节喷头、R-50球驱动无工具调节喷头、Maxi-Paw摇臂式无工具调节喷头、5004齿轮驱动有工具顶部调节喷头;美国尼尔森5500系列、6000系列、6700系列。这些喷头适用于中型面积绿地的灌溉。

大射程喷头,如雨鸟Falcon和Talon系列,美国尼尔森6500系列、7000系列和7500系列。除用于大面积草坪灌溉外,特别适合运动场草坪灌溉系统和高尔夫球场草坪灌溉。高尔夫球场与一般公共草坪相比具有本身的特殊性,因此,高尔夫球场草坪喷头独成体系,如雨鸟Eagle系列和Impact-D系列喷头,即专为高尔夫球场草坪喷灌而设计。

在各种射程的喷头中,均可选择"止溢型"喷头。带止溢功能的喷头一般安装在地形起伏较大的草坪喷灌系统中的地形较低的部位,可有效防止当灌水停止时管道中的水从低位喷头溢出,影响喷头周围草坪的正常生长。

2. 管材

喷灌常用的塑料管有硬聚氯乙烯(PVC)管、聚乙烯(PE)管等。它们的承压能力因管壁厚度和管径而异,一般为0.4～0.6MPa。硬塑料管的优点是耐腐蚀,使用寿命长,一般可用20年以上;质量小,搬运容易;内壁光滑,水力性能好,过水能力稳定;有一定的韧性,能适应较小的不均匀沉陷。缺点是材质受温度影响大,高温发生变形,低温变脆;受光、热老化后,强度逐渐降低,工作压力不稳定;膨胀系数大等。

硬聚氯乙烯管的规格和技术性能指标见表7-1。

表 7-1　　　　　　　　　　　　硬聚氯乙烯管的规格及技术性能指标

外径/mm	外径公差/mm	轻型		重型	
		壁厚及公差/mm	近似重量/(kg/m)	壁厚及公差/mm	近似质量/(kg/m)
32	±0.3	1.5+0.4	0.22	2.5+0.5	0.35
40	±0.4	2.0+0.4	0.36	3.0+0.6	0.52
50	±0.4	2.0+0.4	0.45	3.5+0.6	0.77
63	±0.5	2.5+0.5	0.71	4.0+0.8	1.11
75	±0.5	2.5+0.5	0.85	4.0+0.8	1.34
90	±0.7	3.0+0.6	1.23	4.5+0.9	1.81
110	±0.8	3.5+0.7	1.75	5.5+1.1	2.71
125	±1.0	4.0+0.8	2.29	6.0+1.1	3.55
140	±1.0	4.5+0.9	2.88	7.0+1.2	4.38
160	±1.2	5.0+1.0	3.65	8.0+1.4	5.72
180	±1.4	5.5+1.1	4.52	9.0+1.6	7.26
200	±1.5	6.0+1.1	5.48	10.0+1.7	8.95
225	±1.8	7.0+1.2	7.20		
250	±1.8	7.5+1.3	8.56		
280	±2.0	8.5+1.5	10.88		
315	±2.5	9.5+1.6	13.68		

　　聚乙烯管有高密度聚乙烯管和低密度聚乙烯管。前者为低硬度管,后者为高硬度管。相关标准规定,低密度聚乙烯管在常温条件下使用压力为 0.4MPa,而地埋喷灌固定管的内水压力常常达到 0.6MPa 级或 1MPa 级。在选用时应予以注意。聚乙烯管的规格和技术性能指标见表 7-2。

表 7-2　　　　　　　　　　　　聚乙烯管的规格及技术性能指标

外径/mm	外径公差/mm	壁厚及公差/mm	近似质量/(kg/m)
32	±0.5	2.5+0.5	0.213
40	±0.5	3.0+0.6	0.321
50	±0.5	4.0+0.8	0.532
63	±0.8	5.0+0.8	0.838
75	±0.8	6.0+0.9	

3. 自动控制设备

　　(1) 自动化灌溉系统的分类。

　　① 全自动化灌溉系统。全自动化灌溉系统不需要人直接参与,通过预先编制好的控制程序和根据反映作物需水的某些参量可以长时间地自动启闭水泵和自动按一定的轮灌顺序进行灌溉。人的作用只是调整控制程序和检修控制设备。在这种系统中,除灌水器(喷头、滴头

等)、管道、管件及水泵、电机外,还有中央控制器、自动阀、传感器(土壤水分传感器、温度传感器、压力传感器、水位传感器和雨量传感器等)及电线等。

② 半自动化灌溉系统。半自动化灌溉系统在田间没有安装传感器,灌水时间、灌水量和灌溉周期等均是根据预先编制的程序,而不是根据作物和土壤水分及气象状况的反馈信息来控制的。这类系统的自动化程度很不一样,如有的泵站实行自动控制,有的泵站采用手动控制,有的没有中央控制器,而只是在各支管上安装了一些顺序转换阀或体积阀等。

(2)自动化灌溉系统中的典型部件。

① 控制器。

中央控制器被看作自动化灌溉系统的大脑。控制器根据灌溉管理人员输入的灌溉程序(灌水开始时间、延续时间、灌水周期等)向电磁阀发出电信号,开启及关闭灌溉系统。

控制器可分为机电式及混合路式、交流式及直流式。控制器的容量可大可小,最小的控制器可控制一个电磁阀,最大的可控制数百个电磁阀。

控制器额定输入电压有 220V 或 110V 两种,额定输出电压为 24V。实际输出电压通常为 26~28V。

图 7-8 控制器

一台控制器可控制若干个轮灌区,一个轮灌区定义为一个站。一般生产厂家提供多种站式控制器以供选择。以雨鸟公司生产的 ESP-MC 控制器为例(图 7-8),有 8、12、16、24、32、40 等站式。一个站可控制 2~3 个电磁阀,一台 ESP-MC 控制器最多可控制 120 个电磁阀。

自动控制器工作之前,必须输入时间程序。时间程序输入有多种方式,雨鸟公司生产的 ESP 系列控制器通过面板上的键输入程序。摩托罗拉生产的 Irrinet 及雨鸟公司生产的直流控制器 LINIK 则通过一个独立的程序编辑器输入。较好的控制器通常可设置数套程序以满足系统内不同作物或不同灌水方法(喷、滴灌等)下的灌水要求。控制器内设有公共线(又称"零线")接线端子及控制线(又称"火线")接线端子。此外,有的控制器内还设有传感器接口。好的控制器具备多种功能,如:

a.循环＋入渗功能。将一次灌水时间等分成若干段,每段时间之间可自由设定间隔时间。此功能可满足生产上的多种要求,如土壤入渗率低时,要求将日需水量分若干次灌入,以免引起径流。将一次灌水分成若干段后,还可满足育苗时灌水频繁、次灌水量少的要求。

b.降雨延迟功能。此功能可在露天灌溉系统降雨后对原设定程序起干涉作用。雨量传感器在降雨时终止控制器工作,再延迟一定时间使程序恢复工作。

c.手动灌溉控制功能。一般控制器均有此种功能,以便在控制器设定灌水时间以外,手工启动或关闭系统。

随着技术的发展,控制器的功能将越来越多,以便使灌溉管理越来越灵活,最大限度地满足生产要求。但是,功能越多,往往价格越高,维修越困难。选定控制器时应依具体要求选择。

② 自动阀。自动阀种类很多,按其操作的方式分为水动阀、电磁阀等;按其功能又分为开闭阀、截止阀、逆止阀、体积阀、顺序动作阀等。下面仅以最为常用的电磁阀来说明其工作原理。

电磁阀一般为隔膜阀,如图 7-9 所示。电磁阀腔内由一个特制的橡胶隔膜隔开。隔膜在水压作用下上升,将阀门打开。隔膜在水压作用下落回隔膜座时,关闭阀门。

电磁阀内橡胶隔膜的上部与水接触的面积大,下部与水接触的面积小。如果隔膜上、下的压强(单位面积上的水压力)相等,由于隔膜上面接触水面的面积大于下面,导致施加在隔膜上部的水压力大于隔膜下面的水压力,隔膜被压回隔膜座,关闭阀门。相反,如果隔膜下面水的压力大于隔膜上面的压力,阀门开启。阀门上游到隔膜上腔之间有一个过水小孔,使进入上游的水流入上腔,调节隔膜上、下游水压力。隔膜上腔水可通过上腔与电磁头下的小孔流入下游。这样,从阀门上游到下游之间有一个细小的过水通道,如图 7-10 所示,此通道的开与关由电磁头上的金属塞控制。金属塞落下由通道关闭,上升由通道开启。如果此通道打开,上游的水流向下游(微小流量),导致隔膜上腔压力小于隔膜下腔压力,阀门打开;如果此通道关闭,隔膜上腔的水压会在短时间内与阀上游水压力相等,从而使膜上压力大于膜下压力,阀门关闭。

图 7-9 电磁阀外形与剖视图

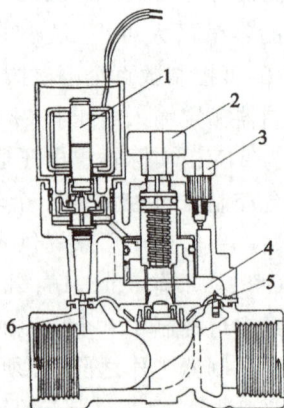

图 7-10 电磁阀结构示意图
1—电磁头;2—流量调节手柄;3—外排气螺丝;
4—电磁阀上腔;5—橡皮隔膜;6—导流孔

从上述阀门开、关的过程中可以看出,电磁阀上电磁头的作用仅在于驱使金属塞上下运动,堵塞或开通阀门上游与下游之间的通道。而驱使阀门开、关的真正动力为水压。因此,当系统中流量及水压不足时,电磁阀是无法正常工作的。电磁头上的金属塞靠电磁力提升,靠塞上的弹簧压下。隔膜阀分常开及常闭两种,一般为常闭阀。确定采用什么样的控制器及电磁阀后,应选择采用什么样的电线。控制器发出的额定电压值为 24V。如果线路太长(有的灌区最远端电磁阀距控制器可能达 1km 多),线选得不够粗的话,会使沿程电压损失太大,达不到开启电磁阀要求的最小电压值,系统无法正常工作。因此选择合适的电线是非常重要的。电线选择步骤如下。

a.确定允许的电压损失值。所谓允许的电压损失,即指控制器输出电压与电磁阀最小工作电压之差。如无厂家确切数据,通常可估算为 3V。

b.计算允许最大电阻值。计算公式为

$$R = \frac{U_0}{I}$$

式中　R——允许最大电阻值,Ω;

　　　U_0——允许电压损失值,V;

　　　I——电磁阀启动电流。

c. 根据实际线路,计算出单位长度上(如每 100m)允许的电阻值。

d. 与市场上销售的电线的单位长度上电阻值相比,确定适宜的电线型号。原则是选定电线的电阻值应当小于计算的单位长度允许电阻值。

(3) 自动控制系统的线路连接。

每个电磁阀有两条线,其中任何一条线均可作为控制线(又称"火线"),另一条线可作为公共线(又称"零线")。每一条控制线单独接入控制器相应站的接线端子上。全系统只有一条公共线,将其接入公共端子上即可(图 7-11)。

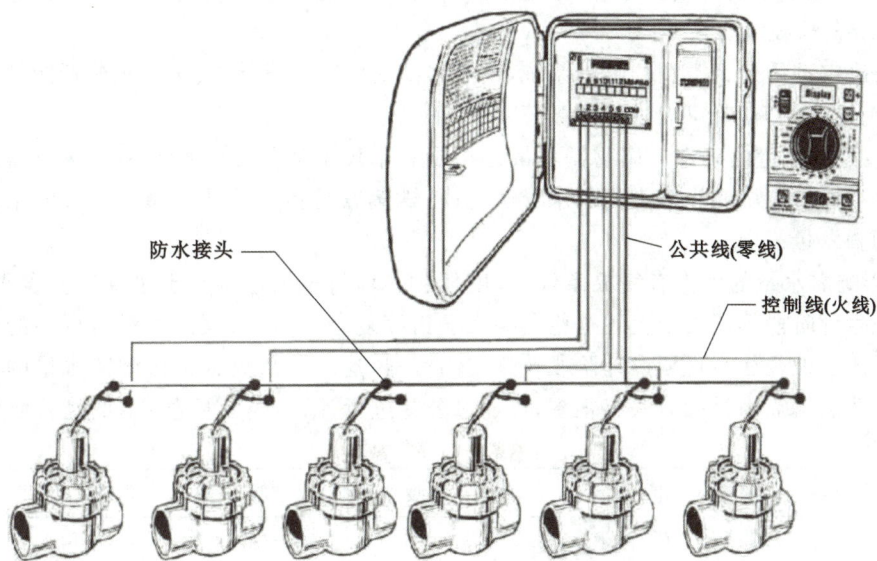

防水接头　　　　　　　　公共线(零线)　　　控制线(火线)

图 7-11　典型自动灌溉系统线路连接图

7.3.4　园林草坪喷灌系统设计原理

收集现场资料是设计过程中非常重要的一步。完整和准确的田间信息资料对于喷灌系统的正确设计是很有必要的。如果没有田间现场的准确资料,就不可能有准确的灌溉系统设计。

(1) 园林的布局。

应有标有尺寸或有比例的平面图,比例尺最好为 1/200～1/100。图上应标出草地边界、建筑物(包括窗户和门的位置)、灌木、乔木、树篱、花坛、小路、电线杆、围墙等的形状、高度与位置及其他的地貌特征。在有斜坡面的时候,要注明坡度,同时,不允许喷洒的地方(如对着草坪的窗户等)也应在图中做出标注。总之,图上应标出所有可能对灌溉系统造成影响的因素,以及可能会因灌溉水而受影响的位置。如果没有现成的图,就需要自己实地测量、绘制。

（2）植物的种类和特性。

不同的花卉对水分的需求是明显不同的，应对植物的耗水特性有所了解，按对水分的不同需要量进行喷灌。

（3）土壤种类。

其主要了解土壤对水的渗吸速度和保水能力，并应了解土壤容重和质地、田间持水量等。

（4）气象资料。

其包括气温、降雨、风速风向、空气湿度等，用于确定用水高峰期的需水量和喷头组合形式。

（5）水源与能源。

其包括可能使用的水源的类型（自来水、河流、井水、池塘等）和园林的相对位置，对于自来水系统，则要了解靠得最近的管道的管径和压力及市政部门一天中对用水的时间限制。如果以井为水源，就要确定井的出水量，原配水泵的功率、扬程和型号，动水位和电源位置。

（6）资金与技术要求。

这将决定选用什么类型的喷灌系统，按照多高的标准来设计，技术要求包括园林草坪使用的情况，何时使用，何时可以进行灌溉等。

① 灌溉需水量的确定。作物需水量是指园林草坪植物的株间蒸发和植株蒸腾之和。株间蒸发是指通过土壤和土壤表面的水分蒸发；植株蒸腾是指作物从土壤中吸收的水分。两者之和称为腾发量。

② 影响需水量的因素有气象条件（温度、湿度、辐射及风速等），土壤性质及含水状况，植物种类及生育阶段等。由于上述这些影响因素错综复杂，确定灌溉需水量最可靠的办法是进行实际观测。但往往在规划设计阶段缺乏实测资料，这时就需要根据影响需水量的因素进行估算。估算灌溉需水量的方法有很多，可通过公式进行计算，或参照表 7-3 的经验数据选取。

表 7-3　　　　　　　　　　　　　　　　气象条件与作物需水量

气象条件	湿冷	干冷	湿暖	干暖	湿热	干热
日需水量/mm	2.5～3.8	3.8～5.0	3.8～5.0	5.0～6.4	5.0～7.6	7.6～11.4

注："冷"指仲夏最高气温低于 21℃；"暖"指仲夏最高气温为 21～32℃；"热"指仲夏最高气温高于 32℃；"湿"指仲夏平均相对湿度大于 50%；"干"指仲夏平均相对湿度低于 50%。

灌溉系统的设计，应满足草坪需水高峰期的日需水量，即按最不利的条件设计，选取特定气象条件下的最高日需水量，以使系统有足够的供水能力。

选择适合灌溉需水量的喷头是设计者应考虑的关键因素。

● 7.3.5　确定水和能源的供应

水源可以是河水、塘水和湖水等，但园林灌溉较多是以民用给水系统（即自来水）作为灌溉水源。如果水源为自来水，则需要确定两个重要信息：第一个是供水管网可以提供多大的流量，第二个是供水管网可以提供多大的工作压力。为此，需要收集现场资料，包括静水压力，水表尺寸，供水管尺寸、长度和材质。静水压力可以通过压力表来测定。夏季白天（或最不利条件）供水管网与喷灌系统连接处的静水压力一般为最低静水压力。

水表的尺寸是决定供水管网可以向喷灌系统提供多大流量的一个重要因素。

1. 计算供水管网可以向喷灌系统提供的最大流量

可以用三条规则来确定灌溉系统可用的水流量。每个规则得出的流量结果用 L/min 来表示。选择最小的流量作为系统可用的最大流量。

规则一：水表的水头损失不能超过规定的最小静水压力的 10％。这个规则用来防止灌溉系统发生太大的水头损失。查阅水表水头损失图表可以确定这个流量。

规则二：最大流量不能超过水表最大刻度的 75％。这个规则是为了保护水表不受破坏。如果设计流量过大，水表慢慢变得不准，最后会失效。

规则三：水流通过管道的速度不能超过 1.5～2.3m/s。如果供水管道为塑料管，则采用 1.5m/s 的速度，金属管可以采用较大值。

用以上三个规则来计算系统流量，最后选择最小的流量作为供水管网可以向喷灌系统提供的最大流量。

2. 供水管网可以向喷灌系统提供的压力

为了确定工作压力，需要计算从水源到与灌溉主管道连接点的所有组件的水头损失，并考虑地形高差。

如果计算得到的压力不能满足喷灌系统的压力要求，就要考虑加设水泵来加压，水泵可以由电动机或内燃机带动，这要由当地条件来确定。由于园林草坪喷灌周围环境应不受污染，而内燃机运行时噪声较大，所以如电力供应有保障则多用电动机。如果采用离心泵，为了保护水泵机组，往往需要建立一个泵房，但是有时环境不允许，此时建议选用管道泵，这种泵噪声低、结构紧凑、直接安装在管道上，可以充分利用自来水的压力，而且可以不建泵房，只要做一个金属柜加以保护即可。

3. 灌溉系统的形式

园林草坪喷灌系统一般设计标准较高，灌水比较频繁，而且管理人员少，所以大多采用固定式喷灌系统，并且每一个喷点都装有升降式固定喷头，并经常全部埋在地下。另外，由于许多草坪在白天要使用，例如，高尔夫球场和足球场白天有赛事，公园草坪白天要向游人开放，因此只好在夜晚喷灌，这样固定式较为方便，而且最好能装有自动控制系统，以降低管理人员的劳动强度。只有在南方湿润地区每年灌水次数不多，而且使用不很频繁的园林，如校园的边远地段、住宅和办公楼周围草地等，或资金困难时，可以考虑选用半固定式或自动化程度较高的移动机组与设备。

● 7.3.6 喷头选型

喷头种类很多，每种喷头都有自己特有的使用范围，选择喷头时，应考虑以下因素：

用户对喷头形式的要求、灌区大小和地形、植物类型、现有水压和流量、当地环境条件（风、温度和降雨量）、土壤类型和入渗率、喷头的一致性。

灌区大小和地形、灌溉植物的种类影响喷头的选择,例如草坪、灌木、树林可能需要不同类型的喷头。

由水力学基础理论可知,水压和流量是设计者首先要考虑的因素。每一种喷头都有其工作压力,如果不增加水泵,而直接使用自来水管网的水压,所选择的喷头就应满足现场可提供水压力和流量的要求。

特殊气候条件的地区需要特殊的喷头,例如,有风地区需要低角度喷头,使水流紧贴地面以防被风吹走,炎热干旱地区需要大流量的喷头。

喷灌强度不能大于土壤入渗率,低灌溉强度的喷头在坡地喷灌中常用,这样可以减少地表径流和水土流失。

在布置支管或把喷头按不同的控制阀分组时,最重要的原则是尽可能地不要在同一阀所控制的管路上把不同类型的喷头混在一起使用,即灌水强度不同的喷头应该分开布置在不同的控制阀管路上。如果将灌水强度不同的喷头放在一起,用户或系统维护人员就可能要对某一个小区过量灌溉,才能使另一个小区的灌水量合适。

1. 固定式喷头

一般适用于四周有障碍物和有阻挡旋转喷头工作的浓密树丛的情形,当植物混合种植和需要不同的灌水量时,也需要采用固定式喷头。

固定式喷头工作时,喷出的水流为一束或多束,或呈扇形(以固定的模式)。最常见的形式是全圆形、3/4 圆弧形、2/3 圆弧形、半圆形、1/3 圆弧形和 1/4 圆弧形。除弧度喷洒外,还有一些特殊形式的喷洒方式,如带状。另外,还有喷洒角可调节的喷嘴,即用于特殊形状的小区。其喷洒角度的调节范围一般为 0～360°。

固定式喷头的工作压力较低,为 100～200kPa,工作半径一般为 1.5～7m,所以它们一般用于灌溉小块草坪和水源水压较低的情况。

扇形喷洒的喷头的喷灌强度达 25～100mm/h,不宜用于细质土壤或坡地,这种情况采用 8～38mm/h 灌水强度的多束固定式喷头较为合适。

道路边的灌木丛可以用弹出高度为 15cm 和 30cm 地埋式固定喷头。灌溉结束后,喷头降到地面以下,可降低对它恶意破坏的可能性,并保护行人的安全。

2. 旋转式喷头

旋转式喷头一般用于灌溉草坪。一般来说,每个旋转式喷头都有一个或两个喷嘴,其喷洒角度一般在 20°～240°范围内可调,许多还可以做全圆喷洒。

与固定式喷头比较,旋转式喷头一般工作压力较高,绝大多数喷头的工作压力为 150～700 kPa。这种喷头的射程范围比固定式喷头大得多,小的大约为 6m,大的可大于 30m。这种喷头的流量也较大,一般为 90～450L/min。

尽管流量很大,但与固定式喷头比较,旋转式喷头的灌水强度要小,因为它的喷洒面积较大,其喷灌强度一般为 6～50mm/h,因此,旋转式喷头适用于坡地灌溉、细质土壤以及其他低入渗率的土壤。在进行大面积喷灌时,选用大射程旋转式喷头是比较经济的。各种喷头的工作压力、射程、喷灌强度可从制造厂家获得。

7.3.7　布置喷头

喷灌系统中喷头的布置包括喷头的组合形式、喷头在支管上的间距及支管间距等。喷头布置合理与否,直接关系整个系统的灌水质量。

1. 喷头的水力性能

在讨论喷头间距布置之前,应先了解一下单个喷头的水量分布,将喷头置于一个固定的点上,沿着湿润面积的半径等间距地放上盛水容器(图7-12),喷洒一定时间后,测量每个容器中水的深度,即可绘出水量分布图。

图 7-12　喷头水量分布特性的测定

喷头的水量分布图可从制造厂家获得,该图反映了喷头的水量分布特性,是表征一个喷头好坏的重要指标。

单个喷头的水量分布如图7-13所示,从喷头处向两边延伸的形状像一个30°的斜坡,即像一个楔形。对于全圆喷头,其形状如同一个锥体,即喷头在中间,向四周倾斜的斜坡,随着距喷头距离的增大,盛水容器中得到的水量越来越少。最后,在喷灌半径最远端的容器,由于距喷头比较远,几乎没有收集到水。

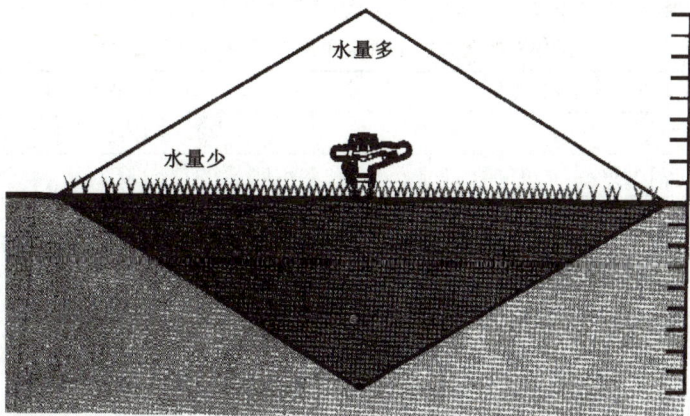

图 7-13　单个喷头土壤中的水量分布

在喷灌半径的50%～60%范围内,即使各喷头水量不重叠,灌水量也能充分满足植株生长。而在喷灌半径的60%以外,即喷头射程的后40%部分,随着距离的增大,水量越来越小,便不能满足植物的生长需要(图7-14),需要用相邻的喷头重叠喷灌的方法来增加灌水量,提高灌水均匀度。所以建议相邻喷头的最大间距是各自喷灌半径的60%之和(图7-15)。在土壤质地粗糙、风速大、低湿度、高温等情况下,建议喷头间距要更小一些。

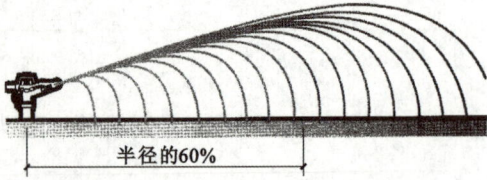

图 7-14　喷头射程的 60% 的位置　　　　图 7-15　喷头间距为喷洒直径的 60%

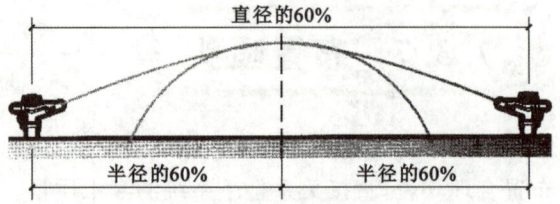

　　在草坪灌溉中,喷头间距常选用喷灌直径的 50%。当有风时,可以用更小一些的间距,如 40%。当喷头间距过大时,草坪上会有灌溉不到的干地。对于这些灌溉不到的地方,草坪会出现缺水的症状,枝叶暗绿或枯死。

2. 喷头布置方式

　　喷头布置方式主要有以下三种。

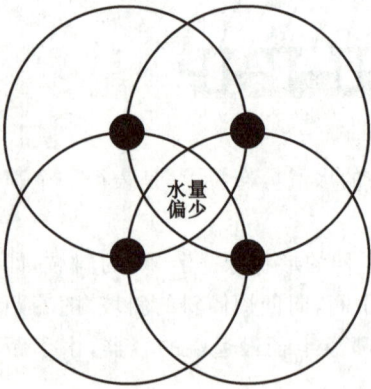

图 7-16　正方形布置时的水量偏少区域

　　(1)正方形:这种方式中,相邻四个喷头组成的四条边距离相等,用于灌溉正方形的区域或有 90° 角的区域。尽管该方式有时均匀度欠佳,但四周有围栏的地区常使用这种方式。

　　正方形布置方式灌水覆盖度较差,其原因是对角线上两个喷头间距比边线上的要长。当边线上两个喷头间距为喷头的射程时(即 50% 法),对角线上两个喷头间距则为射程的 70%,使得正方形中心喷水量偏少(图 7-16)。

　　在风速小和没风的情况下可以使用 55% 的间距,有风时建议使用更小的间距,这取决于风的大小。表 7-4 为风速和最大间距的对照表。

表 7-4　　　　　　　　　　　正方形布置方式下风速和最大间距的对照表

灌溉地点的风速/(km/h)	使用的最大间距
0~5	55% 直径
6~10	50% 直径
11~20	45% 直径

　　(2)三角形:这种方式常用于边界不规则的地区。正三角形布置是指三个相邻喷头之间间距相等。与正方形布置方式相比,三角形布置不存在类似于正方形布置中的水量偏少地带。因此工程设计中多数使用三角形布置(图 7-17)。

　　图 7-17 中,S 代表喷头间距,L 代表支管间距。在一个正三角形布置时,L 是 S 的 0.866 倍。例如,喷头间距为 24m,则支管间距为 20.8m。

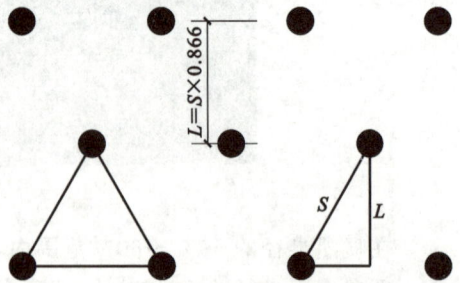

图 7-17　三角形布置方式

　　可以看出,这种模式没有正方形布置中对角线间距比边线间距大的问题。因此,在有风的情况下,允许喷头之间有更大的间距,见表 7-5。

表 7-5　　　　　　　　**三角形布置方式下风速和最大间距的对照表**

灌溉地点的风速/(km/h)	最大间距
0～5	60％直径
6～11	55％直径
11～20	50％直径

（3）矩形：这种方式具有抗风的优点，并且适合灌溉有直线边界和角落的地区。其喷头和支管间距见表 7-6。

表 7-6　　　　　　　　**矩形布置方式下风速和最大间距的对照表**

灌溉地点的风速/(km/h)	最大间距
0～5	$L=60\%$直径,$S=50\%$直径
6～11	$L=60\%$直径,$S=45\%$直径
11～20	$L=60\%$直径,$S=40\%$直径

为适应特殊的工程条件，同一地域可以用上述各种不同模式的组合，例如，如果一块较大的草坪既有草坪又有树和灌木丛，就需交错使用不同的模式。若遇到树或灌木丛，可以交错使用正方形或矩形、平行四边形或三角形布置方式，绕过或穿过障碍物后，其他地方仍可以使用原来的喷头间距模式（图 7-18）。

对于曲线边界，可采用从正方形或矩形模式变到平行四边形或三角形方式布置喷头（图 7-19），还可以再变回原来的布置方式。这样既灌溉整个区域，同时又能避免在曲线边界以内喷头过于集中和灌溉区域超出边界。

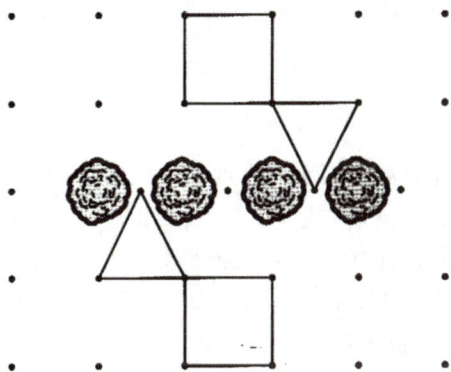

图 7-18　交错型间距布置方式　　　　图 7-19　曲线边界喷头布置方式

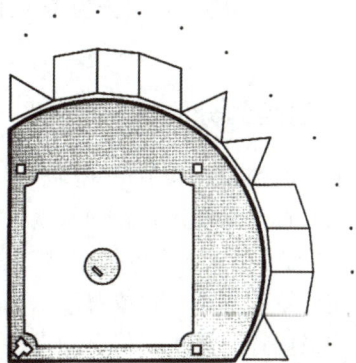

3.喷灌强度

喷灌强度是指单位时间内喷洒在地面上的水深。一般考虑的是组合喷灌强度，因为灌溉系统基本上都是由多个喷头组合起来同时工作。喷头组合喷灌强度的计算公式为：

$$\rho_{组合}=1000q/A$$

式中　q——单喷头的流量,m^3/h；
　　　A——单喷头的有效控制面积,m^2。

对于喷灌强度的要求是,水落到地面后能立即渗入土壤而不出现积水和地面径流,即要求喷头的组合喷灌强度($\rho_{组合}$)应小于或等于土壤的水入渗率。各类土壤的允许喷灌强度($\rho_{允许}$)的参考值见表7-7。

表7-7　　　　　　　　　　　各类土壤的允许喷灌强度　　　　　　　　　　(单位:mm/h)

土壤类别	砂土	壤砂土	砂壤土	壤土	黏土
允许喷灌强度	20	15	12	10	8

另外,土壤的允许喷灌强度随着地形坡度的增加而显著减小。如坡度大于12%,土壤的允许喷灌强度将降低50%以上。因此,对于地形起伏的工程,在喷头选型时需格外注意。

在地块的边角区域,因喷头往往是半圆或90°而不是全圆喷灌,若选配的喷嘴与地块中间全圆喷灌的喷头相同,则该区域内的喷灌强度势必大大超过地块中间。所以,为保证系统良好的喷灌均匀度,一般安装在边角的喷头须配置比地块中间的喷头小2～3个级别的喷嘴。

7.3.8　划分轮灌组

灌溉系统的工作制度通常有续灌和轮灌两种。续灌是对系统内的全部管道同时供水,即整个灌溉系统作为一个轮灌区同时灌水。其优点是灌水及时,运行时间短,便于其他管理操作的安排;缺点是干管流量大,工程投资高,设备利用率低,控制面积小。因此,续灌的方式只用于草坪单一且面积较小的情况。

对于绝大多数灌溉系统,为减少工程投资,提高设备利用率,扩大灌溉面积,一般均采用轮灌的工作制度,即将支管划分为若干组,每组包括一个或多个阀门,灌水时通过干管向各组轮流供水。

1. 轮灌组划分的原则

轮灌组的数目应满足草坪需水要求,同时使控制灌溉面积与水源的可供水量相协调;对于水泵供水且首部无衡压装置的系统,每个轮灌组的总流量应尽可能一致或相近,以使水泵运行稳定,提高动力机和水泵的效率,降低能耗;同一轮灌组中,选用一种型号或性能相似的喷头,同时种植的草坪品种一致或对灌水的要求相近;为便于运行操作和管理,通常一个轮灌组所控制的范围最好连片集中。但自动灌溉控制系统不受此限制,而往往将同一轮灌组中的阀门分散布置,以最大限度地分散干管中的流量,减小管径,降低造价。

2. 轮灌组数目的确定

轮灌组的数目,取决于每天允许运行时间、灌水周期和一次灌水延续时间。对于固定式灌溉系统,其轮灌组数目可根据下式确定:

$$N \leqslant \frac{cT}{t}$$

式中　　N——系统允许划分轮灌组的最大数目,取整数。

c——一天运行的小时数,一般不超过20h。草坪喷灌系统中,一天的可运行时间往往受多种因素限制。如公共开放绿地在有人为活动、运动场草坪在进行比赛时,均不能灌水;草坪为控制病害对灌水时间也有特殊要求。

T——灌水周期,即两次灌水之间的间隔时间,d。由于草坪的根系层浅,根层土壤持水能力有限,因此用水高峰期时灌水周期多以 1d 计。但灌水过于频繁会使草坪发病率高,抗践踏性差,生长不够健壮,所以有时也人为延长灌水周期。

t——一次灌水延续时间,h。取决于工程所在地气候条件和系统的组合灌水强度以及灌水周期。假如灌水周期为一天,那么每一轮灌组的一次灌水延续时间只要满足草坪当天的需水即可。

3. 轮灌组阀门的选择及其安装位置

(1) 轮灌组阀门即支管的控制阀的规格通常与支管的公称管径相同。在某些特殊情况下,阀门的尺寸可能小于或大于支管管径,但相差不应超过一级管径的范围。阀门的选择还受到阀门本身过流能力和压力损失的限制,特别是自动控制灌溉系统中的电磁阀,在选用时一定要考虑其技术性能。

(2) 阀门应设置在便于操作、维修的位置,特别是手动操作喷灌系统,最好将阀门安装在喷头的喷洒范围之外,使操作人员不会在工作时被淋湿。

(3) 阀门及其阀门井(箱)的位置不能影响正常的交通、人为活动及园林景观。例如,在足球场草坪灌溉工程中,阀门不应安装在场地内部。

(4) 在可能的情况下,阀门最好位于所控制的一组喷头的中心部位,以利于平衡支管流量与压力,减小支管管径。

7.3.9　灌溉系统的水力计算

在完成喷头选型、布置和轮灌区划分之后,即可计算各级管道的流量和进行水力计算。某一支管流量为该支管上同时工作的喷头流量之和,干管流量为系统中同时工作的喷头流量之和。流量确定后,即可选择管径并计算管道和系统的水头损失。水力计算的主要任务就是通过计算管道的水头损失确定各级管道的直径。

水在管道内流动会产生机械能的损耗,即水头损失。水头损失可分为沿程水头损失和局部水头损失两种类型。沿程水头损失为水流过一定管道距离后由于水分子的内部摩擦而引起的损失;局部水头损失为水流经过各种管件、阀门等设备时因流态的变化而产生的损失。沿程水头损失与局部水头损失之和即为管道的总水头损失。

1. 沿程水头损失的计算

对于硬质塑料管道(PVC),目前常用的计算公式如下:

$$H_f = 9.48 \times 10^4 \frac{LQ^{1.77}}{d^{4.77}}$$

式中　H_f——沿程水头损失,m;
　　　L——管道长度,m;

Q——流量，m³/h；

d——管道内径，mm。

2. 局部水头损失的计算

局部水头损失计算公式为：

$$H_j = \xi \frac{v^2}{2g}$$

式中　H_j——局部水头损失，m；

　　　ξ——局部阻力损失系数，与管件、阀门的类型与大小有关；

　　　v——管道中水的流速，m/s；

　　　g——重力加速度，9.81m/s²。

对于较大的灌溉系统，如真正按照公式计算各个管件、阀门处的局部水头损失，工作量将十分庞杂。因此，在实际设计工作中，一般先计算出沿程水头损失 H_f，然后取局部水头损失 $H_j = 10\%H_f$ 即可满足设计要求。

3. 支管水力计算

由于在支管上一般安装多个喷头，因此支管内的流量沿流程按一定规律递减，故支管的实际沿程水头损失比按支管总流量的计算值要小得多，即：

$$H_{f实际} = F \times H_f$$

式中　F——多口出流系数，其值一般为 0.3～0.6，与出口数量、第一个出口位置和管材有关，可通过计算或查表得出。

支管的水力计算主要依据喷洒均匀的原则，即要求支管上任意两个喷头的出水量之差不能大于 10%。将这一原则转化为对压力的要求，即应使支管上任意两个喷头处的压力不能超过喷头设计工作压力（$H_设$）的 20%。设计时，不但要计算水头损失，而且要考虑地形对压力的影响。

在实际工程中，有时为节省投资而采用变径支管，或受地块形状影响出水口不一定是等间距和等流量，这时就需要对支管分段进行计算。

支管的水力计算往往是一个反复的过程。在喷头选型、布置和支管长度确定后，水力计算的基本流程为：计算支管流量→初设管径→计算水头损失→校核出水口处压力差是否小于或等于 20%$H_设$→若超过 20%$H_设$，调整管径后重复计算→确定支管管径。

设计时，一般不用对所有支管进行计算，可选取最"危险条件"下的支管做水力计算。"危险条件"在大多数情况下发生在距首部最远的支管，或系统内地形最高部位的支管。若系统的压力能满足这些支管的压力要求，也就自然满足其他支管的压力要求。

4. 干管水力计算

(1) 管径的初步确定。

干管的大小对灌溉系统的总投资影响较大，管径太大，投资增加，经济上不合理；管径太小，水头损失大，需配置较大水泵，系统运行费用高，且管内流速大，易产生水击现象，对管道的安全不利。干管管径的初步估算可采用以下经验公式：

$$D = 11\sqrt{Q} \quad (Q < 120\text{m}^3/\text{h 时})$$

式中　D——管径,mm;

　　　Q——流量,m³/h。

或采用经济流速法公式:

$$D = 1.13\sqrt{\frac{Q}{v}}$$

式中　D——管径,mm;

　　　Q——流量,m³/s;

　　　v——经济流速,m/s,根据经验一般取$v \leqslant 3m/s$。

（2）干管水力计算。

干管水力计算相对支管简单一些,分别按不同管段的管径、流量和长度计算水头损失即可,其总的要求是在沿干管的各支管分流处的压力需满足各支管进口对压力的要求。

5.水泵的选择

选择水泵的主要任务是确定水泵的流量和扬程。在上述步骤完成后,即可计算流量和扬程。

水泵流量:

$$Q = \sum N_{喷头}q$$

水泵扬程:

$$H = H_{设} + \sum H_f + \sum H_j \pm \Delta$$

式中　$N_{喷头}$——同时工作的喷头数;

　　　q——单喷头流量,m³/h;

　　　$H_{设}$——喷头设计工作压力,m;

　　　$\sum H_f$——水泵至典型喷头之间管路沿程水头损失之和,m,所谓典型喷头,一般是指距泵站最远或位置最高的喷头;

　　　$\sum H_j$——水泵至典型喷头之间局部水头损失之和,m,其中应包括阀门、过滤设备及施肥设备的局部水头损失;

　　　Δ——典型喷头与水源水面或井内动水位的高差,m。

具体选择水泵型号时,可参照有关水泵生产厂家的产品目录,所选水泵的实际流量和扬程一般应稍大于上述计算值,以确保满足设计要求。

对于用城市供水管网作为水源的灌溉系统,不必选择水泵,而是应校核供水管网所能提供的压力是否满足灌溉系统的所需压力（即上述计算的扬程值）。若不满足,一般需增大各级管径,以减小水头损失;或选择低压性能好的喷头,使灌溉系统所需压力小于或等于城市供水管网的压力。

● **7.3.10　园林草坪喷灌系统施工安装** ─────────

喷灌系统施工安装总的要求是严格按设计进行,必须修改设计时,应先征得设计单位同意并经主管部门批准。涉及有关建筑物的施工,应符合现行规范的要求,如《地下工程防水技术规范》(GB 50108—2008)等。针对草坪喷灌系统的特点,在其施工与安装时,应注意以下问题。

(1)在已有草坪的地块内施工,除尽量保护现有草坪外,要特别注意管沟弃土的处理。弃土须分层放置,埋管时须按与开挖时相反的顺序分层回填,以保证沿管线种植层内的土壤与原有土壤一致。

(2)在干管和每条支管上应安装放水装置,以便于冲洗管道以及冬季防冻。即使在无冻害的南方地区,在非灌溉季节一般也应放空管道,防止水长期滞留在管道中产生微生物,附着在管壁和喷头上影响喷灌效果。放水装置除常见的闸阀、球阀外,还有自动泄水阀,可在灌水停止后自动排出管道中的水。

(3)对于系统压力变化或地形起伏较大的情况,支管阀门处应安装压力调节设备,如雨鸟公司生产的与电磁阀相配套的 PRS-B 型压力调节器,使支管进口处压力均衡,保证系统的喷洒均匀度。另外,在必要的管段还应安装进排气阀、泄压阀等,用于保护系统的安全。

(4)为便于临时取水,或对喷灌不易控制的边角地段进行人工灌溉,在主管道上一般需安装一定数量的快速取水阀(方便体),如雨鸟 P33 型快速取水阀(图 7-20)。这种快速取水阀须与所配套的钥匙配合使用,插入钥匙,阀门即可自动开启供水;若要停止灌水,只需取下钥匙,阀门就会自动关闭。

(5)地埋式草坪喷头的安装。

① 安装前须对喷头进行预置。可调喷洒扇形角度的喷头,出厂时大多设置在 180°,因此在安装前应根据实际地形对喷洒扇形角度的要求,把喷头调节到所需角度。另外,有的喷头,如雨鸟 R-50,还应将滤网进水口号设置为与喷嘴标号一致。

② 喷头的顶部应与最后的地面相平。这就要求在安装喷头时,喷头顶部要低于松土地面,为以后的地面沉降留有余地,或在草坪地面不再沉降时再安装喷头(图 7-21)。

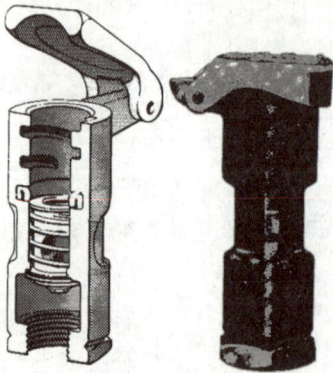

图 7-20　快速取水阀

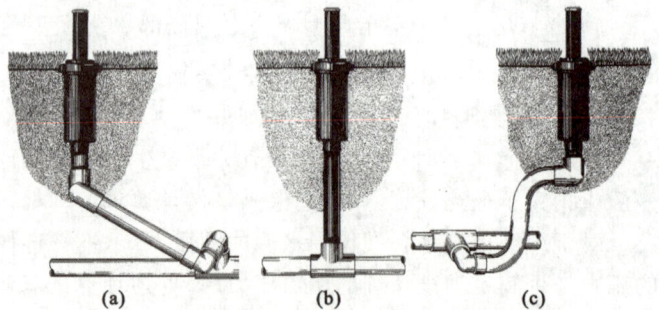

图 7-21　草坪喷头与水管线连接方式
(a)铰型;(b)刚性连接;(c)柔性连接

③ 喷头与支管的连接,最好采用铰接或柔性连接。可有效防止由机械冲击,如剪草机作业或人为活动而引起的管道和喷头损坏。同时,采用铰接接头,便于施工时调整喷头的安装高度。

④ 在管理不便的地区,可安装与喷头配套的防盗配件,以防止喷头丢失。如雨鸟 PVRA 喷头专用防盗接头,安装在喷头进口处,当有人试图将喷头旋转拧下时,该接头与喷头一起转动而不能拧下,只有将草坪挖开,用工具才能把此接头和喷头卸下。

7.3.11　草坪的用水管理

用水管理是草坪喷灌系统全部管理工作的核心。草坪喷灌系统建成后,用水管理的好坏,直接关系喷灌系统能否发挥其应有的作用。用水管理的基本任务是根据喷灌系统的规划设计和当地气候、草坪种类、生育阶段、土壤水分、水源供水等状况,合理组织草坪喷灌作业,达到提高灌溉效率、保持草坪最佳生长状态的目的。其具体内容包括以下几个方面。

1. 灌水计划的制订

喷灌系统的设计一般是按满足最不利的条件做出的,可满足草坪最大的需水要求。而在系统运行时,应根据实际情况确定灌水计划,包括灌水时间、灌水延续时间、灌水周期等。

(1)灌水时间。

灌溉季节,在一天内的大部分时间均可灌水。但应避免在炎热的夏季中午灌水,以防烫伤草坪,而且此时蒸发量最大,水的利用率低。夜间灌水可避免上述情况,但往往人们担心因草坪叶面湿润时间太长,容易引发病害。夜间灌水的这一弊端可通过施用杀菌剂来解决。清晨灌水,阳光和晨风可使叶面迅速变干,是较为理想的灌水时间。但对于非自动控制的喷灌系统,夜间和清晨灌水对操作人员会带来一些不便,因此,傍晚灌水也是较好的选择。

灌水时间还受人为活动的限制。如高尔夫球场,基本上都在夜间灌水,这样不会影响白天使用球场;足球场草坪应在比赛前一天灌水完毕,以减轻比赛时对场地的损坏和影响运动员的比赛成绩。

(2)灌水延续时间。

灌水延续时间,主要取决于系统的组合喷灌强度和土壤的持水能力,即田间持水量。当喷灌强度大于土壤的渗透强度时,将产生积水或径流,水不能充分渗入土壤;灌水时间过长,灌水量将超过土壤的田间持水量,造成水分及养分的深层渗漏和流失。因此,一般的规律是,砂性较大的土壤,土壤的渗透强度大,而田间持水量小,故一次灌水的延续时间短,但灌水次数多,间隔短,即需少灌、勤灌;反之,对黏性较大的土壤,则一次灌水的延续时间长,但灌水次数少。

采用测定土壤水分的仪器,可以更加科学地确定灌水延续时间。目前在工程上常用的仪器有电子土壤水分测试仪和张力计。

(3)灌水周期。

灌水周期,即灌水间隔或灌水频率,除与上述提到的土壤性质有关外,主要取决于草坪本身。灌水过于频繁,会使草坪发病率高,根系层浅,抗践踏性差,生长不健壮;而灌水间隔时间太长,草坪会因缺水使正常生长受到抑制,从而影响草坪质量。

灌水计划不是一成不变的,应根据不同季节以旬或月为单位制订,但在实际执行时需参照实际灌水效果和天然降雨情况随时加以调整。

2. 建立系统运行档案

对于喷灌系统的运行情况,包括开机时间、灌水延续时间、用水量、用电量等,应进行详细记录、存档,并及时分析这些数据,为进一步改进管理和监测系统运行状况提供依据。

3. 灌水效果评价

在喷灌系统投入使用后,可以直观地对草坪生长状况、绿色期的延长以及节水、节省人工的情况进行评价。也可以通过实际测试,对系统的喷洒均匀度、灌溉水的利用率等加以评估,以便及时修正灌水计划,并为提高今后喷灌系统的规划设计水平提供参考。

7.4 园林排水工程

● 7.4.1 园林排水的特点

园林排水的特点如下:
(1) 主要是排除雨水和少量生活污水。
(2) 园林中地形起伏多变,有利于地面水的排除。
(3) 园林中大多有水体,雨水可就近排入水体。
(4) 园林可采用多种方式排水,不同地段可根据其具体情况采用适当的排水方式。
(5) 排水设施应尽量结合造景。
(6) 排水的同时还要考虑土壤能吸收到足够的水分,以利植物生长,干旱地区尤应注意保水。

● 7.4.2 雨水收集与利用

(1) 释义。
收集、利用公园绿地和建筑物屋顶及道路、广场等硬化地表汇集的降雨径流,经收集—输水—净水—储存等渠道积蓄、利用雨水,为绿化、景观水体、洗涤及地下水源提供雨水补给,以达到综合利用雨水资源和节约用水的目的。
雨水收集、利用包括雨水收集、雨水处理、雨水利用三个部分。
① 雨水收集又分为明沟收集、管道收集、调蓄收集和渗透收集四种形式。
② 雨水处理包括自然净化、物化处理、深度处理三种方法。
③ 雨水利用的途径有三类:作为生活杂用水和工业用水、用于绿地灌溉和景观用水、补充地下水。
(2) 雨水收集类型。
① 明沟收集:通过卵石排水沟或浅草沟等,结合集水坑和渗水井进行收集与净化。
② 管道收集:在地下埋设雨水管道,雨水由雨水口进入,通过管道流至蓄水池,再进行处理利用。
③ 调蓄收集:结合水景及湿地景观,利用洼地形成调蓄池,从而有效削减外排雨水量,减少雨水污染。滞留及渗透的雨水可以补充地下水,并设置集水暗管进行收集。

④ 渗透收集：经土壤或其他过滤层过滤后，部分直接下渗回补地下水，再利用管道、沟渠进行有组织的收集。

（3）适用场地。

① 道路、广场及建筑周边等硬质地面：采用透水地面、卵石浅草沟和雨水口进行收集。

a. 透水地面：渗透收集，由各种透水性好的材料铺设而成，降水可直接通过表层或由表层面材间的缝隙渗入地表以下，有效回补地下水，也可设置渗水管进行收集。

b. 卵石浅草沟：明沟收集，地表径流以较低流速经植草沟，污染物由于过滤、渗透、吸收及生物降解的联合作用被去除，植被同时也降低了雨水流速，使颗粒物得到沉淀，雨水径流中的多数悬浮颗粒污染物负荷有效去除。

c. 雨水口：管道收集，能有效组织收集雨水，但无法做到雨污分离，必须要进行深入的后期处理才能够利用。管道、雨水口等工程量大，费时耗材，后期维护费用高、难度大。

② 公园绿地、林地及生态岸边带等：通过雨水花园、低势绿地、生态岸边带及人工湿地进行雨水滞留与渗透。

a. 雨水花园：调蓄收集和渗透收集，滞留与渗透雨水、净化水质。低成本、高效能，建造简单，维护管理方便，并具有较高的景观价值。可回补地下水，也可以设置渗水管进行收集。

b. 低势绿地：渗透收集，透水性好，节省投资，便于雨水引入及就地消纳，同时对雨水中的一些污染物具有一定的截留和净化作用。

c. 生态岸边带：渗透收集，生态岸边带能够减少污染源和河流、湖泊之间的直接连接，具备过滤截留地表径流和陆源污染物的功能。同时，还具有提高生物多样性，为市民提供娱乐休憩场所等多重功能。

d. 人工湿地：调蓄收集和渗透收集，可对污、废水进行高效、可靠的净化处理，有效阻断面源污染的扩散，建造和运行费用低廉。净化水质，涵养地下水，且具有较高的景观价值。

③ 屋顶绿化与平台绿化：采用渗水滤水槽和汇水管收集。

a. 渗水滤水槽：渗透收集和管道收集，可减小表面径流量，有一定的蓄水、过滤功能，多余的水再通过管道排除。

b. 汇水管：管道收集，普通收集方式，需要根据雨水量计算管径，技术简单，施工容易。

● 7.4.3　园林污水的处理

园林中的污水是城市污水的一部分，与一般城市污水相比，它所产生的污水性质较简单，污水量也较少。这些污水基本上由两部分组成：一是餐厅、茶室、小卖部等饮食部门的污水；二是由厕所等卫生设备产生的污水，在动物园或带有动物展览区的公园里还有部分动物粪便及清扫禽兽笼舍的污水。净化这些污水应根据其性质不同，分别处理。

饮食部门的污水中含有较多的油脂，可设带有沉淀室的隔油井，经沉渣、隔油处理后直接排入就近水体，水生植物通过光合作用产生大量的氧，溶解于水中，为污水的净化创造了良好条件。

粪便污水处理则应采用生化池。污水在生化池中经沉淀、发酵、沉渣，液体再发酵、澄清后，便可排入城市污水管；在没有城市污水管的郊区公园或风景区，如污水量不大，可设小型污水处理器或氧化塘对污水进行进一步处理，达到国家规定的排放标准后再排入园内或园外的水体。

7.5 园林照明工程

7.5.1 照明基础知识

(1) 光通量:单位时间内光源发出可见光的总能量,单位为流明(lm)。例如,当发出波长为 555nm 黄绿色光的单色光源,其辐射功率为 1W 时,则它所发出的光通量为 683lm。100W 的普通白炽灯发光能力为 1400lm,70W 的低压钠灯发光能力为 6000lm。

(2) 色温:电光源技术参数之一。光源的发光颜色与温度有关。当光源的发光颜色与黑体(能吸收全部光能的物体)加热到某一温度所发出的颜色相同时的温度就称为该光源的颜色温度,简称色温,用绝对温标 K 来表示。例如,白炽灯的色温为 2400~2900K,管型氙灯为 5500~6000K。

(3) 显色性与显色指数:当某种光源的光照射到物体上时,所显现的色彩不完全一样,有一定的失真度。这种同一颜色的物体在具有不同光谱的光源照射下。显出不同颜色的特性,就是光源的显色性,它通常用显色指数(R_a)来表示光源的显色性。显色指数越高,颜色失真越少,光源的显色性就越好。国际上规定参照光源的显色指数为 100。常见光源的显色指数如表 7-8 所示。

表 7-8 　　　　　　　　　　　　　常见光源的显色指数

光源	显色指数(R_a)	光源	显色指数(R_a)
白色荧光灯	65	荧光水银灯	44
日光色荧光灯	77	金属卤化物灯	65
暖色荧光灯	59	高显色金属卤化物灯	92
高显色荧光灯	92	高压钠灯	29
水银灯	23	氙灯	94

7.5.2 照明方式

进行园林照明设计必须对照明方式有所了解,方能正确规划照明系统。照明方式可分成以下 3 种。

(1) 一般照明:不考虑局部特殊需要,为整个被照场所而设置的照明。这种照明方式的一次性投资少,照度均匀。

(2) 局部照明:对于景区(点)某一局部的照明。当局部地点需要高照度并对照度方向有要求时,宜采用局部照明,但在整个景(区)点不应只设局部照明而无一般照明。

(3) 混合照明:由一般照明和局部照明共同组成的照明。在需要较高照度并对照射方向有特殊要求的场合,宜采用混合照明。此时,一般照明照度按不低于混合照明总照度的 5%~10% 选取,且不低于 20lx。

7.5.3 照明质量

良好的视觉效果不仅是单纯地依靠充足的光通量，更多的是需要考虑环境中的照明品质问题。照明品质涉及光的艺术表现、人们的心理与情绪、光照水平的控制、空间中光线的构图等。影响照明品质的主要因素有照度水平、照明均匀度、眩光、视觉适应、气氛与空间观感、光色与显色性。

（1）合理的照度水平：照度是决定物体明亮程度的间接指标。在一定范围内，照度增加，视觉能力也相应提高。表 7-9 所示为各类建筑物、道路、庭院等设施一般照明的推荐照度。

表 7-9   各类设施一般照明的推荐照度

照明地点	推荐照度/lx	照明地点	推荐照度/h
国际比赛足球场	1000～1500	更衣室、浴室	15～30
综合性体育正式比赛大厅	750～1500	库房	10～20
足球场、游泳池、冰球场、羽毛球场、乒乓球场、台球厅	200～500	厕所、盥洗室、热水间、楼梯间、走道	5～20
篮球场、排球场、网球场、计算机房	150～300	广场	5～15
绘图室、打字室、字画商店、百货商场、设计室	100～200	大型停车场	3～10
办公室、图书馆、阅览室、报告厅、会议室、展览馆、展览厅	75～150	庭院道路	2～5
一般性商业建筑（钟表、银行）、饭店、酒吧、咖啡厅、舞厅、餐厅	50～100	住宅小区道路	0.2～1

（2）照明均匀度：游人置身园林环境中，如果有彼此亮度不相同的表面，当视觉从一个面转到另一个面时，眼睛被迫经过一个适应过程。当适应过程经常反复时，就会导致视觉的疲劳。在考虑园林照明中，除力图满足景色的需要外，还要注意周围环境中的亮度分布应力求均匀。

（3）眩光限制：眩光是影响照明质量的主要特征。所谓眩光，是指由于亮度分布不适当或亮度的变化幅度太大，或由于在时间上相继出现的亮度相差过大继而造成的观看物体时感觉不适或视力降低的视觉条件。为防止眩光产生，常采用的方法是：注意照明灯具的最低悬挂高度；力求使照明光源来自优越方向；使用发光表面面积大、亮度低的灯具；加防眩光罩。

总体来说，照明设计应该注意避免眩光，但是眩光不是一律要根除，像一些娱乐场所，还专门制造一些炫目的光线来营造气氛。

（4）视觉适应：在户外环境中，人们的视觉适应和认知主要以明适应、中间适应和暗适应三种方式进行。明视觉的亮度水平通常是指高于 $3cd/m^2$ 的亮度环境；暗视觉通常是在非常低的亮度水平下（如月光下），适应的亮度水平低于 $0.01cd/m^2$。杆状细胞负责边缘视觉，一切看起来均是黑、白、灰。大多数的城市户外夜间光环境属于中间视觉，杆状细胞和锥状细胞同时起作用，适应的亮度水平一般为 $0.01～3cd/m^2$。户外照明设计应该考虑中间视觉的普遍性，清晰度、深度视觉和边缘视觉都是非常重要的考虑方面。可考虑多使用短波（蓝色和绿色）集中的光源，研究表明，使用含蓝绿色波长的光源，其光照水平可以适当降低。选用户外照明光源时,应该考虑应用的场合。在依靠中心视觉作业时,高压钠灯比金卤灯功效更高,这时的亮度适应水平在 1.0cd/m² 以上。金卤灯或较白光色的光源与高压钠灯相比,同样的亮度水平下被照射的物体看起来要稍微清晰一些。白色光源对颜色辨认效果较好,在亮度水平低于 0.3cd/m² 时,应该考虑使用金卤灯或白色光源。

(5)气氛与空间观感:光与照明能够使环境空间产生兴奋、戏剧、神秘、浪漫等一系列气氛,人们的心理和行为深深地受到气氛和空间观感的影响。频繁闪烁的灯光总是给人娱乐的气氛,强烈的亮度对比产生非常戏剧性的照明效果,但并非是舒适的视觉环境。对于夜间人们经常活动的地方不要使用过大的亮度对比,以免发生危险。神秘的光环境(比如戏剧性的照明效果),也是采用非均匀的照明方式,但是亮度对比较小。

(6)光色与显色性:颜色适应这种视知觉现象会影响人们对光色的判断。最明显的例子是白炽灯在白天看起来是黄色的,但是晚上没有了自然光的对比,人们感觉这个同样的光源又是白色的。将不同光色的荧光灯管放在一起展示,人们很容易辨别光色,但是分别观察,人们无法确切分辨出光色。颜色对比效应会影响人们对颜色的评价。黄色的花在蓝色的背景下比在灰色背景下看起来更娇艳(同时对比)。显色性的使用不存在对与错,只有看起来是否自然和是否需要营造光氛围。光源色温的选择与照度水平之间存在一定关系。研究结果表明,暖色调的光(低色温)适合低照度水平,就像太阳落山时的情景;冷色调的光(高色温)如果要看起来自然的话,就必须提供高照度水平。另外,在热带或亚热带地区,日照水平相对较高,对于人工照明,适合选择冷色调的光源,气候寒冷或温和的地区则适合选用暖色调的光源。

7.5.4　园林照明设计

1.园林照明设计应具备的原始资料

(1)公园、绿地的平面布置图及地形图,必要时应有该公园、绿地中主要建筑物的平面图、立面图和剖面图。

(2)该公园、绿地对电气的要求(设计任务书),特别是一些专用性强的公园、绿地照明,应明确提出照度、灯具选择、布置、安装等要求。

(3)电源的供电情况及进线方位。

2.照明设计的顺序

(1)明确照明对象的功能和照明要求。

(2)选择照明方式,可根据设计任务书中公园绿地对电气的要求,在不同的场合和地点选择不同的照明方式。

(3)光源和灯具的选择,主要是根据公园绿地的配光和光色要求,与周围景色配合等来选择光源和灯具。

(4)灯具的合理布置。除考虑光源光线的投射方向、照度均匀性等,还应考虑经济、安全和维修方便等。

(5)进行照度计算:具体照度计算可参考有关照明手册。

3. 路灯的布置

园林路灯的布置既要保证路面有足够的照度,又要讲究一定的装饰性。路灯的间距一般为 10～20m,杆式路灯的间距取较大值,柱式路灯则取较小值。采取何种方式来布置路灯,主要看园路的宽度如何。园路特别宽的,如宽度在 7m 以上,可采用沿道路双边对称布置的方式;为使灯光照射更加均匀,也可采用双边相交错的方式。但是,一般园路的宽度都在 7m 以下,其路灯也一般都采用单边单排的方式布置。在园路的弯道处,路灯要布置在弯道的外侧。在道路的交叉结点部位,路灯应尽量布置在转角的突出位置上。

4. 路灯的架设方式

在园路上,路灯的架设方式有杆式和柱式两种。杆式路灯一般用在园林出入口内外主路和通车的主园路中;可采用镀锌钢管作为灯杆,底部管径为 160～180mm,顶部管径可略小于底部;高度为 5～8m;悬伸臂长度可为 1～2m;灯具仰角可为 0°、5°、10°等。柱式路灯主要用于小游园散步道、滨水游览道、林荫道等处,以石柱、砖柱、混凝土柱、钢管柱等作为灯柱,柱较矮;在隔墙边的园路路灯,也可以利用墙柱作为灯柱。

5. 路灯的光源选择

园林内的主园路,要求其路灯照度比其他园路大一些,因此要选择功率更大的光源。为了保证有较好的照明效果、装饰效果和节约用电,主园路上可采用大功率节能灯。园林内其他次要园路路灯,则不一定需要很大的照度,而经常要求有柔和的光线和适中的照度。因此可酌情使用具有乳白玻璃灯罩的小功率节能灯。

园路照明设计中,无论是路灯的布置位置,还是其架设方式和光源选择,都应当密切结合具体园林环境来灵活确定。要做到既使照度符合具体环境照明要求,又使光源、灯具的艺术性比较强,具有一定的环境装饰效果。

7.5.5　节约型园林照明

节约型园林照明采用全系统、全过程低能耗、低排放和低污染的照明方式,是实现舒适、安全、高效、环保、经济并有助于提高人们生活质量的照明系统。

(1) 特征。

节能性:合理的灯位布置、光源选择以及智能化、方便、准确的控制管理,可以降低电能的损耗。

节材(财)性:电能的节约可以节省夜景灯光的用电费用。

(2) 一般性规定。

① 根据使用要求,合理配置室外照明的数量和照度,避免过度照明造成光污染和能源浪费;

② 减少装饰性灯具,功能性灯具采用新型节能灯;

③ 有条件时尽可能利用太阳能、风能等自然能源;

④ 应采用分时、分回路自动控制系统;

⑤ 园林电气线路,应优选交联聚乙烯电缆,次选聚氯乙烯绝缘电缆,严禁使用塑料绝缘电缆。

(3) 各类照明的使用范围及要求。

① 高杆灯。

适用范围:公园主要集散广场及集中体育运动场地。

光源:节能型高压钠灯。

灯具选用:

a. 采用带无功补偿的灯具,功率因数均应达到 0.85 以上;

b. 采用低损耗、性能稳定的灯用附件。

分级管理:

a. 灯具根据作业需要采用分级控制方式,达到节能目的。

b. 加强照明专项管理。在不需要照明或只需要低照度可满足使用需要时,不开灯或少开灯。

② 草坪灯。

适用范围:公园中的主要景观草坪及次要园路等。

灯具选用:一般采用节能灯。

③ 庭院灯。

适用范围:公园、小游园、居住区小花园的道路等。

光源的选择:选用节能灯、金属卤化物灯、低压钠灯及 LED 灯等。

灯具的选择:选用寿命长、光效高的节能灯具。

④ 水下灯。

适用范围:广场、公园、居住小区中主要景观水体。

光源的选择:采用 LED 光源,要求有防漏电功能。

⑤ 埋地灯。

适用范围:应用在人行道、大型建筑物入口和地面有高差变化之处;一种是微突出于地面,通过光栅的遮挡,可以装饰照明广场或草坪;另一种是投射地灯,通过配光后可以投射地面上的小品。

光源的选择:采用 LED 灯,选择加压水密封型灯具。

⑥ 壁灯。

适用范围:公园、居住小区中的景观挡墙和主要景观区域的踏步等。

光源的选择:采用节能灯。

7.6 园林供电工程

● 7.6.1 供电系统规划和电力工程设计

风景园林与景园供电规划是风景建设总体规划的组成部分。在所在城市总体规划的城市供电规划部分对风景地区供电已做出综合安排。

（1）确定风景规划区内各类用电负荷，即确定规划区内的各生产、生活、公建、市政的用电量、用电性质、最大负荷、最大负荷用电小时等。

（2）选择电源：解决电能的来源，是靠风景规划区独立发电，还是靠附近电源（水力或火力发电）供应。

（3）布置电力网：决定电力网的电压等级，变电所的数量和位置。

考虑上述诸因素后，提出了几种供电方案，进行技术经济比较，同时要注意"应急"的要求，最后选定一个技术先进、经济合理、安全适用的供电方案，进行技术设计。

① 选定最合理的供电方案，满足电能质量的要求。

② 在风景规划总图上定出发电或变电所和主要输电线路的大概位置。

③ 解决供电的用地、用水、运输以及"三废"的处理等问题。

④ 解决高压线走廊和电缆走向及位置问题。

7.6.2　负荷等级确定及供电要求

负荷等级确定是供电规划的基础资料，对供电规划的合理性有决定性作用。

（1）一级负荷。

如果中断供电，将造成人身伤亡、重大经济损失等影响。必须有两个独立的电源供电。

（2）二级负荷。

如果中断供电，将造成较大的经济损失、公共场所秩序混乱等影响。可考虑用一回架空线（或电缆）供电。

（3）三级负荷。

不属于一级、二级者，对供电无特殊要求者。

7.6.3　电压选择

我国现有的标准电压等级：

低压：1000V 以下，如 220V、380V。

中压：1～10kV，如 6kV、10kV。

高压：大于 10kV，如 35kV、66kV、110kV、220kV、330kV 等。

7.6.4　变配电所规划设计

1. 所址选择

所址选择要求综合考虑以下几个方面。

（1）接近供电区域的负荷或网络中心。进、出线方便，接近电源进线侧。

（2）尽量不设置在有剧烈振动的场所及易燃物附近。

（3）不设置在地势低洼及潮湿地区。枢纽变电所宜在百年一遇洪水水位之上。

（4）交通运输方便，宜近主干道，且有一定距离间隔。

2. 变、配电所的形式及选择

变电所和配电所按其位置和环境的不同有独立式、附设式、露天式和半露天式等。

7.6.5　系统的选择性

在园林电气系统中，从设计阶段开始就必须考虑开关等电气的选择性。

选择性是指保护装置（如断路器）之间的协作配合，即当一个故障电流出现时，这个故障需由且仅由故障点上游的断路器来切断电流。

故障电流包括过载电流和短路电流，此时 CB2 断开，CB1 仍然闭合，则此系统是完全具有选择性的。

系统具有选择性意味着故障支路以外的电路能维持继续供电，这在很多情况下十分重要。

在很多工程实例中，有些设计人员把本来比较复杂的园林电气系统，通过较少的分支回路来实现，而另一方面，建设方或施工方为了节约工程造价，在不经过设计人员的核算并同意的情况下，擅自将多分支回路进行简单的合并，而线路截面不变。这就给整个工程留下了较大的安全隐患。由于分支回路少，每回路所带的负荷增大，实际等于减少了线路截面，其结果同样是线路温升的增加。线路载流量是指某一敷设方式和环境温度条件下线路在允许工作温度时通过的电流。此允许工作温度是相对于其正常绝缘寿命而言的。例如，PVC 绝缘的允许工作温度为 70℃，工作温度超过 70℃，线路绝缘并不损坏，只是绝缘寿命相对缩短而已。有一经验数字，PVC 绝缘工作温度每超过允许工作温度 8℃，其使用寿命约减少一半。但 70℃ 并非 PVC 绝缘的最合适的温度，在使用中如减少负荷，降低其工作温度，则其绝缘老化延缓，使用寿命可以相应延长，这对减少电气线路事故是十分有利的。

分支回路如果较多，而系统又是完全具有选择性的，则当一线路进行检修或因故跳闸时，停电的范围小，对公众造成不便的影响也较小。

7.6.6　时控开关的应用

以前，对路灯的自动控制大多采用光控，而实际应用效果并不理想，误动和拒动时有发生，该亮时不亮，该灭时不灭，这样就造成诸多不便和不必要的浪费。

KG316T 微电脑时控开关能根据用户设定的时间，自动打开和关闭各种用电设备的电源，控制对象可以是路灯、霓虹灯、广告招牌灯、生产设备、广播电视设备等一切需要定时打开和关闭的电路设备。另外，也可手动直接打开或关闭电路。

时控开关的接线方法如下。

（1）直接控制方式的接线。

被控制的电器是单相供电，功耗不超过本开关的额定值（阻性负载不超过 25A，感性负载不超过 20A），可采用直接控制方式。

（2）单相扩容方式的接线。

被控制的电器是单相供电，但功耗超过本开关的额定值，那么就需要一个容量超过电器功耗的交流接触器来扩容。

（3）三相工作方式的接线。

被控制的电器是三相供电，就需要外接三相交流接触器。

① 控制接触器的线圈电压 AC220V，50Hz。

② 控制接触器的线圈电压 AC380V，50Hz。

在使用时控开关的时候，要特别注意的就是其进线只能接 220V 电源，切勿接到 380V 电源上。

时控开关给人们带来了极大的方便，可以通过使用功能来决定需要使用多少个时控开关来进行控制。例如在喷泉工程中，白天喷水时不用开彩灯，夜晚喷水时再开彩灯。因此，可以使用一个时控开关来控制水泵回路，一个时控开关来控制彩灯回路。

7.6.7　接地系统

将电气系统进行接地，主要是保证接近系统的人员的安全和在接地故障情况下防止系统本身损坏，保护接地线（或地线）的功能是给故障电流提供一个低电阻的通路，以使电路的保护电器快速动作来切断电源。接地通道的电阻必须足够低，以便接地端口和任何接地的金属件之间的电位不会到达危险的数值，通常推荐电压为 50V，但对园林电气而言，需更低的电压限制值。

在很多工程实例中，有些设计人员对园林电气接地系统重视程度不够或者根本未予以考虑，以致路灯和广告灯箱伤人事故时有发生。

由于在园林电气中，配电箱大多安装在建筑内，而其用电设备全都位于建筑外。在户外地电位是指大地的电位；在有总等电位联结的户内，地电位是指总等电位联结接地母排处的参考电位。在建筑内使用的 TN-C-S 系统中，当系统因发生接地故障而使中性线带故障电压 U_f 时，由于中性线和 PE 线互相导通且电位接近，而 PE 线又纳入等电位联结内，这使整个建筑物处于同一 U_f 电位水平上而不出现电位差。若将 TN-C-S 系统延伸到建筑外，当系统因发生接地故障而使中性线带故障电压 U_f 时，由于总等电位联结接地母排处的参考电位与大地的电位存在电位差 U_f，这将会对接触用电设备的人员造成电击。

园林电气接地系统应使用 T-T 系统。具体做法是用镀锌扁钢将全部室外电气设备的外露金属部分和能导电的金属部分直接进行焊接接地，并使整个接地系统接地电阻不大于 10Ω。这就会将接触电压和跨步电压大大降低到安全电压限值以下。

参 考 文 献

[1]　崔星.园林规划设计.天津:天津科学技术出版社,2014.

[2]　王建,崔星.景观构造设计.武汉:华中科技大学出版社,2014.

[3]　崔星.园林工程施工.天津:天津科学技术出版社,2014.

[4]　崔星.园林工程案例.天津:天津科学技术出版社,2014.

[5]　袁海龙.园林工程设计.北京:化学工业出版社,2004.

[6]　吴为廉.景观与景园建筑工程规划设计(上册).北京:中国建筑工业出版社,2004.

[7]　田永复.中国园林建筑施工技术.北京:中国建筑工业出版社,2002.

[8]　孟兆祯,毛培琳,黄庆喜,等.园林工程.北京:中国林业出版社,2002.

[9]　张建林.园林工程.北京:中国农业出版社,2002.

[10]　陈科东.园林工程.北京:高等教育出版社,2005.

[11]　赵兵.园林工程学.南京:东南大学出版社,2003.

[12]　丁绍刚.风景园林·景观设计师手册.上海:上海科学技术出版社,2009.

[13]　熊济华.观赏树木学.北京:中国农业出版社,1998.

[14]　赵梁军.观赏植物生物学.北京:中国农业大学出版社,2002.

[15]　杨至德.园林工程.2版.武汉:华中科技大学出版社,2010.

[16]　朱红华.园林工程技术.北京:中国电力出版社,2010.

[17]　吴泽民.园林树木栽培学.北京:中国农业出版社,2003.

[18]　张福墁.设施园艺学.北京:中国农业大学出版社,2001.

[19]　郭学望.园林树木栽植养护学.2版.北京:中国林业出版社,2004.

[20]　祝遵凌.园林树木栽培学.南京:东南大学出版社,2007.

[21]　韩召军.园艺昆虫学.北京:中国农业大学出版社,2002.

[22]　李怀方.园艺植物病理学.北京:中国农业大学出版社,2002.

[23]　赵和文.园林树木栽植养护学.北京:气象出版社,2004.

[24]　罗镪.园林植物栽培养护(上册).沈阳:白山出版社,2003.

[25]　重庆市科学技术委员会.森林重庆建设适宜林木花卉技术手册.重庆:西南师范大学出版社,2009.

[26]　鲁涤非.花卉学.北京:中国农业大学出版社,2003.

[27]　重庆市园林局,重庆市风景园林学会.园林景观规划与设计.北京:中国建筑工业出版社,2007.

[28]　唐来春.园林工程与施工.北京:中国建筑工业出版社,1999.

[29]　重庆市园林局,重庆市风景园林学会.园林植物及生态.北京:中国建筑工业出版社,2007.

[30]　李广永,黄兴发.园林草坪灌溉设计基础.北京:中国农业大学出版社,2011.